国家科学技术学术著作出版基金资助出版

GRAPES 暴雨数值预报系统

沈学顺　周秀骥　薛纪善
陈德辉　张义军　万齐林　等 著

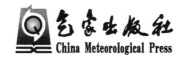

气象出版社
China Meteorological Press

内容简介

本书立足于总结我国自主发展灾害天气数值预报系统的新技术,其创新性的内容包括:在高分辨率暴雨模式发展中充分考虑了我国夏季梅雨期水汽水平分布的强梯度、小尺度变化剧烈等天气气候特点;针对暴雨预报中重要的云物理过程发展了复杂云物理方案,与国外同类方案相比,在物理上更加完善;针对我国的观测资料状况和暴雨发生发展的特点,发展了中小尺度预报同化快速循环系统和短时临近预报系统;针对我国雷达资料在数值预报中应用的空白状况,发展了业务上可行的雷达径向风和反射率资料的同化技术;在国内第一次发展了闪电数值预报系统。书中内容体现了中国科学家在暴雨数值预报研究方面的研究水平,其部分成果已经在日常天气预报业务中发挥着重要作用,并被国际数值预报界借鉴。该书成果随着今后不断的业务转化,将为我国减灾防灾提供强有力的科学工具。

本书的主要读者对象为大专院校硕士、博士生和教师、研究院所的研究人员以及从事天气预报的业务人员,尤其是对致力于自主发展我国数值预报系统的研究和业务人员来说,是一本很好的参考书。

图书在版编目(CIP)数据

GRAPES暴雨数值预报系统/沈学顺等著.
—北京:气象出版社,2012.5
(我国南方致洪暴雨监测与预测的理论和方法研究系列专著;6)
ISBN 978-7-5029-5486-4

Ⅰ.①G… Ⅱ.①沈… Ⅲ.①暴雨预报-数值天气预报-气象业务自动化系统
Ⅳ.①P457.6

中国版本图书馆 CIP 数据核字(2012)第 093708 号

GRAPES Baoyu Shuzhi Yubao Xitong
GRAPES 暴雨数值预报系统
沈学顺 等 著

出版发行:气象出版社			
地 址:北京市海淀区中关村南大街 46 号		**邮政编码**:100081	
总 编 室:010-68407112		**发 行 部**:010-68409198	
网 址:http://www.cmp.cma.gov.cn		**E-mail**:qxcbs@cma.gov.cn	
责任编辑:李太宇 王祥国		**终 审**:周诗健	
责任校对:赵 瑷		**责任技编**:吴庭芳	
封面设计:蓝色航线			
印 刷:北京中新伟业印刷有限公司			
开 本:787 mm×1092 mm 1/16		**印 张**:12	
字 数:310 千字			
版 次:2013 年 10 月第 1 版		**印 次**:2013 年 10 月第 1 次印刷	
定 价:58.00 元			

本书如存在文字不清、漏印以及缺页、倒页、脱页等,请与本社发行部联系调换

序

  中国气象科学研究院主持的"国家重点基础研究发展计划"项目（即"973"项目）"我国南方致洪暴雨监测与预测的理论和方法研究"（2005—2009 年）课题组在暴雨的遥感监测技术、南方暴雨的结构与机理研究、暴雨预报理论和方法以及我国南方暴雨野外科学试验等方面取得了一系列重要研究成果，其中包括遥感监测和数值预报模式系统的应用软件系统，在国内外重要学术刊物上发表的 702 篇学术论文（其中 SCI 文章 212 篇）。在此基础上，课题组专家又进一步总结、完成了研究成果系列专著。这套系列专著反映了我国近年来在暴雨机理、监测与预测方面的最新研究成果，并将研究成果与提高气象观测预报业务能力相结合，注重研究成果的业务应用，体现了国家"973"项目面向国家需求的正确方向，也体现了项目组研究人员对基础研究成果在气象业务中应用的重视。为此，我对该课题组取得的丰硕研究成果和系列专著的出版表示由衷的祝贺，也对课题组为研究成果的应用所付出的努力表示衷心的感谢。这套系列专著既对深入研究我国暴雨问题起着进一步推动作用，又对于大气科学及相关领域的科研、业务、管理人员以及广大读者来说，具有很好的参考价值。

  在近代科学发展中，基础科学具有根本性的意义，是一切科学技术创新的源泉。开展基础科学研究对于整个学科的发展具有很重要的意义。如何将大气科学基础研究的成果转化为气象业务应用技术，这是大气科学领域科学家们面临的现实问题。如何把大气科学及相关交叉学科的基础研究成果应用到各种尺度的大气现象及其运动的监测，并做出正确的预测，这更是中国大气科学领域科学家们必须面对并努力解决的问题。科学家的责任在于从科学实践中不断推进科学基础研究的进步，并造福于人类。因此，我很高兴地通过这套系列专著看到，我国有一批大气科学研究的科学家从提升气象业务能力出发研究大气科学的基础问题，推动基础研究成果应用于实际气象业务中。这确实是大气科学研究本身进步的表现。

  当前，我国气象工作者正在按照国务院提出的"到 2020 年，要努力建成结构完善、功能先进的气象现代化体系"的战略目标努力工作。要实现这一宏伟目标，必须依靠科技进步的推动，其中要努力解决气象业务服务中的一系列基础科学问题。因此，重视国家重大项目的研究，包括国家"973"项目的研究，对于提升我国气象业务服务能力和水平，加快实现气象现代化具有十分重要的意义。中国气象局将继续支持广大科技工作者围绕气象业务服务需求，开展大气科学基础理论研究、应用研究和研究成果的推广应用。

郑國光

（中国气象局局长）

2012 年 4 月于北京

目　录

第1章　绪　论

中国的暴雨突发性、地域性、季节性特征明显,各地发生的暴雨其天气背景各不相同,造成暴雨的对流活动和对流系统呈现出较强的非线性多尺度相互作用的特点,且又与中国复杂的地形和下垫面有着很大的关系。中国暴雨的这些特点使得暴雨预报预警与一般的天气预报相比难度大得多。

综合利用卫星、雷达监测结果并根据局地天气形势及其他动力、热力学诊断方法对未来暴雨的发生做出预报,是当前主观预报的主要手段。数值预报是暴雨客观、定量预报的重要科学技术手段,日益受到各国预报业务中心和数值预报研究界的重视。然而,暴雨数值预报面临的科学问题还很多,与传统的数值预报相比具有更大的困难。归纳起来,暴雨数值预报面临的科学问题有:(1)目前的中尺度数值预报模式缺乏足够高的空间分辨率,不能正确描述与暴雨发生、发展有着密切关系的中小尺度动力学过程。(2)暴雨的产生与发展和水汽场的空间分布特点、水汽的辐散辐合以及水物质之间的相变密切相关,而这些水物质场往往具有空间分布不连续、强梯度的特点,且其中小尺度变率非常大。目前的中尺度模式在描写水物质场的这些特点方面缺乏足够的精度和合理性。(3)取决暴雨数值预报成功的关键因素之一是模式对造成暴雨的中小尺度对流单体的发生、发展及其组织化的描写能力,而目前的模式这方面的能力还远远不够。而积云对流活动在模式中的表述很大程度上取决于模式对云物理过程及相关的非绝热物理过程的合理描述。这要求模式具有云可分辨尺度的分辨率的同时,需要显式的云物理计算方案而不是积云对流参数化。对中国的暴雨数值预报而言,目前的模式对中国暴雨的云物理过程的研究和模式应用还远远不够。(4)由于模式积云对流的发生、发展不仅与合理描写水物质相变的云物理过程有关,而且与边界层过程、陆-气相互作用过程、下垫面的非均匀性描写等都密切相关,这些过程在中尺度模式中的表述还不完善,这也限制了模式的暴雨数值预报能力。(5)暴雨数值预报与传统的数值预报一样是一个初值问题,而且它对初值的要求与传统数值预报相比更高。首先暴雨数值预报的初值必须包括产生对流活动并成云致雨的中小尺度信息,而现有的常规观测资料尚难做到这一点,其次现有的同化系统也必须改进完善。尤其是,暴雨数值预报的初值中必须包含云的信息,而且初值中云的信息必须与初值中的其他动力、热力学变量相协调。目前的模式系统很难做到这一点。上述这些缺陷极大地限制了暴雨数值预报水平的提高。

在科技部“十五”攻关项目和中国气象局的大力支持下,经过几十名科学家的共同努力,研究发展了中国新一代集全球与区域同化及预报为一体的数值预报系统,此系统被称之为“全球与区域同化及预报系统”(Global/Regional Assimilation and Prediction Enhanced System),英文名简写为 GRAPES。整个系统包括非静力全球与区域预报模式、全球与区域变分资料同化系统。GRAPES 模式的发展借鉴了国际上近年流行的多种用途预报模式框架一体化设计的理念,其核心是一个经纬网格的非静力模式,可以设为全球或有限区域。采用半拉格朗日半隐式积分方案。此动力框架经过包括密度流、地形重力波、热泡、平衡流及针对全球模式的 Held 和 Suarez 试验、针对全球长波系统的 Rossby-Haurwitz 波试验，验证了模式动力框架的正确性。模式提供了多种物理参数化方案供使用者选择，包括显式云降水过程、对流参数化、边界层过程，陆面过程、辐射过程、大气中的扩散与地形重力波拖曳等。以 GRAPES 为基础分别构建了全球同化预报系统 GRAPES-GFS 与中尺度同化预报系统 GRAPES-Meso。后者从 2006 年起成为国家气象中心的业务区域模式，并在一部分区域气象中心作为区域业务预报系统。前者正在做业务化前的连续试验，可望在不久的将来成为中国的业务中期数值预报系统。

根据上述暴雨数值预报存在的科学问题及 GRAPES 模式的已有成果，以 GRAPES-Meso 动力学框架为基础，通过高精度水物质标量平流方案的研发、正确反映模式大气和地形作用的有效地形概念的引入等精细化改进，同时耦合自主发展的复杂云模式、本地化的精细陆面过程、非局地边界层过程以及雷电模式，构成了高分辨率非静力暴雨数值预报模式。

暴雨数值预报的初值必须包括产生对流活动并成云致雨的中小尺度信息。这一点是常规资料同化做不到的。1998 年启动的中国新一代天气雷达网（CINRAD）所建设的全国 150 多部多普勒天气雷达，为解决此问题创造了条件。雷达能观测到降水粒子的三维分布，多普勒雷达还可以观测到径向风场的信息，而且具有足以分辨中小尺度天气系统的较高分辨率。因此，为解决 GRAPES 暴雨数值预报模式初值中云及相关动力学变量的信息，发展了基于多普勒雷达观测资料的云信息同化。多普勒雷达观测可以获取反射率因子和径向速度两种资料，其中径向风资料包含了大气风场的信息，反射率因子中包含有水凝物和对流信息。因此，通过同化雷达径向速度和反射率因子资料可以修正背景场中中尺度系统的信息。

由于产生暴雨的中小尺度系统具有发展快、局地性强的特点，在模式初值中及时捕捉到这些信息对于提高模式对暴雨等强天气的预报能力具有重要意义。开发中尺度逐时同化预报循环系统，不仅可以引入大量高时空分辨的观测信息来改善预报初值，提供尽可能准确的预报初值，而且也可以利用最新的观测资料快速更新初值，及时制作预报，为短时临近预报服务。预报系统真正有效制作短时临近预报，一方面要在高频循环同化预报中能够有效地抑制虚假扰动的增长，另外一方面要尽可能缩短模式的起转时间，使得模式短时效的预报真正有效。基于上述考虑，以 GRAPES 暴雨模式及 GRAPES 三维变分（3DVAR）作为核心模块，建立了逐时循环同化预报和每 3 h 间隔的滚动预报系统。

通过上述对暴雨数值预报至关重要的科学技术的研究和预报系统发展，将为中国暴雨数值预报的业务应用奠定重要基础。本书是在科技部"十一五"科技支撑项目"灾害天气精细数值预报系统及短期气候集合预测研究"第 2 课题"灾害天气精细数值预报技术"及 973 项目"我国南方致洪暴雨监测与预测的理论和方法研究"第 6 课题"高分辨、非静力中尺度暴雨数值预报模式的发展"的共同支持下，中国气象科学研究院、国家气象中心、广东省气象局、广州热带海洋气象研究所、上海市气象局等单位共同合作完成。本书是在上述项目资助下完成的已发表论文、著作和尚未发表的研究成果的基础上，经过重新归纳、提炼和整理而成的，系统反映了中国在 GRAPES 暴雨数值预报方面的研究成果，体现了中国暴雨数值预报研究的水平。另外，由于本书仅限于 GRAPES 暴雨数值预报系统的成果，不涉及中国其他相关的成果，其不全面之处敬请谅解。

本书共分为九章，除引言外，第 2 章和第 3 章分别介绍了高分辨率 GRAPES 模式动力框架、模式物理过程，部分内容与科学出版社出版的《数值预报系统 GRAPES 的科学设计与应用》(薛纪善等,2008)有类似之处,主要是为保持本书内容的完整性,且该书的作者亦为本书主要作者。第 4 章介绍了 973 项目支持下开发的 GRAPES 雷电数值预报模式。第 5 章介绍了 GRAPES 中尺度资料同化系统。第 6 章为雷达资料同化。第 7 章重点介绍了 GRAPES 暴雨数值预报系统的应用成果。第 8 章和第 9 章分别为 GRAPES 中尺度逐时同化预报循环系统和 GRAPES 暴雨临近预报系统。

各章的撰写人分别为:第 1 章:沈学顺,周秀骥;第 2 章:沈学顺,陈德辉,王明欢,薛纪善;第 3 章:沈学顺,楼小凤,孙晶,史月琴,胡志晋,孙健,黄丽萍;第 4 章:张义军,王飞;第 5 章:薛纪善,陆慧娟;第 6 章:刘红亚,薛纪善,顾建峰;第 7 章:沈学顺,王明欢,刘红亚,陈晓丽;第 8 章:万齐林,陈子通;第 9 章:冯业荣,万齐林,陈德辉。各章初稿由沈学顺统稿,最终稿由沈学顺负责审定。

第 2 章　高分辨率非静力 GRAPES 模式

　　GRAPES 系统是在科技部"十五"科技攻关项目"中国气象数值预报系统技术创新研究"支持下自主开发的中国新一代数值预报系统。GRAPES 系统主要由模式和变分同化系统构成(薛纪善等,2008)。GRAPES 模式采用完全可压缩的非静力平衡动力学方程组,同时为兼顾较粗分辨率和高分辨率的不同应用,模式中设置了静力和非静力平衡的开关系数。垂直方向采用地形追随高度坐标(Gal-Chen 和 Somerville,1975),水平方向采用经纬度球面坐标。预报变量包括水平和垂直风速、位温、无量纲气压以及水物质的混合比。时间积分使用两个时间层的半隐式半拉格朗日方案(Semi-implicit Semi-Lagrangian;SISL),使得模式可同时兼顾计算精度、计算稳定性和计算效率。模式中的标量平流采用准单调正定的半拉格朗日方案,动量方程组的求解采用三维矢量离散化技术以避免模式中曲率项的显式计算。GRAPES 暴雨数值预报模式是在上述 GRAPES 模式的基础上通过高精度平流方案的研发、模式有效地形的引入以及复杂陆面过程的本地化应用、非局地边界层方案的引入、混合相态云物理方案的发展等进一步的开发工作而形成的。

　　有关模式的详细推导请参考《数值预报系统 GRAPES 的科学设计与应用》(薛纪善等,2008)。这里只给出模式基本方程组和离散化方法,重点描述新研发的高精度标量平流方案以及为形成暴雨数值预报模式而本地化和研发的物理过程。

2.1　GRAPES 模式基本方程组

　　GRAPES 模式采用球坐标系下的完全可压缩方程组,考虑浅层大气近似,垂直方向采用高度地形追随坐标(Gal-Chen 和 Somerville,1975)。方程组如下(薛纪善等,2008):

　　动量方程:

$$\frac{\mathrm{d}u}{\mathrm{d}t} = -c_p\theta\left[\frac{1}{a\cos\varphi}\frac{\partial\prod}{\partial\lambda} - \frac{\Delta Z_{\hat{z}}\,\phi_{sx}}{\Delta Z_s}\cdot\frac{\partial\prod}{\partial\hat{z}}\right] + fv + F_u$$
$$+ \delta_M\left\{\frac{u\cdot v\cdot\tan\varphi}{a} - \frac{u\cdot w}{a}\right\} - \delta_\varphi\{f_\varphi w\} \tag{2.1.1}$$

$$\frac{\mathrm{d}v}{\mathrm{d}t} = -c_p\theta\left[\frac{1}{a}\frac{\partial\prod}{\partial\varphi} - \frac{\Delta Z_{\hat{z}}\cdot\phi_{sy}}{\Delta Z_s}\frac{\partial\prod}{\partial\hat{z}}\right] - fu + F_v$$
$$- \delta_M\left\{\frac{u^2\tan\varphi}{a} + \frac{vw}{a}\right\} \tag{2.1.2}$$

$$\delta_{NH}\frac{\mathrm{d}w}{\mathrm{d}t} = -\frac{Z_T c_p\theta}{\Delta Z_s}\frac{\partial\prod}{\partial\hat{z}} - g + F_w + \delta_M\left\{\frac{u^2+v^2}{a}\right\} + \delta_\varphi\{f_\varphi u\} \tag{2.1.3}$$

　　连续方程:

$$(\gamma - 1) \frac{\mathrm{d} \prod}{\mathrm{d}t} = -\prod D_3 + \frac{F_\theta^*}{\theta} \tag{2.1.4}$$

其中 $\gamma = \frac{c_p}{R}$

热力学方程：

$$\frac{\mathrm{d}\theta}{\mathrm{d}t} = \frac{F_\theta^*}{\prod} \tag{2.1.5}$$

其中 $F_\theta^* = \frac{Q_T + F_T}{c_p}$

水物质守恒方程：

$$\frac{\mathrm{d}q}{\mathrm{d}t} = Q_q + F_q \tag{2.1.6}$$

其中，$\hat{z} = Z_T \frac{z - Z_s(x, y)}{Z_T - Z_s(x, y)}$ 为垂直坐标。这里 Z_s 和 Z_T 分别为地形高度和模式层顶高度，ϕ_{sx} 和 ϕ_{sy} 是地形坡度，分别为：$\phi_{sx} = \frac{1}{a\cos\varphi} \frac{\partial Z_s}{\partial \lambda}$，$\phi_{sy} = \frac{1}{a} \frac{\partial Z_s}{\partial \varphi}$；$\Delta Z_s = Z_T - Z_s(x, y)$，$\Delta Z_z = Z_T - z$，$\Delta Z_{\hat{z}} = Z_T - \hat{z}$。$\prod$ 为 Exner 无量纲气压变量：$\prod = \left(\frac{P}{P_0}\right)^{\frac{R}{c_p}}$。$\delta_M$、$\delta_\varphi$、$\delta_{NH}$ 可取 0 或 1，分别为曲率修正项开关、地球自转偏向力修正项开关、垂直加速度开关（静力／非静力平衡近似开关）。Q_T 是非绝热加热项，Q_q 是水汽源汇项，$F_x(x = \vec{V}, T, q)$ 是湍流扩散。三维散度 D_3 可表示为：

$$D_3 = D_3 |_{\hat{z}} - \frac{1}{\Delta Z_s}(u\phi_{sx} + v\phi_{sy})$$

其中

$$D_3 |_{\hat{z}} = \left(\frac{1}{a\cos\varphi} \frac{\partial u}{\partial \lambda} + \frac{1}{a\cos\varphi} \frac{\partial(\cos\varphi v)}{\partial \varphi} + \frac{\partial \hat{w}}{\partial \hat{z}}\right)_z$$

其余符号与通常的符号意义相同。

2.2　方程组的离散化和数值计算

上述方程组通过引入满足静力平衡关系的参考廓线进行离散化，参考大气可选择温度是高度的函数或等温大气或国际标准大气分布。引入"参考大气"的重要目的是消除垂直运动方程中满足静力平衡的分量，使垂直运动方程中重力与气压梯度力之间由"大项平衡"变为"扰动小项平衡"，使之降低与方程中其他项的"量级差"，从而有效地提高垂直运动方程的计算精度。具体的离散化方法和推导详见《数值预报系统 GRAPES 的科学设计与应用》（薛纪善等，2008）。GRAPES 暴雨数值预报模式只对动量方程、连续方程和热力学方程采用线性化处理，离散化后的方程组为：

运动方程：

$$\frac{\mathrm{d}u}{\mathrm{d}t} = L_u + N_u \tag{2.2.1}$$

$$\frac{\mathrm{d}v}{\mathrm{d}t} = L_v + N_v \tag{2.2.2}$$

$$\delta_{NH} \frac{\mathrm{d}w}{\mathrm{d}t} = L_w + N_w \tag{2.2.3}$$

连续方程：

$$\frac{\mathrm{d}\prod'}{\mathrm{d}t} = L_\Pi + N_\Pi \tag{2.2.4}$$

热力学方程：

$$\frac{\mathrm{d}\theta'}{\mathrm{d}t} = L_\theta + N_\theta \tag{2.2.5}$$

求解水物质守恒方程时不采用本节所述的离散化方法，详细解法请参阅 2.3 节。这里的线性项 $L_x(x=u,v,w,\Pi,\theta)$ 与非线性项 $N_x(x=u,v,w,\Pi,\theta)$ 可以容易导出，分别表示为：

$$L_u = -c_p\tilde{\theta} \cdot \left[\frac{1}{a\cos\varphi}\frac{\partial\prod'}{\partial\lambda} + Z_{sx}\frac{\partial\prod'}{\partial\hat{z}}\right] - c_p Z_{sx}\frac{\partial\widetilde{\prod}}{\partial\hat{z}}(\tilde{\theta}+\theta')$$
$$+ fv - \delta_\varphi(f_\varphi w) \tag{2.2.6}$$

$$N_u = -c_p\theta'\left[\frac{1}{a\cos\varphi}\frac{\partial\prod'}{\partial\lambda} + Z_{sx}\frac{\partial\prod'}{\partial\hat{z}}\right] + F_u + \delta_M\left(\frac{u\cdot v\cdot\tan\varphi}{a} - \frac{u\cdot w}{a}\right) \tag{2.2.7}$$

$$L_v = -c_p\tilde{\theta}\left[\frac{1}{a}\frac{\partial\prod'}{\partial\varphi} + Z_{sy}\frac{\partial\prod'}{\partial\hat{z}}\right] - c_p Z_{sy}\frac{\partial\widetilde{\prod}}{\partial\hat{z}}(\tilde{\theta}+\theta') - fu \tag{2.2.8}$$

$$N_v = -c_p\theta'\left[\frac{1}{a}\frac{\partial\prod'}{\partial\varphi} + Z_{sy}\frac{\partial\prod'}{\partial\hat{z}}\right] + F_v - \delta_M\left(\frac{u^2\tan\varphi}{a} + \frac{vw}{a}\right) \tag{2.2.9}$$

$$L_w = -Z_{st}c_p\tilde{\theta}\frac{\partial\prod'}{\partial\hat{z}} + \frac{\theta'}{\tilde{\theta}}g + \delta_\varphi(f_\varphi u) \tag{2.2.10}$$

$$N_w = -Z_{st}c_p\theta'\frac{\partial\prod'}{\partial\hat{z}} + F_w + \delta_M\left(\frac{u^2+v^2}{r}\right) \tag{2.2.11}$$

$$L_\Pi = \frac{\hat{w}g}{c_p\tilde{\theta}Z_{st}} - \frac{\widetilde{\prod}D_3}{(\gamma-1)} \tag{2.2.12}$$

$$N_\Pi = -\frac{\prod'D_3}{(\gamma-1)} + \frac{F_\theta^*}{(\gamma-1)\theta} \tag{2.2.13}$$

$$L_\theta = -\hat{w}\frac{\partial\tilde{\theta}}{\partial\hat{z}} \tag{2.2.14}$$

$$N_\theta = \frac{F_\theta^*}{\prod} \tag{2.2.15}$$

其中，$\prod(\lambda,\varphi,\hat{z},t) = \widetilde{\prod}(\hat{z}) + \prod'(\lambda,\varphi,\hat{z},t)$

$\theta(\lambda,\varphi,\hat{z},t) = \tilde{\theta}(\hat{z}) + \theta'(\lambda,\varphi,\hat{z},t)$

$T(\lambda,\varphi,\hat{z},t) = \widetilde{T}(\hat{z}) + T'(\lambda,\varphi,\hat{z},t)$

这里，$\widetilde{\prod}$、$\widetilde{T}$、$\tilde{\theta}$ 表示参考大气廓线；$\prod'$、T'、θ' 表示偏离参考大气状态的扰动量，其余符号与通常符号的意义相同。

上述线性化后的方程组，时间离散采用非中央两个时间层半隐式－半拉格朗日时间差分方案(Semazzi,$et\ al.$, 1995)。对矢量场(u,v 和 w)的离散，同时采用"矢量离散化"(Bates,$et\ al.$,1990)技术联立处理动量方程组得到时间离散形式，以避免动量方程组中显式出现曲率项，提高动量方程在高纬度和极区的计算精度。经过推导，可以容易得到时间离散化后的预报方程组有如下的简单形式：

$$(\theta')^{n+1} = \Delta t \alpha_\varepsilon L_\theta{}^{n+1} + A_\theta \tag{2.2.16}$$

$$\left(\prod{}'\right)^{n+1} = \Delta t \alpha_\varepsilon L_{\prod}{}^{n+1} + A_{\prod} \tag{2.2.17}$$

$$u^{n+1} = \Delta t \alpha_\varepsilon L_u{}^{n+1} + A_u \tag{2.2.18}$$

$$v^{n+1} = \Delta t \alpha_\varepsilon L_v{}^{n+1} + A_v \tag{2.2.19}$$

$$\delta_{NH} \cdot w^{n+1} = \Delta t \alpha_\varepsilon L_w{}^{n+1} + A_w \tag{2.2.20}$$

其中：

$$A_\theta = (\theta')^n_* + \Delta t [\alpha_\varepsilon \widetilde{N}_\theta + \beta_\varepsilon (L_\theta + N_\theta)^n_*]$$

$$A_{\prod} = \left(\prod{}'\right)^n_* + \Delta t [\alpha_\varepsilon \widetilde{N}_{\prod} + \beta_\varepsilon (L_{\prod} + N_{\prod})^n_*]$$

$$A_u = \Delta t \alpha_\varepsilon \widetilde{N}_u + \frac{Z_1 - (X_v^{n+1}\alpha_{21} + X_w^{n+1}\alpha_{31})}{\alpha_{11}}$$

$$A_v = \Delta t \alpha_\varepsilon \widetilde{N}_v + \frac{Z'_2 - X_w^{n+1}\alpha'_{32}}{\alpha'_{22}}$$

$$A_w = \Delta t \alpha_\varepsilon \widetilde{N}_w + \frac{Z'_3}{\alpha_{33}}$$

上述各符号的意义可以参见《数值预报系统 GRAPES 的科学设计与应用》(薛纪善等，2008)。

将 L_θ、L_u、L_v、L_w 的表达式代入式(2.2.16)、式(2.2.18)、式(2.2.19)、式(2.2.20)中，经过推导可以得到上述预报方程的变形：

$$u = \left(\xi_{u1} \frac{1}{a\cos\varphi} \frac{\partial}{\partial\lambda} + \xi_{u2} \frac{1}{a} \frac{\partial}{\partial\varphi} + \xi_{u3} \frac{\partial}{\partial\hat{z}}\right)\prod{}' + \xi_{u0} + \xi_{us} \tag{2.2.21}$$

$$v = \left(\xi_{v1} \frac{1}{a\cos\varphi} \frac{\partial}{\partial\lambda} + \xi_{v2} \frac{1}{a} \frac{\partial}{\partial\varphi} + \xi_{v3} \frac{\partial}{\partial\hat{z}}\right)\prod{}' + \xi_{v0} + \xi_{vs} \tag{2.2.22}$$

$$\hat{w} = \left[\xi_{w1} \frac{1}{a\cos\varphi} \frac{\partial}{\partial\lambda} + \xi_{w2} \frac{1}{a} \frac{\partial}{\partial\varphi} + \xi_{w3} \frac{\partial}{\partial\hat{z}}\right]\prod{}' + \xi_{w0} \tag{2.2.23}$$

$$\theta' = \left[\xi_{\theta1} \frac{1}{a\cos\varphi} \frac{\partial}{\partial\lambda} + \xi_{\theta2} \frac{1}{a} \frac{\partial}{\partial\varphi} + \xi_{\theta3} \frac{\partial}{\partial\hat{z}}\right]\prod{}' + \xi_{\theta0} + \xi_{\theta s} \tag{2.2.24}$$

$$\prod{}' = \xi_{\prod 1}u + \xi_{\prod 2}v + \xi_{\prod 3}\hat{w} + \xi_{\prod 4}D_3|_\varepsilon + \xi_{\prod 0} \tag{2.2.25}$$

由于半隐式－半拉格朗日框架中非线性平流项的计算已不存在，或者说非线性平流项的计算已转化为拉格朗日轨迹上游点的插值计算。因此，拉格朗日轨迹上游点的精确计算、插值计算的效率和精度是半隐式－半拉格朗日模式中需要认真考虑的因素。但是，线性项、非线性项、赫姆霍兹方程系数的计算，仍然需要考虑差分的精度，GRAPES 模式中采用 2 阶精度的空间差分(中央差)。需要指出的是，气压梯度的差分离散计算仍然需要仔细考虑，尤其在陡峭地形处。另外，在垂直方向离散差分计算中采用 Charney-Phillips 变量配置(Charney 和 Phillips，1953），水平方向离散差分计算时则采用 Arakawa-C 网格变量配置（Arakawa 和 Lamb，1977）。对式(2.2.21)～(2.2.25)进行空间离散化，并将离散化后的式(2.2.21)～(2.2.24)代入式(2.2.25)，经过归并整理运算，则将求解上述预报方程组的问题归结为求解变量为扰动气压 $(\prod')^{n+1}$ 的椭圆方程或亥姆霍兹(Helmholtz)方程的问题，这是整个 GRAPES 模式动力框架计算的关键。如式(2.2.21)～(2.2.24)所示，其他预报变量 u^{n+1}、v^{n+1}、$\hat{w}^{n+1}$、$(\theta')^{n+1}$ 均表示为 $(\prod')^{n+1}$ 的函数，当 $(\prod')^{n+1}$ 的方程求解结束后，其他关于 u^{n+1}、v^{n+1}、$\hat{w}^{n+1}$、$(\theta')^{n+1}$ 的方程可以同时并行计算。GRAPES 模式中亥姆霍兹方程的求解，采用带有预条件的广义共轭余差法(Generalised Conjugate Residual method；GCR)，该方法具有对系数矩阵对称性的限制弱、收敛速度快且容易实现的优点。对于半拉格朗日计算，GRAPES 模式中采用 Ritchie 和 Beaudoin (1994)的方法计算拉格朗日轨迹的上游点。半拉格朗日方法中计算轨迹时轨迹近似为直线，在直角坐标系中是精度较高的近似。但在球面坐标系中，由于变成在 (λ, φ) 空间中将轨迹近似为直线，这种近似的精度会很差，尤其是在临近极区球面曲率较大的地方。Ritchie (1987) 提出了一种在球面上计算上游点的方法，通过引进原点在球心的直角坐标系，将球坐标系中上游点的计算转换成在直角坐标系中的计算以此来保证上游点计算的精度。Ritchie 和 Beaudoin (1994) 为节省计算时间对 Ritchie(1987)的方法作了进一步近似。对于模式格点位于 $80°$S 以南及位于 $80°$N 以北的情况，由于 Ritchie 和 Beaudoin(1994)的公式中出现包含 $\tan\phi$ 和 $\sec\phi$ 的项，其公式不再适用。模式采用 McDonald 和 Bates (1989)的旋转格点的办法来求近极区的上游点。该方法的思想就是在半拉格朗日轨迹到达点上利用局地的正交大圆来定义一个新的局地直角坐标系，在此新的坐标系中计算上游点，然后通过坐标变换，得到近极区的上游点。

拉格朗日时间差分方法的主要优点之一就是可以采用比欧拉方法长得多的时间步长，但是，由于半拉格朗日轨迹上游点是非模式网格点，因此，这些上游点的变量值是未知的，每一个时间步长都需要利用上游点附近模式网格点的变量值，通过插值计算出拉格朗日轨迹上游点的变量值。这种插值计算是很耗费计算机时间的。简单的插值方法（如线性插值方法）耗时小，计算精度低，而高阶插值方法（如非线性高阶插值方法）耗时大，计算精度高。特别需要指出的是，针对标量的半拉格朗日计算，GRAPES 模式中采用准单调正定的方案，以保证标量场尤其是水物质场计算的正定性和保持其空间分布特点(Bermejo 和 Staniforth，1992)。本书的 GRAPES 高分辨率暴雨数值预报模式采用的是高精度守恒正定的水物质平流计算方法。

2.3　高精度守恒水物质平流方案

当模式分辨率提高到可以分辨或者部分分辨积云对流活动时，模式必须考虑混合相态云物理过程。因而，模式湿空气动力学过程需要对各种相态水物质，作高精度平流计算。

考虑七种相态的水物质，即水汽（vapor）、云水（cloud liquid water）、雨水（rain water）、云冰（cloud ice）、雪（snow）、软雹（graupel）、冰雹（hail）。那么，总水物质为：

$$m_{\mathrm{w}} = m_{\mathrm{v}} + m_{\mathrm{c}} + m_{\mathrm{r}} + m_{\mathrm{i}} + m_{\mathrm{sn}} + m_{\mathrm{g}} + m_{\mathrm{h}} \tag{2.3.1}$$

其混合比分别为：水汽混合比 r_{v}，云水混合比 r_{c}，雨水混合比 r_{r}，云冰混合比 r_{i}，雪混合比 r_{sn}，软雹混合比 r_{g}，冰雹混合比 r_{h}。总水相的混合比 r_{w} 为：

$$\frac{m_{\mathrm{w}}}{m - m_{\mathrm{w}}} = \frac{1}{m - m_{\mathrm{w}}}(m_{\mathrm{v}} + m_{\mathrm{c}} + m_{\mathrm{r}} + m_{\mathrm{i}} + m_{\mathrm{sn}} + m_{\mathrm{g}} + m_{\mathrm{h}}) \qquad (2.3.2)$$

或者

$$r_{\mathrm{w}} = r_{\mathrm{v}} + r_{\mathrm{c}} + r_{\mathrm{r}} + r_{\mathrm{i}} + r_{\mathrm{sn}} + r_{\mathrm{g}} + r_{\mathrm{h}} \qquad (2.3.3)$$

湿空气的定压比热容 c_{ph} 为：

$$c_{ph} = c_p + r_{\mathrm{v}}c_{pv} + (r_{\mathrm{c}} + r_{\mathrm{r}})c_{\mathrm{l}} + (r_{\mathrm{i}} + r_{\mathrm{sn}} + r_{\mathrm{g}} + r_{\mathrm{h}})c_{\mathrm{i}} \qquad (2.3.4)$$

其中，c_p 为空气的定压比热容，c_{pv} 为水汽的定压比热容，c_{l} 为液态水的定压比热容，c_{i} 为固态水的定压比热容。式(2.3.4)右边第 2 项为"汽态"水物质的定压比热容变化，第 3 项为"液态"水物质的定压比热容变化，第 4 项为"固态"水物质的定压比热容变化。若用比湿 q 表示，式(2.3.2)和式(2.3.4)可改写为：

总比湿 q_{w} 为：

$$\frac{m_{\mathrm{w}}}{m} = \frac{1}{m}(m_{\mathrm{v}} + m_{\mathrm{c}} + m_{\mathrm{r}} + m_{\mathrm{i}} + m_{\mathrm{sn}} + m_{\mathrm{g}} + m_{\mathrm{h}}) \qquad (2.3.5)$$

或者

$$q_{\mathrm{w}} = q_{\mathrm{v}} + q_{\mathrm{c}} + q_{\mathrm{r}} + q_{\mathrm{i}} + q_{\mathrm{sn}} + q_{\mathrm{g}} + q_{\mathrm{h}} \qquad (2.3.6)$$

应用式(2.3.4)和式(2.3.5)，湿空气的定压比热容 c_{ph} 又可表示为：

$$c_{ph} = c_p + \frac{1}{(1 - q_{\mathrm{w}})} \cdot [q_{\mathrm{v}}c_{pv} + (q_{\mathrm{c}} + q_{\mathrm{r}})c_{\mathrm{l}} + (q_{\mathrm{i}} + q_{\mathrm{sn}} + q_{\mathrm{g}} + q_{\mathrm{h}})c_{\mathrm{i}}] \qquad (2.3.7)$$

虚温定义为：

$$T_{\mathrm{v}} = \frac{1 + \frac{1}{\varepsilon}m_{\mathrm{v}}}{1 + m_{\mathrm{v}} + m_{\mathrm{c}} + m_{\mathrm{r}} + m_{\mathrm{i}} + m_{\mathrm{sn}} + m_{\mathrm{g}} + m_{\mathrm{h}}}$$

因此，有

$$T_{\mathrm{v}} = T \cdot \left[1 - \left(1 - \frac{1}{\zeta}\right)q_{\mathrm{v}} - \sum_{\chi \neq v} q_{\chi}\right] \qquad (2.3.8)$$

湿空气的位温定义为：

$$\theta_{\mathrm{v}} = \theta\left[1 - \left(1 - \frac{1}{\zeta}\right)q_{\mathrm{v}} - \sum_{\chi \neq v} q_{\chi}\right] \qquad (2.3.9)$$

其中，$\zeta = \frac{R_{\mathrm{d}}}{R_{\mathrm{v}}}$。

　　水物质由于空间变化幅度大，分布存在大梯度和强间断。因此，通常的平流输送数值计算方案难以给出较为准确的解。例如，直接采用二阶或更高阶精度的平流计算方案时，会带来虚假的振荡和负值，并且存在着难以接受的频散误差，这将破坏标量场固有的空间分布特点和守恒性。随着数值模式分辨率的提高，尤其是在发展千米尺度的数值预报模式中，水物质分布的不连续、强梯度的现象更加突出，对平流计算精度的要求越来越高。因此，高阶精度保形正定的平流计算方案对于提高模式强降水的模拟预报精度具有重要意义。所谓标量场的保形平流计算方案就是在离散计算时尽可能地保持这些标量的空间分布特点和输送特性，使离散的解保持与连续性方程解的形状相关的某种属性，这类属性有很多称呼(如：正定、单调和无振荡)，但原则上都等价于保形。

　　针对欧拉方法的平流计算，研究者发展了很多较高精度的正定保形方法，比如高阶精度的 Godunov 方法。它是由原来的一阶精度 Godunov 差分格式改造而成的。其中，以 Van Leer

(1979)设计的二阶精度 MUSCL（Monotone Upstream-centered Schemes for Conservation Laws）方案以及 Colella 和 Woodward（1984）设计的三阶精度 PPM（Piecewise Parabolic Method）方案为代表。PPM 为了强制单调而采用了比较复杂的单元界面值的调整。中国科学家发展的欧拉式正定保形平流方案在中尺度数值模式中得到了有效应用。Yu(1994)针对暴雨模式的水汽平流处理，提出了一个两步保形方案（TSPAS，a two-step shape-preserving advection scheme），该方案是结合 Lax-Wendroff 二阶精度方案和迎风格式的一个混合平流输送方案，有效地改进了暴雨中尺度数值模式中的水汽计算。谢邵成（1991）在 Smolarkiewicz（1983）方案的基础上，从半拉格朗日思想出发，设计出一种新的正定平流方案，并应用到当时国家气象中心细网格有限区域业务预报模式中，改善了出现负水汽的问题，使水汽平流计算更加合理。葛孝贞等（1997）将高精度正定水汽输送算法引入 MM4 中尺度模式中，研究结果表明对暴雨的模拟能力有所提高。

　　20 世纪 80 年代以来，半拉格朗日方法被广泛用于气象数值模式中（Robert，et al.，1985；Tanguay，et al.，1989；Ritchie，et al.，1995）。半拉格朗日方法发展至今，显示出了与欧拉方法相当的精度，且具有较高的计算效率和较小的频散（Staniforth 和 Cote，1991；Pellerin，et al.，1995）。同时，半拉格朗日方法也能够较好地抑制大梯度处的误差。但是，在大梯度和间断处附近，标量场的计算中仍然存在计算精度和保形问题。Bermejo 和 Staniforth(1992)设计出一个有效、简单的算法使得传统的半拉格朗日方法转化为准单调半拉格朗日方案（Quasi-Monotone Semi-Lagrangian scheme，QMSL），消除了虚假的极大值和极小值。该方案基于如下考虑：在足够平滑的区域，上游点物理量插值方案采用高阶插值；反之，在不太平滑的区域，为了更好地考虑真值的正定单调属性，加大了方案中线形插值的权重。所以，该方案在大梯度和强间断处的计算精度不高。虽然随后有一些研究来发展单调半拉格朗日方案以及守恒的单调半拉格朗日方案（Priestley，1993；Bermejo 和 Conde，2002），但是如何在半拉格朗日模式中发展高阶精度的标量平流计算方案是提高半拉格朗日数值模式精度的重要课题，一直备受研究者的关注。

　　GRAPES 暴雨数值模式是通过对 GRAPES_Meso 的精细化改进而发展起来的。GRAPES_Meso 中的水物质平流计算采用准单调半拉格朗日平流输送方案（Bermejo 和 Conde，1992），对像水物质这样具有不连续分布和大梯度特点的大气物理参量的平流计算其精度不高，是影响降水预报效果的重要因素之一。梅雨强降水是中国汛期天气的主要特点，东亚区域对流层低层水汽水平梯度大以及小尺度变率大是东亚与梅雨相关联的特有的天气气候特征。因此，对中国夏季降水的数值预报而言，研究高精度的水物质平流计算方案尤显重要。另一方面，对千米尺度高分辨率暴雨数值预报模式而言，模式中水物质不连续、强梯度的问题更加明显，高精度的平流计算方案其重要作用越发突出。在 GRAPES_Meso QMSL 标量平流方案的基础上，采用了计算流体力学界新发展的一个高精度、正定保形的方案——分段有理函数法（Piecewise Rational Method，PRM），同时将 GRAPES_Meso 的水物质控制方程组改写为通量形式的输送方程，并考虑半隐式半拉格朗日模式的特点，将 PRM 方法与"积分单元格"半拉格朗日方法相结合，在 GRAPES 高分辨率暴雨数值预报模式中实现了水汽等水物质的高精度计算，显著提高了模式对强降水的预报精度。该方法既保留了半拉格朗日时间积分方案中积分时间步长大、计算效率高的特点，又发挥 PRM 高精度正定保形的优势。

2.3.1　PRM 方案简介

PRM 是一个高精度、正定保形的方案,有简单实用且易于编程、计算效率高的特点(Xiao 和 Peng, 2004)。PRM 是 PPM 的变形,采用分段有理函数代替了 PPM 中分段抛物线函数。利用有理函数保凸的性质,可以得到较少振荡的数值解,同时避免了 PPM 中强制单调而采用的单元界面值的调整。此外,PRM 采用的是通量方程,离散化计算时容易保持被平流量的守恒性。

考虑一维无辐散平流方程

$$\frac{\partial f}{\partial t} + \frac{\partial fu}{\partial x} = 0 \tag{2.3.10}$$

其中,t 为时间,x 为空间坐标,u 为特征速度,f 为所要输送的物理量。方程(2.3.10)是关于 $f(x,t)$ 的守恒形式的数学表达式,是欧拉通量形式的守恒方程。若 f 为空气密度,方程(2.3.10)即为连续方程,描述的就是质量守恒。

将式(2.3.10)两边在单元格$[x_{i-1/2}, x_{i+1/2}]$内积分,移项得到如下形式,

$$\Delta x_i \frac{\partial \overline{f}_i}{\partial t} = -\left[(uf)_{i+1/2} - (uf)_{i-1/2}\right] \tag{2.3.11}$$

其中,

$$\Delta x_i \overline{f}_i = \int_{x_{i-1/2}}^{x_{i+1/2}} f(x,t)\mathrm{d}x \tag{2.3.12}$$

$$(uf)_{i+1/2} - (uf)_{i-1/2} = \int_{x_{i-1/2}}^{x_{i+1/2}} \frac{\partial(fu)}{\partial x}\mathrm{d}x \tag{2.3.13}$$

$\Delta x_i = x_{i+1/2} - x_{i-1/2}$,$\overline{f}_i$ 表示第 i 单元格输送量的积分单元平均值,$(uf)_{i+1/2}$、$(uf)_{i-1/2}$ 表示通过第 i 个单元格$[x_{i-1/2}, x_{i+1/2}]$左右边界的通量。

对式(2.3.11)计算时间积分$[t^n, t^{n+1}]$,可以得到:

$$\overline{f}_i^{n+1} = \overline{f}_i^n - \frac{1}{\Delta x_i}\left(\int_{t^n}^{t^{n+1}} (uf)_{i+1/2}\mathrm{d}t - \int_{t^n}^{t^{n+1}} (uf)_{i-1/2}\mathrm{d}t\right) \tag{2.3.14}$$

其中,$\overline{f}_i^n$ 表示第 n 时刻的单元格$[x_{i-1/2}, x_{i+1/2}]$的积分平均值,它的确定由 $\int_{x_{i-1/2}}^{x_{i+1/2}} f(x,t^n)\mathrm{d}x = \Delta x_i \overline{f}_i^n$ 得到,即 $\overline{f}_i^n = \frac{1}{\Delta x_i}\int_{x_{i-1/2}}^{x_{i+1/2}} F_i(x)\mathrm{d}x$,其中,$F_i(x)$ 表示 t^n 时刻在单元格$[x_{i-1/2}, x_{i+1/2}]$的函数分布形式。

在 PPM 方案中,$F_i(x)$ 表示为

$$F_i(x) \equiv P_i(x) = a_i + b_i(x - x_{i-1/2}) + c_i(x - x_{i-1/2})^2 \qquad x \in [x_{i-1/2}, x_{i+1/2}] \tag{2.3.15}$$

抛物线函数 $P_i(x)$ 在大梯度附近会产生上冲或下冲现象,为了消除这种数值解的振荡,PPM 方案需要对相邻单元格间的界面值进行调整。

PRM 方案则是采用如下有理函数代替式(2.3.15),

$$F_i(x) \equiv R_i(x) = \frac{a_i + 2b_i(x - x_{i-1/2}) + \beta_i b_i(x - x_{i-1/2})^2}{[1 + \beta_i(x - x_{i-1/2})]^2} \qquad x \in [x_{i-1/2}, x_{i+1/2}] \tag{2.3.16}$$

$F_i(x)$ 可以由已知的 $\overline{f}_i^n$ 和插值得出的 $f_{i-1/2}$、$f_{i+1/2}$ 构造得出(方案的具体实现见 2.3.2

节)。

2.3.2 PRM 方案的计算步骤

对于单元格界面值 $f_{i-1/2}$ 和 $f_{i+1/2}$ 的计算,PRM 方案采用单元格积分平均值 $\overline{f}_i(i=0,1,\cdots,i_{\max})$ 进行插值近似,插值方法与 PPM 方案中所用的计算界面值的方法相同,

$$f_{i+1/2} = \overline{f}_i + \frac{\Delta x_i}{\Delta x_i + \Delta x_{i+1}}(\overline{f}_{i+1} - \overline{f}_i) + \frac{1}{\sum_{k=-1}^{2} \Delta x_{i+k}} \times$$

$$\left[\frac{2\Delta x_{i+1}\Delta x_i}{\Delta x_i + \Delta x_{i+1}} \left(\frac{\Delta x_{i-1} + \Delta x_i}{2\Delta x_i + \Delta x_{i+1}} - \frac{\Delta x_{i+2} + \Delta x_{i+1}}{2\Delta x_{i+1} + \Delta x_i} \right) \right.$$

$$\left. (\overline{f}_{i+1} - \overline{f}_i) - \Delta x_i \frac{\Delta x_{i-1} + \Delta x_i}{2\Delta x_i + \Delta x_{i+1}} \overline{\delta}f_{i+1} + \Delta x_{i+1} \frac{\Delta x_{i+2} + \Delta x_{i+1}}{2\Delta x_{i+1} + \Delta x_i} \overline{\delta}f_i \right]$$

$$(2.3.17)$$

其中, $\overline{\delta}f_i$ 表示在单元 $[x_{i-1/2}, x_{i+1/2}]$ 中的平均斜率,其表达式为:

$$\overline{\delta}f_i = \begin{cases} \min(|\delta f_i|, \alpha_1|\overline{f}_{i+1} - \overline{f}_i|, \alpha_2|\overline{f}_i - \overline{f}_{i-1}|)\operatorname{sgn}(\delta f_i) & (\overline{f}_{i+1} - \overline{f}_i)(\overline{f}_i - \overline{f}_{i-1}) > 0 \\ 0 & \text{其他} \end{cases}$$

$$(2.3.18)$$

$$\operatorname{sgn}(\delta f_i) = \begin{cases} 1.0 & \delta f_i \geqslant 0 \\ -1.0 & \delta f_i \leqslant 0 \end{cases} \quad \alpha_1 = \alpha_2 = 3.0$$

当 $\overline{f}_i^n$ 和 $f_{i-1/2}$、$f_{i+1/2}$ 都为已知时,根据以下的约束条件可以确定分段插值函数 $F_i(x)$。

$$\begin{cases} F_i(x_{i-1/2}) = f_{i-1/2} \\ F_i(x_{i+1/2}) = f_{i+1/2} \\ \frac{1}{\Delta x_i}\int_{x_{i-1/2}}^{x_{i+1/2}} F_i(x_i) = \overline{f}_i \end{cases}$$

$$(2.3.19)$$

由式(2.3.19)计算 $F_i(x)$ 的系数为,

$$\begin{cases} a_i = f_{i-1/2} \\ b_i = \beta_i \overline{f}_i + \frac{1}{\Delta x_i}(\overline{f}_i - f_{i-1/2}) \\ \beta_i = \Delta x_i^{-1}\left[\frac{f_{i-1/2} - \overline{f}_i}{\overline{f}_i - f_{i+1/2}} - 1 \right] \end{cases}$$

$$(2.3.20)$$

在 $(\overline{f}_i - f_{i+1/2})(f_{i+1/2} - \overline{f}_i) < 0$ 的情况下,当 $1 + \beta_i b_i(x - x_{i-1/2})$ 接近 0 时,就是极值点的输送,产生奇异,需要调整 β_i 为

$$\tilde{\beta}_i = \Delta x_i^{-1}\left(\frac{|f_{i-1/2} - \overline{f}_i| + \varepsilon}{|\overline{f}_i - f_{i+1/2}| + \varepsilon} - 1 \right)$$

$$(2.3.21)$$

ε 是一个非常小的正值,避免分母为 0,因此,在所使用的计算机精度限制内 ε 取得越小越好(如 $\varepsilon = 10^{-20}$)。

给出第 n 时间步的积分单元的平均值 $\overline{f}_i^n$,首先由式(2.3.17)计算出所有网格单元界面值 $f_{i+1/2}$。然后根据 $\overline{f}_i^n$、$f_{i-1/2}^n$ 和 $f_{i+1/2}^n$ 构造出插值有理函数。每个单元 $[x_{i-1/2}, x_{i+1/2}]$ 上的插值函数都可以表示为以 $x_{i-1/2}$ 或 $x_{i+1/2}$ 为基点的函数,如下:

$$R_i^+(x) = \frac{a_i^+ + 2b_i^+(x - x_{i-1/2}) + \tilde{\beta}_i^+ b_i^+(x - x_{i-1/2})^2}{[1 + \tilde{\beta}_i^+(x - x_{i-1/2})]^2} \qquad x \in [x_{i-1/2}, x_{i+1/2}]$$

$$(2.3.22)$$

或

$$R_i^-(x) = \frac{a_i^- + 2b_i^-(x - x_{i+1/2}) + \tilde{\beta}_i^- b_i^-(x - x_{i+1/2})^2}{[1 + \tilde{\beta}_i^-(x - x_{i+1/2})]^2} \qquad x \in [x_{i-1/2}, x_{i+1/2}] \quad (2.3.23)$$

为了易于编程,根据迎风的方向选择 R^+ 或 R^-。令 $\gamma_i^+ = 1 + \tilde{\beta}_i^+ \Delta x_i$,$R_i^+(x)$ 的系数可以立即得到,

$$\begin{cases} a_i^+ = f_{i-1/2}^n \\[2mm] b_i^+ = \dfrac{1}{\Delta x_i}(\gamma^+ \overline{f}_i^n - f_{i-1/2}^n) \\[2mm] \tilde{\beta}_i^+ = \Delta x_i^{-1}\left(\dfrac{|f_{i-1/2}^n - \overline{f}_i^n| + \varepsilon}{|\overline{f}_i^n - f_{i+1/2}^n| + \varepsilon} - 1\right) \end{cases} \qquad (2.3.24)$$

同理,$R_i^-(x)$ 的系数 $\tilde{\beta}_i^-$、b_i^-、a_i^- 仅仅需要在 $R_i^+(x)$ 表达式相应的位置上改变一下 $f_{i-1/2}^n$ 和 $f_{i+1/2}^n$ 顺序,$-\Delta x_i$ 代替 Δx_i 即可。确定了所有单元格的分段插值函数 $R_i(x)$ 以后,计算下一个时刻的积分单元的平均值 $\overline{f}_i^{n+1}$,如下:

$$\overline{f}_i^{n+1} = \overline{f}_i^n - (g_{i+1/2} - g_{i-1/2})/\Delta x_i \qquad (2.3.25)$$

其中,$g_{i-1/2}$ 和 $g_{i+1/2}$ 表示在从 t^n 到 t^{n+1} 的时间内分别经过界面 $x = x_{i-1/2}$ 和 $x = x_{i+1/2}$ 的通量,

$$g_{i+1/2} = \int_{t^n}^{t^{n+1}} \{\min(0, u_{i+1/2}) R_{i+1}^+[x_{i+1/2} - u_{i+1/2}(t - t^n)] - \max(0, u_{i+1/2})$$
$$R_i^-[x_{i+1/2} - u_{i+1/2}(t - t^n)]\} \mathrm{d}t \qquad (2.3.26)$$

由式(2.3.22)或(2.3.23)可以得到,

$$g_{i+1/2} = -\frac{a_{i+1}^+ \xi + b_{i+1}^+ \xi^2}{1 + \tilde{\beta}_{i+1}^+ \xi} \qquad u_{i+1/2} < 0 \qquad (2.3.27)$$

$$g_{i+1/2} = -\frac{a_{i+1}^- \xi + b_{i+1}^- \xi^2}{1 + \tilde{\beta}_{i+1}^- \xi} \qquad u_{i+1/2} > 0 \qquad (2.3.28)$$

其中,$\xi = \int_{t^n}^{t^{n+1}} u(t)_{i+1/2} \mathrm{d}t$。

2.4　水物质方程求解

不同于 2.2 节中给出的其他方程的线性化求解处理,结合高精度水物质平流方案 PRM,GRAPES 暴雨预报模式的水物质方程采用通量形式的方程组。

2.4.1　通量形式的水物质方程

球面坐标系下,垂直坐标为高度地形追随坐标的水物质通量方程的推导如下:

连续方程的通量形式为

$$\frac{\partial \rho}{\partial t} + \nabla \cdot (\rho V) = 0 \qquad (2.4.1)$$

假设空气微团中无水汽源或汇,水汽方程记为

$$\frac{\partial(\rho q)}{\partial t} + \nabla \cdot (\rho q V) = 0 \qquad (2.4.2)$$

其中,水汽密度 $\rho_v = \rho q$,q 为比湿。

把式(2.4.1)乘以 q 并与式(2.4.2)相减,得到用比湿 q 表示的水汽方程

$$\frac{\partial q}{\partial t} + V \cdot \nabla q = 0 \tag{2.4.3}$$

在高度 z 坐标系下,展开可得

$$\frac{\partial q}{\partial t} + u\frac{\partial q}{\partial x} + v\frac{\partial q}{\partial y} + w\frac{\partial q}{\partial z} = 0 \tag{2.4.4}$$

其中,u、v、w 分别表示 x、y、z 方向的速度。

可以容易推导出其通量形式如下:

$$\frac{\partial q}{\partial t} + \frac{\partial(qu)}{\partial x} + \frac{\partial(qv)}{\partial y} + \frac{\partial(qw)}{\partial z} = q\frac{\partial u}{\partial x} + q\frac{\partial v}{\partial y} + q\frac{\partial w}{\partial z} = q\left(\frac{\partial u}{\partial x} + \frac{\partial v}{\partial y} + \frac{\partial w}{\partial z}\right) \tag{2.4.5}$$

同样,球面坐标下的水汽方程可以写为:

$$\frac{\partial q}{\partial t} + \frac{u}{r\cos\phi}\frac{\partial q}{\partial \lambda} + \frac{v}{r}\frac{\partial q}{\partial \phi} + w\frac{\partial q}{\partial r} = 0 \tag{2.4.6}$$

其中,λ、ϕ 分别为经度和纬度,r 是以地心为原点的质点位置。
其通量形式为:

$$\frac{\partial q}{\partial t} + \frac{1}{r\cos\phi}\frac{\partial(qu)}{\partial \lambda} + \frac{1}{r}\frac{\partial(qv)}{\partial \phi} + \frac{\partial(qw)}{\partial r} = q\left(\frac{1}{r\cos\phi}\frac{\partial u}{\partial \lambda} + \frac{1}{r}\frac{\partial v}{\partial \phi} + \frac{\partial w}{\partial r}\right) \tag{2.4.7}$$

采用浅层大气近似,应用坐标转换公式(薛纪善等,2008),可以推导出高度地形追随坐标下球坐标系水汽通量方程为:

$$\left.\frac{\partial q}{\partial t}\right|_{\hat{z}} + \frac{1}{a\cos\varphi}\left.\frac{\partial(qu)}{\partial \lambda}\right|_{\hat{z}} + \frac{1}{a\cos\varphi}\left.\frac{\partial(qv\cos\varphi)}{\partial \varphi}\right|_{\hat{z}} + \left.\frac{\partial(q\hat{w})}{\partial \hat{z}}\right|_{\hat{z}}$$

$$= q\left(\frac{1}{a\cos\varphi}\left.\frac{\partial u}{\partial \lambda}\right|_{\hat{z}} + \frac{1}{a\cos\varphi}\left.\frac{\partial(v\cos\varphi)}{\partial \varphi}\right|_{\hat{z}} + \left.\frac{\partial \hat{w}}{\partial \hat{z}}\right|_{\hat{z}}\right) - \frac{1}{\Delta Zs}(u \cdot \phi_{sx} + v \cdot \phi_{sy})$$

$$\Delta Z_s = Z_T - Z_s(x,y)$$

$$\phi_{sx} = \frac{\mu\phi}{a\cos\phi} \cdot \frac{\partial Z_s}{\partial \lambda}$$

$$\phi_{sy} = \frac{\mu\phi}{a} \cdot \frac{\partial Z_s}{\partial \phi} \tag{2.4.8}$$

令 $\mu = \sin\phi$,$U = u\cos\phi$,$V = v\cos\phi$,则上式左边第 2 项和第 3 项化为:

$$\left(\frac{1}{a\cos\phi}\frac{\partial(qu)}{\partial \lambda}\right)_{\hat{z}} = \frac{1}{a\cos\phi}\frac{\partial}{\partial \lambda}\left(\frac{qu\cos\phi}{\cos\phi}\right)_{\hat{z}} = \frac{\partial}{\partial \lambda}\left(\frac{qu\cos\phi}{a\cos^2\phi}\right)_{\hat{z}} = \frac{\partial}{\partial \lambda}\left[\frac{qU}{a(1-\mu^2)}\right]_{\hat{z}} \tag{2.4.9}$$

$$\left(\frac{1}{a\cos\phi}\frac{\partial(q\cos\phi v)}{\partial \phi}\right)_{\hat{z}} = \left[\frac{1}{a\cos\phi}\left(\frac{\partial qV}{\partial \sin\phi}\right)\left(\frac{\partial \sin\phi}{\partial \phi}\right)\right]_{\xi}$$

$$= \left[\frac{1}{a\cos\phi}\left(\frac{\partial qV}{\partial \sin\phi}\right) \cdot \cos\phi\right]_{\hat{z}} = \frac{\partial}{\partial \sin\phi}\left(\frac{qV}{a}\right)_{\hat{z}} = \frac{\partial}{\partial \mu}\left(\frac{qV}{a}\right)_{\hat{z}} \tag{2.4.10}$$

据此,水汽方程的通量形式可以化为:

$$\left(\frac{\partial q}{\partial t}\right)_{\hat{z}} + \frac{\partial}{\partial \lambda}\left[\frac{qU}{a(1-\mu^2)}\right]_{\hat{z}} + \frac{\partial}{\partial \mu}\left(\frac{qV}{a}\right)_{\hat{z}} + \frac{\partial(q\hat{w})}{\partial \hat{z}}$$

$$= q\left(\frac{\partial}{\partial \lambda}\left[\frac{U}{a(1-\mu^2)}\right]_{\hat{z}} + \frac{\partial}{\partial \mu}\left(\frac{V}{a}\right)_{\hat{z}} + \frac{\partial \hat{w}}{\partial \hat{z}}\right) - \frac{1}{\Delta Zs}(u \cdot \phi_{sx} + v \cdot \phi_{sy}) \tag{2.4.11}$$

再令 $\bar{u} = \dfrac{U}{a(1-\mu^2)}$, $\bar{v} = \dfrac{V}{a}$, 则水汽方程通量形式最后可以写成如下简单的形式:

$$\left(\frac{\partial q}{\partial t}\right)_{\hat{z}} + \frac{\partial}{\partial \lambda}(q\bar{u})_{\hat{z}} + \frac{\partial}{\partial \mu}(q\bar{v})_{\hat{z}} + \frac{\partial}{\partial \hat{z}}(q\hat{w})$$

$$= q\left(\left(\frac{\partial \bar{u}}{\partial \lambda}\right)_{\hat{z}} + \left(\frac{\partial \bar{v}}{\partial \mu}\right)_{\hat{z}} + \frac{\partial \hat{w}}{\partial \hat{z}}\right) - \frac{1}{\Delta Zs}(u \cdot \phi_{sx} + v \cdot \phi_{sy}) \tag{2.4.12}$$

2.4.2　PRM 方案在半拉格朗日平流计算中的应用

　　PRM 方案不仅具有高精度正定保形的优势,而且方案简单易行。与欧拉平流方案相比,通常的半拉格朗日平流方案具有计算效率高、频散小的特点,但不能保持被输送量的守恒性 (Pellerin, *et al.*, 1995; Rančić, 1992),且在物理量分布不连续区域,平流计算精度不高。如果将 PRM 方案应用在半拉格朗日平流计算中,既可以保留半拉格朗日时间积分方案中积分时间步长大、计算效率高的特点,又能发挥 PRM 方案的优势和保持守恒性。

　　为将 PRM 方案应用于半拉格朗日平流计算,GRAPES 暴雨数值预报模式采用了称之为"积分单元格"的半拉格朗日计算方法(Rančić, 1992),也称映射单元格方法。其基本思想是把单元格的积分平均值作为平流的物理量,"到达单元格"内第 $n+1$ 时刻的物理量积分值对应的是上游点的"出发单元格"内第 n 时刻的物理量积分值。整体单元格的映射保证了输送量的守恒。出发单元格的物理量可以采用某种假设的空间分布函数在对应的上游单元格进行积分计算得到。

　　Rančić(1992)曾将 PPM 方案应用到二维笛卡尔坐标系下的半拉格朗日平流计算中。Lin 和 Rood(1996)提出的通量形式的半拉格朗日方法也属于此类方法。然而,"积分单元格"半拉格朗日方法虽然避免了通常半拉格朗日方法的守恒性问题,但也有不足之处,最主要的缺点是它的复杂性、计算代价也随着问题从一维到二维、到三维的增加而增加。

　　GRAPES 暴雨模式中发展了一个以 PRM 为基础的单元格积分的半拉格朗日平流方案。为克服"积分单元格"半拉格朗日方案扩展到多维时面临算法的困难,GRAPES 模式采用修正的分维算法成功地实现了基于 PRM 的半拉格朗日平流方案(Clappier, 1998)。

2.4.3　分维算法

　　分维算法由于易于实现,被广泛应用于多维平流计算。任何一维平流算法都可以通过分维算法扩展到三维。下面以二维为例,说明该算法的原理。

　　对于二维无辐散守恒平流方程:

$$\frac{\partial f}{\partial t} + \frac{\partial (uf)}{\partial x} + \frac{\partial (vf)}{\partial y} = 0 \tag{2.4.13}$$

　　分维算法如下:

$$\begin{cases} f'_i = f^n_i - \dfrac{\Delta t}{\Delta x}\Delta(u\overline{f}^x) \\ f^{n+1}_i = f'_i - \dfrac{\Delta t}{\Delta y}\Delta(v\overline{f'}^y) \end{cases} \tag{2.4.14}$$

其中, f 为单元格的平均值, i 为第 i 个单元格, Δt 为时间步长, Δx 和 Δy 分别表示 x、y 方向的格距, u 和 v 分别表示 x、y 方向的速度, n 表示第 n 时刻。但是,当流场在 x 方向或 y 方向存在辐合辐散时,就会产生虚假的梯度。为解决这一问题,Clappier(1998)提出了一种加入修正项的分维算法。具体算法如下:

$$
\begin{cases}
f'_i = f_i^n - \dfrac{\Delta t}{\Delta x}\Delta(u\overline{f}^x) \\[2mm]
f_i^c = f'_i + f_i^n \dfrac{\Delta t}{\Delta x}\Delta u \\[2mm]
f_i^{n+1} = f'_i - \dfrac{\Delta t}{\Delta y}\Delta(v\overline{f^c}^y)
\end{cases}
\tag{2.4.15}
$$

即:每一步先求解一维质量守恒方程,然后对得到的值 f'_i 进行散度修正,得到一个中间值 f_i^c,再用中间值算下一维的通量。同样,扩展到三维时可采用类似的办法。

将水汽方程(2.4.3)两端同时加上散度项 $q\nabla \cdot V$:

$$
\frac{\partial q}{\partial t} + \nabla \cdot (qV) = q\nabla \cdot V
\tag{2.4.16}
$$

这样,方程(2.4.16)与方程(2.4.1)相比,左边为通量形式,右边多了散度项,即散度修正项。

在高度地形追随、球面坐标系下,方程(2.4.16)展开即为方程(2.4.12)。

将上述方程分维重写成(Peng 等,2005):

$$
\begin{cases}
\left(\dfrac{\partial q}{\partial t}\right)_{\hat z} + \dfrac{\partial}{\partial \lambda}(q\tilde u)_{\hat z} = q \cdot \left(\dfrac{\partial \tilde u}{\partial \lambda}\right)_{\hat z} \\[2mm]
\left(\dfrac{\partial q}{\partial t}\right)_{\hat z} + \dfrac{\partial}{\partial \mu}(q\tilde v)_{\hat z} = q \cdot \left(\dfrac{\partial \tilde v}{\partial \mu}\right)_{\hat z} \\[2mm]
\left(\dfrac{\partial q}{\partial t}\right)_{\hat z} + \dfrac{\partial}{\partial \hat z}(q\hat w) = q \cdot \dfrac{\partial \hat w}{\partial \hat z}
\end{cases}
\tag{2.4.17}
$$

具体计算时,每一步先用一维的 PRM 方案计算方程左边的通量形式,方程右边的辐散项,可用差分方法计算。

2.5　边界条件

2.5.1　模式顶层和底层边界条件

GRAPES 暴雨数值预报模式的上、下边界条件如图 2.1 所示,满足下列关系:
下边界条件

$$
\hat w = 0, w \neq 0 (有地形时)
\tag{2.5.1a}
$$

$$
\hat w = 0, w = 0 (无地形时)
\tag{2.5.1b}
$$

上边界条件

$$
\hat w = 0, w = 0
\tag{2.5.1c}
$$

2.5.2　侧边界条件

GRAPES 暴雨预报模式侧边界处理不采用通常的 Davies 松弛方案(Davies,1976),而采用倾向松弛的方法,试验表明该方案对于高分辨率模式效果更好。对于某一预报变量 F 在松

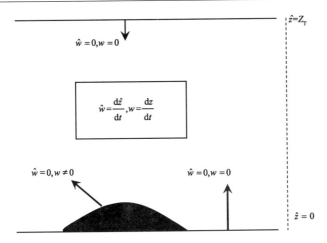

图 2.1 模式上下边界条件示意

弛区中某点 (i,j)，其倾向松弛边界的具体形式为：

$$\Delta F_{(i,j)} = F_{\_b(i,j)} - F_{(i,j)} \tag{2.5.2}$$

$$\left(\frac{\partial F}{\partial t}\right)_{(i,j)} = a \cdot \Delta F_{(i,j)} - b \cdot (\Delta F_{(i+1,j)} + \Delta F_{(i-1,j)} + \Delta F_{(i,j+1)} + \Delta F_{(i,j-1)} - 4\Delta F_{(i,j)})$$

$$\tag{2.5.3}$$

更进一步可以写为：

$$\left(\frac{\partial F}{\partial t}\right)_{(i,j)} = a(F_{\_b} - F)_{(i,j)} - b\big[(F_{\_b} - F)_{(i+1,j)} + (F_{\_b} - F)_{(i-1,j)}$$
$$+ (F_{\_b} - F)_{(i,j+1)} + (F_{\_b} - F)_{(i,j-1)} - 4(F_{\_b} - F)_{(i,j)}\big] \tag{2.5.4}$$

这里下标_b 表示边界大尺度预报场，a、b 为松弛系数，其大小与侧边界远近有关，其值越大，大尺度强迫场起的作用越大，具体计算形式为：

$$a = \frac{0.1}{\Delta t} \cdot \frac{bdy_{\_spec} + bdy_{\_relax} - n}{bdy_{\_relax} - 1} \qquad n = 2,3,4,\cdots$$

$$b = \frac{1}{50 \cdot \Delta t} \cdot \frac{bdy_{\_spec} + bdy_{\_relax} - n}{bdy_{\_relax} - 1} \qquad n = 2,3,4,\cdots$$

式中，$bdy_{\_spec}$ 表示侧边界指定边界圈数，$bdy_{\_relax}$ 表示侧边界松弛区圈数（图 2.2），Δt 为模式积分时间步长，n 表示侧边界的具体第几圈，排列方向由外到内，例如 n 等于 1 就是指最外一圈侧边界。

将由式(2.5.4)算出的倾向值加到模式的倾向方程中，得到松弛后的模式时间倾向值。其计算区域为侧边界松弛区域。同时，GRAPES 模式侧边界松弛区外还有固定边界区，即将大尺度的时间倾向作为固定侧边界区的倾向值。

2.6 模式有效地形及地形滤波

高分辨率数值模式在复杂地形或者陡峭地形处通常存在虚假的降水。这与模式大气对于模式地形的有效分辨和合理响应密切相关。通常不经过特殊处理的模式地形，其分辨率为一个格距，这会导致山谷或者山峰仅由一个格点表示。此时，模式大气对此类地形的响应会破坏

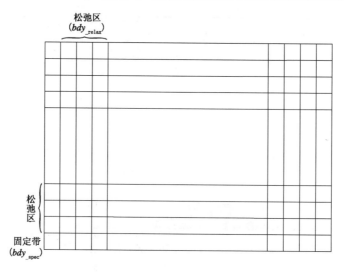

图 2.2　侧边界网格示意图

对流场的合理模拟,进而引起与物理过程相关的虚假反馈,带来虚假的降水。Gassmann (2001)、Davies 和 Brown(2001)的试验表明:为准确地模拟流场,模式必须合理描述地形的结构。Davies 和 Brown(2001)为此引入了有效地形的概念,也即模式大气能够正确响应的地形尺度应与模式的有效分辨率有关,通常模式能够分辨的运动尺度大于 2 个格距,模式真正能够有效分辨的运动尺度一般在 4 个格距或者以上,相应地模式也只能有效表达至多 4 个格距或者以上的地形(王光辉等,2008;刘一等,2011)。

　　为在 GRAPES 暴雨数值预报模式中合理模拟模式大气对复杂、陡峭地形的响应及提高降水预报能力,模式地形采用 Raymond 滤波器滤除不能正确分辨的小尺度地形(Raymond,1988)。该滤波器由不同的一维高阶隐式正切滤波器耦合而成,能选择性地过滤地形数据中不同尺度的噪声。计算中利用高效经济的分裂技巧,使该滤波器能快速准确地对地形数据进行处理。GRAPES 模式在应用了该滤波器处理的地形后能成功克服在山区降雨预报量集中在山顶,而同时山谷和背风面又无雨的现象。

2.6.1　高阶低通隐式正切滤波器

　　要针对所用模式的分辨率选择合适的滤波平滑处理方案对地形进行滤波平滑处理,构造出适合模式分辨率的有效地形,即滤除给定分辨率的模式所不能很好描述的小尺度地形,同时尽量降低对模式能够准确描述的较大尺度实际地形的影响,使最终产生的有效地形在模式预报过程中可以更加真实地反映地形的影响,以求在数值模拟中得到更好的预报结果。但是如果滤波平滑方案不当,往往会"激发"出不稳定波,破坏预报结果。5 点平滑或 9 点平滑是一种简单易行的滤波器,可以较准确地滤掉高频噪声,但也会较多地影响到有气象意义的低频波地形被过滤掉。高阶正切滤波器是一种常用的滤波技术,可以滤去高频波动而保留有意义的波动并使之不受太大影响。

　　设一维离散序列和被滤波后的新序列分别为:$\{u_n\}$ 和 $\{u_n^F\}$,$n=0,\pm1,\pm2,\cdots$。为构建高阶低通隐式正切滤波器,引进如下 L 和 S 两类算子(Raymond,1988)。阶数为"$2p$"的 L^{2p} 算子为:

$$p = 1 \quad [L^2]u_n = (u_{n-1} + u_{n+1}) - 2u_n \tag{2.6.1}$$

$$p = 2 \quad [L^4]u_n = (u_{n-2} + u_{n+2}) - 4(u_{n-1} + u_{n+1}) + 6u_n \tag{2.6.2}$$

$$p = 3 \quad [L^6]u_n = (u_{n-3} + u_{n+3}) - 6(u_{n-2} + u_{n+2}) + 15(u_{n-1} + u_{n+1}) - 20u_n \tag{2.6.3}$$

......

p 表示阶级参数。注意上面方程中的系数其实就是 $(a-b)^{2p}$ 的展开系数。算子 L 类似于导数算子。下面给出的 S 类算子，则是光滑或平均算子 S 的应用，阶数为"$2p$"的 S^{2p} 算子为：

$$p = 1 \quad [S^2]u_n = (u_{n-1} + u_{n+1}) + 2u_n \tag{2.6.4}$$

$$p = 2 \quad [S^4]u_n = (u_{n-2} + u_{n+2}) + 4(u_{n-1} + u_{n+1}) + 6u_n \tag{2.6.5}$$

$$p = 3 \quad [S^6]u_n = (u_{n-3} + u_{n+3}) + 6(u_{n-2} + u_{n+2}) + 15(u_{n-1} + u_{n+1}) + 20u_n \tag{2.6.6}$$

......

根据上面定义的算子 L 和 S，可以构造如下的低通隐式正切滤波器：

$$[S^{2p}]u_n^F + (-1)^p \varepsilon [L^{2p}]u_n^F = [S^{2p}]u_n \tag{2.6.7}$$

这里 $\varepsilon \geqslant 0$ 是滤波参数，$2p$ 是滤波器的阶数。p 和 ε 的选取，视被滤噪声尺度而定。当给定数组 $\{u_n\}$ 和滤波参数 ε 后，用追赶法求解隐式方程组（2.6.7），得到滤波后的新数组 $\{u_n^F\}$。

Raymond（1988）给出了上述隐式正切滤波器的振幅响应函数：

$$H(x) = [1 + \varepsilon \tan^{2p}(\pi/x)]^{-1} \tag{2.6.8}$$

这里 x 表示以网格间距为单位尺度的波长。隐式滤波器的优点是：滤波系数是已知的，滤波的程度可以通过调节滤波参数 ε 来实现。很显然，当 $\varepsilon = 0$ 时，不进行滤波。当滤波器的阶数一定，滤波参数 ε 的取值越大，受滤波影响的波就越多。图 2.3a 给出了 2 阶滤波器的振幅响应函数随 ε 的变化，分别给出了滤波参数 $\varepsilon = 0.01, 0.1, 0.5, 1, 2$ 时的响应曲线。可以看到，当滤波参数取 0.01 时，$2\Delta x$ 长度的波被完全滤掉，尺度大于 $2\Delta x$ 长度的波几乎不受影响；当滤波参数逐步增大时，受影响的波就越多；如当滤波参数 ε 取 2 时，$12\Delta x$ 等长度的波都受滤波的影响。图 2.3b 是 10 阶滤波器的振幅响应函数随 ε 的变化，分别给出了滤波参数 $\varepsilon = 0.1, 1, 10, 100, 1000$ 时对应的响应曲线。当 $\varepsilon = 0.1, 10$ 时，$3\Delta x, 4\Delta x$ 长度的波分别被完全滤掉，而对其他波长的影响很小。当滤波参数取 1000 时，虽然能基本滤去 $6\Delta x$ 长度的波，但同时也部分

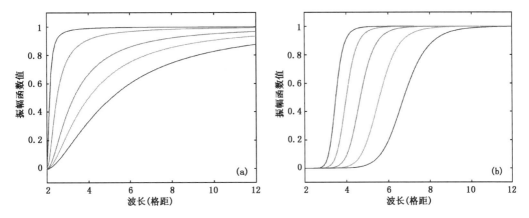

图 2.3　(a)2 阶低通隐式正切滤波器的振幅响应函数，曲线从左到右分别对应滤波参数 0.01、

0.1、0.5、1、2；(b)10 阶低通隐式正切滤波器的振幅响应函数，曲线从左到右分别对应

滤波参数 0.1、1、10、100、1000

滤去了 7、8、9 倍格距的波。因此,要滤去某个长度的波,同时又要使尺度大于这个长度的波几乎不受影响,滤波器必须有适当高的阶数。GRAPES暴雨数值预报模式应用 10 阶低通隐式正切滤波器滤去 $4\Delta x$ 长度的波。

2.6.2 二维地形资料的滤波处理

2.6.1 节给出了一维地形的滤波原理,对于二维地形资料,在有限区域的 X 与 Y 两个不同的方向分别进行滤波,应用 Bourke 和 McGregor (1983)的分裂技巧对二维地形数据进行滤波计算。设讨论的二维区域为:$[a,b]\times[c,d]$,网格剖分为 $M\times N$,网格点为:$x_i = a+(i-1)$ Δx,$y_j = c+(j-1)\Delta y$,$1\leqslant i\leqslant M,1\leqslant j\leqslant N$。假设 u_{ij} 是水平格点 (x_i,y_j) 上的地形高度,u_{ij}^F 是滤波后相应格点上的数据。对于 x,y 方向分别定义一维滤波算子 A_i^ε 和 B_j^μ,使得:

$$\begin{cases} A_i^\varepsilon u_{i,j}^F = P_1(\varepsilon, u_{i,j}^F) \\ B_j^\mu u_{i,j}^F = P_2(\mu, u_{i,j}^F) \end{cases} \tag{2.6.9}$$

P_1、P_2 分别是 $u_{i,j}^F$ 在 i,j 两个不同方向上的差分表达式,ε、μ 是相应的滤波参数。算子 A_i^ε 和 B_j^μ 的乘积被定义为相应的二维滤波算子(Raymond,1988),满足如下形式的方程:

$$A_i^\varepsilon B_j^\mu u_{i,j}^F = A_i^0 B_j^0 u_{i,j} \tag{2.6.10}$$

根据有限区域在 X 与 Y 方向的不同地形特点,可以分别选取不同的滤波器,也即根据东西与南北方向的地形特点选取适当的差分表达式 P_1、P_2。式(2.6.10)中 A_i^0 和 B_j^0 为 ε 和 μ 取 0 时的滤波算子。另外,为了避免由于使用高阶滤波器所带来的计算复杂性,应用分裂技巧,使二维问题分解成两个一维问题。下面就 X 与 Y 两个方向都使用正切隐式滤波器为例,说明上面所定义的二维滤波器的使用方法和步骤。

(1)当 $p=1$ 时

在 X、Y 方向的二阶低通隐式正切滤波器分别为:

$$x \quad (1-\varepsilon)u_{i-1,j}^F + 2(1+\varepsilon)u_{i,j}^F + (1-\varepsilon)u_{i+1,j}^F = u_{i-1,j} + 2u_{i,j} + u_{i+1,j} \tag{2.6.11}$$

$$y \quad (1-\mu)u_{i,j-1}^F + 2(1+\mu)u_{i,j}^F + (1-\mu)u_{i,j+1}^F = u_{i,j-1} + 2u_{i,j} + u_{i,j+1} \tag{2.6.12}$$

很明显,P_1、P_2 分别对应上面两个方程的左边项。应用分裂技巧,将式(2.6.10)的算子乘积方程分裂成下面两个线性方程组:

$$\begin{cases} A_i^\varepsilon u_{i,j}^* = G_{i,j} \\ B_j^\mu u_{i,j}^F = u_{i,j}^* \end{cases} \tag{2.6.13}$$

这里 $u_{i,j}^*$ 是中间变量,它对应于一个固定的 j 通过正切滤波后所得的一维数组。$G_{i,j}$ 是方程(2.6.10)的右端项。具体形式是:

$$G_{i,j} = u_{i-1,j+1} + 2u_{i,j+1} + u_{i+1,j+1} + 2u_{i-1,j}$$
$$+ 4u_{i,j} + 2u_{i+1,j} + u_{i-1,j-1} + 2u_{i,j-1} + u_{i+1,j-1} \tag{2.6.14}$$

这里,$2\leqslant j\leqslant N-1$。$u_{1,j}^* = G_{1,j} = u_{1b,j}$,$u_{M,j}^* = G_{M,j} = u_{Mb,j}$,边界数据 $u_{1b,j}$ 和 $u_{Mb,j}$ 分别定义为 $u_{1b,j}$ $=u_{1,j-1}+2u_{1,j}+u_{1,j+1}$,$u_{Mb,j}=u_{M,j-1}+2u_{M,j}+u_{M,j+1}$。同时,定义 $u_{i,1}^* = u_{i,1}$,$u_{i,N}^* = u_{i,N}$。如此,对于固定的 i,通过式(2.6.13)的第一个方程组,可以求出一组 y 方向的滤波数组。式(2.6.13)中两个线性方程组的系数矩阵均为三对角矩阵,对于输入的地形资料 $\{u_{i,j}\}$,用追赶法容易求解出滤波后的地形 $\{u_{i,j}^F\}$。

根据图 2.3a,当 $p=1$ 时,只要滤波参数不为零,正切滤波能有效滤掉 $2\Delta x, 2\Delta y$ 尺度的地形;然而,控制滤波量的滤波参数不得不保持一个较小的数,以免滤波器影响到有意义尺度的地形。如果需要滤掉 $2\Delta x$ 尺度以上的地形而尽量减小对需要保留的尺度的影响,就需要更高阶的滤波器。

(2)当 $p=5$ 时

为了准确地滤掉高频噪声,而又尽可能少对有意义尺度波的影响,通常需要采用高阶正切滤波器。这里,以在 X,Y 方向均取 10 阶正切滤波器为例(即 $p=5$)给出具体算法。这时式 (2.6.9) 中的 $P_1(\varepsilon,u_{i,j}^F)$、$P_2(\mu,u_{i,j}^F)$ 分别为:

$$
\begin{aligned}
P_1(\varepsilon,u_{i,j}^F) = &(1-\varepsilon)(u_{i-5,j}^F - u_{i+5,j}^F) + 10(1+\varepsilon)(u_{i-4,j}^F - u_{i+4,j}^F) + 45(1-\varepsilon)(u_{i-3,j}^F - u_{i+3,j}^F) \\
&+ 120(1+\varepsilon)(u_{i-2,j}^F - u_{i+2,j}^F) + 210(1-\varepsilon)(u_{i-1,j}^F - u_{i+1,j}^F) + 252(1+\varepsilon)u_{i,j}^F
\end{aligned}
$$
$$(2.6.15)$$

$$
\begin{aligned}
P_2(\mu,u_{i,j}^F) = &(1-\mu)(u_{i,j-5}^F - u_{i,j+5}^F) + 10(1+\mu)(u_{i,j-4}^F - u_{i,j+4}^F) + 45(1-\mu)(u_{i,j-3}^F - u_{i,j+3}^F) \\
&+ 120(1+\mu)(u_{i,j-2}^F - u_{i,j+2}^F) + 210(1-\mu)(u_{i,j-1}^F - u_{i,j+1}^F) + 252(1+\mu)u_{i,j}^F
\end{aligned}
$$
$$(2.6.16)$$

类似于 $p=1$ 的情况,将二维隐式滤波器的求解问题分裂成两个线性方程组的求解,即

$$
\begin{cases}
A_i^\varepsilon u_{i,j}^* = G_{i,j} \\
B_j^\mu u_{i,j}^F = u_{i,j}^*
\end{cases}
$$
$$(2.6.17)$$

这里 $G_{i,j} = A_i^0 B_j^0 u_{i,j}$,$(6 \leqslant i \leqslant M-5,6 \leqslant j \leqslant N-5)$ 是 $u_{i,j}$ 在 x 与 y 方向的差分表达式,共 121 项。在边界处,$u_{i,j}^* = G_{i,j} = u_{ib,j}^*$($1 \leqslant i \leqslant 5$ 或 $M-4 \leqslant i \leqslant M$),边界 $u_{ib,j}^*$ 定义如下:

$$
\begin{aligned}
u_{ib,j}^* = &(u_{i,j-5} + u_{i,j+5}) + 10(u_{i,j-4} + u_{i,j+4}) + 45(u_{i,j-3} + u_{i,j+3}) \\
&+ 120(u_{i,j-2} + u_{i,j+2}) + 210(u_{i,j-1} + u_{i,j+1}) + 252u_{i,j}
\end{aligned}
$$
$$(2.6.18)$$

定义 $u_{i,j}^* = u_{i,j}$($1 \leqslant i \leqslant 5$ 或 $M-4 \leqslant i \leqslant M$)。式(2.6.17)中两个线性方程组的系数矩阵分别为 $M \times M$ 和 $N \times N$ 的矩阵。对于给定的地形 $\{u_{i,j}\}$ 和滤波参数 ε,μ,采用 LU 分解循环求解式 (2.6.17),可以得到 10 阶低通隐式正切滤波器的滤波地形 $\{u_{i,j}^F\}$。

2.7　依赖地形坡度的通量修正型单调水平扩散

数值模式中通常引入扩散项来表示模式不能分辨的次网格尺度混合过程以控制格点尺度的计算噪声和能量混淆。在垂直方向上通常由边界层和垂直扩散过程来完成,水平方向则在预报方程中引入水平扩散项。随着模式分辨率的提高,由于物理过程和精细下垫面非均匀性带来的格点尺度计算噪声和虚假能量累积会严重影响高分辨率模式的计算稳定性和预报模拟效果,引入合理、有效的水平扩散对于提高高分辨率模式的预报效果非常必要。另一方面,由于 GRAPES 模式采用高度地形追随坐标,模式坐标面上计算水平扩散时会在复杂陡峭地形处引起虚假的垂直方向的混合,在高分辨率模式和地形陡峭处,这种误差将非常显著,并通过与物理过程的相互作用破坏模式的模拟预报效果。多数模式采用坡度修正或者直接在高度或等压面上计算水平扩散,但仍然在陡峭地形处难以保证其有效性,且会破坏局地质量守恒。GRAPES 暴雨数值预报模式采用依赖地形坡度的通量修正型单调 4 阶水平扩散,由于扩散项采用通量形式,水平扩散不会破坏局地质量守恒。

2.7.1　四阶水平扩散方案

带有水平扩散项的预报方程可以写为如下一般形式:

$$\frac{\partial \psi}{\partial t} = S(\psi) + (-1)^{m/2+1} \alpha_m \nabla^m \psi \qquad\qquad (2.7.1)$$

式中，ψ 是任何预报变量。$S(\psi)$ 表示其他所有物理、动力源汇项。上述方程的最后一项即为线性扩散项。$m=2,4,6,\cdots$ 表示扩散项的阶数，α_m 是相应于 m 阶的扩散系数。阶数越高，由于扩散而衰减的波长其尺度选择性越强。

以式（2.7.1）的一维情况为例，采用时间向前差分，空间中央差分数值求解式（2.7.1）。应用 von Neumann 方法进行线性稳定性分析，可得到水平扩散阶数为 2、4、6 的情况下的振幅响应函数如下：

$$H(x) = \begin{cases} 1 - [2 - 2\cos(2\pi/x)]/4, & (m = 2) \\ 1 - [6 - 8\cos(2\pi/x) + 2\cos(4\pi/x)]/16, & (m = 4) \\ 1 - [20 - 30\cos(2\pi/x) + 12\cos(4\pi/x) - 2\cos(6\pi/x)]/64, & (m = 6) \end{cases}$$

图 2.4 给出了上式振幅响应曲线随波长的变化。对于各阶扩散，选择 α_m 扩散系数时使其满足在一个时间步内 $2\Delta x$ 的波完全衰减。可以看到，对于各阶扩散，不仅 2 倍格距的波完全被衰减，更长的波也被不同程度衰减。例如，对于 $4\Delta x$ 的波，其振幅被二阶扩散方案减小一半，但只被 6 阶扩散方案减小 20%。也就是说，扩散的阶数越高，较长尺度的波衰减越小，这些较长尺度的具有物理意义的波动不应被扩散方案所影响。因此，高阶方案提供了一个更合理的尺度选择性衰减。

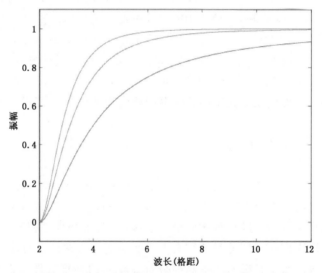

图 2.4　曲线从左到右分别对应 6、4、2 阶水平扩散的振幅响应曲线

多数模式使用 4 阶线性水平扩散，一方面因为其与更高阶方案相比计算代价较小，另一方面其与 2 阶方案相比具有较好的选择性扩散性能。GRAPES 暴雨数值预报模式选择 4 阶方案。但是，相对于自然保持单调性的 2 阶方案而言，高阶方案虽然选择性扩散性能好但会引入新的计算噪声，也就是称之为 Gibbs 现象的上冲下冲现象产生。因此，GRAPES 暴雨模式在通常意义的 4 阶扩散方案的基础上，引入单调修正，同时为避免陡峭地形处虚假的垂直方向的扩散，进一步引入了依赖于地形坡度的修正方案。

根据式（2.7.1），沿模式面、球坐标系下的 4 阶水平扩散可写为：

$$M_{\psi}^{CM} = -\alpha_4 \frac{1}{a^2\cos^2\varphi} \left\{ \frac{\partial^2 s_{\psi}}{\partial^2\lambda} + \cos\varphi \frac{\partial}{\partial\varphi} \left(\cos\varphi \frac{\partial s_{\psi}}{\partial\varphi} \right) \right\} \tag{2.7.2}$$

这里

$$s_{\psi} = \frac{1}{a^2\cos^2\varphi} \left\{ \frac{\partial^2\psi}{\partial^2\lambda} + \cos\varphi \frac{\partial}{\partial\varphi} \left(\cos\varphi \frac{\partial\psi}{\partial\varphi} \right) \right\}$$

ψ 是除位温之外的模式变量。对于位温，被扩散的变量是 $\theta = \tilde{\theta} - \theta_0$，$\alpha_4$ 是扩散系数。位温的水平扩散，代替以扩散位温和参考大气的差而不是全量，这也就是所谓的温度扩散的坡度修正，以减小沿模式面计算温度水平扩散时在陡峭地形处可能产生的虚假垂直方向扩散。在实际应用中，还可以通过减小扩散系数的办法缓和虚假扩散，特别是对于温度、水汽或其他水物质应用水平扩散时应该加以注意。

为克服线性 4 阶扩散带来的非物理意义的振荡及振幅超出初始值范围的现象，Doms (2001) 发展了一种基于多维通量限制的方案。该方案的基本前提是将式 (2.7.1) 中的扩散项改写为通量形式。省略式 (2.7.1) 中的源汇项 S，将其写成：

$$\frac{\partial\psi}{\partial t} = (-1)^{m/2+1}\alpha_m \nabla^m \psi = -\nabla \cdot F \tag{2.7.3}$$

这里 F 表示如下形式的扩散通量：

$$F = (-1)^{m/2}\alpha_m \nabla(\nabla^{m-2}\psi)$$

对于球坐标系 (λ, φ) 下的 4 阶扩散项，通量 F 沿经度及纬度的分量分别表示为：

$$F^{\lambda} = \frac{\alpha_4}{a\cos\varphi} \frac{\partial s_{\psi}}{\partial\lambda}, \quad F^{\varphi} = \frac{\alpha_4}{a} \frac{\partial s_{\psi}}{\partial\varphi}$$

s_{ψ} 的定义见式 (2.7.2)。用时间向前差及空间中央差对扩散方程 (2.7.3) 的二维形式进行离散，其离散方程为：

$$\psi_{i,j}^{n+1} = \psi_{i,j}^n - (A_{i+1/2,j}^n - A_{i-1/2,j}^n + A_{i,j+1/2}^n - A_{i,j-1/2}^n) \tag{2.7.4}$$

这里 (i,j) 表示 λ 方向为 i，φ 方向为 j 的格点下标，并且

$$A_{i\pm1/2,j}^n = (F_{i\pm1/2,j}^{\lambda})^n \frac{\Delta t}{a\cos\varphi_j\Delta\lambda}, \quad A_{i,j\pm1/2}^n = (F_{i,j\pm1/2}^{\varphi})^n \frac{\cos\varphi_{j\pm1/2}\Delta t}{a\cos\varphi_j\Delta\varphi}$$

方程 (2.7.4) 可以进一步改写为：

$$\psi_{i,j}^{n+1} = \psi_{i,j}^n + A_{i,j}^{in} - A_{i,j}^{out}, \tag{2.7.5}$$

这里，$A_{i,j}^{in}$、$A_{i,j}^{out}$ 分别表示流进和流出网格单元通量的总和，而且为正值，其公式分别为：

$$A_{i,j}^{in} = -A_{i+1/2,j}^- + A_{i-1/2,j}^+ - A_{i,j+1/2}^- + A_{i,j-1/2}^+$$

$$A_{i,j}^{out} = +A_{i+1/2,j}^+ - A_{i-1/2,j}^- + A_{i,j+1/2}^+ - A_{i,j-1/2}^-$$

其中 A^+、A^- 分别表示沿格点单元界面的正、负通量。如此，$A_{i,j}^{in} - A_{i,j}^{out}$ 就相当于在一个网格单元上的通量散度。

由于单调数值方案不应当在一个时间步长内产生新的最大及最小值，故单调约束条件为：

$$\psi_{i,j}^{min} \leqslant \psi_{i,j}^{n+1} \leqslant \psi_{i,j}^{max} \tag{2.7.6}$$

$\psi_{i,j}^{min}$、$\psi_{i,j}^{max}$ 分别表示 n 时刻变量 ψ 在点 (i,j) 以及周围格点的最小、最大值，其定义如下：

$$\psi_{i,j}^{min} = \min(\psi_{i,j}^n, \psi_{i+1,j}^n, \psi_{i-1,j}^n, \psi_{i,j+1}^n, \psi_{i,j-1}^n)$$

$$\psi_{i,j}^{max} = \max(\psi_{i,j}^n, \psi_{i+1,j}^n, \psi_{i-1,j}^n, \psi_{i,j+1}^n, \psi_{i,j-1}^n)$$

应用单调约束条件，则由式 (2.7.5) 可以简单地得到：

$$\psi_{i,j}^{min} \leqslant \psi_{i,j}^n + A_{i,j}^{in} - A_{i,j}^{out} \leqslant \psi_{i,j}^{max}$$

由此可以得到满足单调约束的充分条件如下：

$$A_{i,j}^{in} \leqslant \psi_{i,j}^{max} - \psi_{i,j}^n$$

$$A_{i,j}^{out} \leqslant \psi_{i,j}^n - \psi_{i,j}^{min}$$

在这两个条件下，式(2.7.5)所计算得到的 ψ 在一个时间步长内不会产生新的最大与最小值，这就是式(2.7.4)的单调扩散方案。

　　在高度地形追随坐标面上计算水平扩散时，如前所述，在复杂陡峭地形处会出现系统性的计算误差，这种数值误差在高分辨率模式中会带来更为严重的后果。为减缓这种计算误差，多数模式曾采用前述的坡度修正的办法，而且只是对温度的水平扩散，其他量仍采用通常的水平扩散。但是这种方案当格点之间平均参考大气廓线差异比较大时仍会带来较大的计算误差。有些模式也采用在等高面或者等压面上直接计算水平扩散，虽然解决了虚假扩散的计算误差，但却不能保证质量守恒。

　　前述通量形式的单调水平扩散方案，由于采用通量形式，很容易保证质量守恒。进一步地，在上述通量形式单调水平扩散方案的基础上，考虑了一个在地形处对扩散通量加以限制的办法。其具体做法是，使扩散通量随模式面陡峭程度的增加而逐渐减少，并且当相邻格点之间的地形高度差超出某一设定的值时通量变成零。为此，定义格点单元界面之间的地形高度差为：

$$\Delta h_{i+1/2,j} = \mid h_{i+1,j} - h_{i,j} \mid$$

$$\Delta h_{i,j+1/2} = \mid h_{i,j+1} - h_{i,j} \mid$$

其中，$h_{i,j}$ 为坐标面上格点的几何高度。那么，式(2.7.4)中扩散通量 A 的限制形式相应写为：

$$\begin{cases} A_{i+1/2,j}^n = \max\{0, 1-(\Delta h_{i+1/2,j}/H_{max})^2\} \cdot (F_{i+1/2,j}^{\lambda})^n \dfrac{\Delta t}{a \cos\varphi_j \Delta \lambda}, \\ A_{i,j+1/2}^n = \max\{0, 1-(\Delta h_{i,j+1/2}/H_{max})^2\} \cdot (F_{i,j+1/2}^{\varphi})^n \dfrac{\cos\varphi_{j+1/2} \Delta t}{a \cos\varphi_j \Delta \varphi}. \end{cases} \quad (2.7.7)$$

其中，H_{max} 是一个阈值，即当相邻格点几何高度差达到此阈值时，扩散通量变成零。很显然，当 $\Delta h_{i+1/2,j}$ 和 $\Delta h_{i,j+1/2}$ 达到或超过 H_{max} 时，式(2.7.7)中定义的 $A_{i+1/2,j}^n$ 和 $A_{i,j+1/2}^n$ 就自然为零。将式(2.7.7)应用到单调扩散方案式(2.7.4)，就得到了依赖地形坡度的通量修正型单调水平扩散方案。

第 3 章　模式物理过程

　　如引言中所述,暴雨数值预报面临诸多科学问题。第 2 章阐述了精细化的模式动力框架,重点解决了高分辨率时动力框架的精细化改进以及针对水汽及其他水物质的高精度计算。暴雨数值预报需要模式能够合理描述造成暴雨的中小尺度对流系统的发生、发展及其组织化过程。这在需要模式具有高分辨率的同时,需要显式计算云物理过程而不是采用积云对流参数化的办法。尤其是,当模式分辨率高度能够分辨对流云单体时,模式必须考虑复杂的混合相态云物理过程。由于模式积云对流的发生、发展不仅与合理描写水物质相变的云物理过程有关,而且与边界层过程、陆－气相互作用过程、下垫面的非均匀性描写等都密切相关。因此,本章重点阐述针对暴雨数值预报至关重要的云物理过程、非局地边界层过程和精细陆面过程。其他物理过程如辐射和积云对流请参照薛纪善等(2008)编著的《数值预报系统 GRAPES 的科学设计与应用》。

3.1　双参数混合相态微物理方案

　　暴雨是在一定的大尺度天气背景条件下形成的,持续强烈的水汽辐合和上升气流是最重要的控制因子。但是水汽上升凝结成云后,只有一部分能够通过各种云物理过程形成雪、霰、雨等降水粒子落到地面,形成降雨。降雨总量所占凝结总量的比例称为降水效率,不同云的降水效率为 0～1,由云的动力和微物理结构决定。显然,对于暴雨的定量预报,云降水过程的正确描述是十分重要的。云降水过程通过水物质相变释放或吸收潜热、水凝物的负荷等对大气动力和热力过程产生影响,这些直接反映在大气垂直运动和热力方程的源汇项中,即相应增加 gQ_m 项和 $\dfrac{L_v}{c_p}Q_{vl} + \dfrac{L_s}{c_p}Q_{vs} + \dfrac{L_f}{c_p}Q_{ls}$ 项,其中 Q_m 为水凝物总比质量,在云中可达 0.01 g/g 的数量级,它们悬浮在空气中,对空气产生的垂直作用力等于它们的重力,相应的加速度可达 0.1 m/s²,相当于 3 K 温度变化所产生的浮力。L_v、L_s、L_f 为水的凝结、凝华、冻结潜热系数,Q_{vl}、Q_{vs}、Q_{ls} 为各种水凝物的水汽凝结(蒸发为负)、凝华、冻结(融化为负)的速率和。以云滴的凝结潜热为例,它同饱和湿空气的上升速度成正比,在 1 m/s 升速下可使空气加热 0.001～0.005 K/s 的数量,其作用十分显著。暴雨系统的特点是降雨总量大,云中潜热和水凝物总量应较一般天气系统大得多。

　　暴雨云系具有复杂的多尺度结构,往往由很多几十千米尺度的对流单体和大片层状云组成各种集合体。对流单体一般具有自己的生命过程和环流结构,对流单体之间又可能存在相互作用,这造成了暴雨降水场时空分布的复杂性以及定量预报的高难度。对流云数值模拟表明这种复杂结构是与云体发展过程中各种潜热的释放与吸收、降水粒子形成下落等密切相关。GRAPES 暴雨预报模式中云降水过程采用双参数云微物理方案,该方案是以胡志晋等早期的对流云模式(胡志晋和何观芳,1987;王谦和胡志晋,1990;胡志晋和邹光源,1991;刘玉宝等,1993)和层状云模式(胡志晋和严采繁,1986)为基础发展而来的一套准隐式格式的混合相双参数微物理方案(胡志晋和史月琴,2006;孙晶等,2008)。单参数方案只对粒子的比质量进行预报,而粒子的数浓度是由诊断得出,即认为粒子谱分布的截断值是固定的,而实际大气中粒子谱的截断值在不同的天气过程中有很大的差异,即使在同一过程中不同的发展阶段也会有不小的变化,所以设定它们是常数与实际是不符的。与中尺度数值模式中常用的其他微物理方案相比,双参数混合相态方案则增加了对雨滴数浓度、雪数浓度、霰数浓度、云滴谱拓宽度的预报,考虑了比较全面的物理过程。该方案的概况如图 3.1 所示。

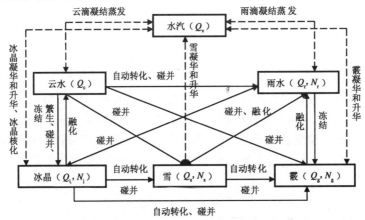

图 3.1　双参数混合相方案云物理过程示意图

　　此云物理方案考虑了云水、雨水、冰晶、雪和霰 5 种水成物,包括 11 个云物理变量,分别为水汽、云水的比水量(Q_v,Q_c)、雨水、冰晶、雪和霰的比水量和比浓度(Q_r,Q_i,Q_s,Q_g,N_r,N_i,N_s,N_g)以及云滴谱拓宽度 F_c。方案考虑的云微物理过程包括云滴凝结和蒸发 S_{vc}、雨滴凝结和蒸发 S_{vr}、冰晶、雪晶和霰的凝华和升华 S_{vi}、S_{vs}、S_{vg};云滴向雨滴、冰晶向雪晶、冰晶向霰、雪晶向霰的自动转化 A_{cr}、A_{is}、A_{ig}、A_{sg};云滴和雨滴、云滴和冰晶、云滴和雪晶、云滴和霰、冰晶和冰晶、雨滴和冰晶、雨滴和雪晶、雨滴和雨滴、冰晶和霰、冰晶和雪晶、雪晶和霰、雪晶和雪晶的碰并 C_{cr}、C_{ci}、C_{cs}、C_{cg}、C_{ri}、C_{ir}、C_{rs}、C_{sr}、C_{ig}、C_{is}、C_{sg};冰晶的核化 P_{vi};冰晶的繁生 P_{ci};冰晶、雪晶和霰的融化 M_{ic}、M_{sr}、M_{gr};雨滴的冻结 M_{rg};冰晶、雪和雨滴间的自碰并过程 C_{ii}、C_{ss} 和 C_{rr},自碰并过程不会改变自身的混合比,但会改变数浓度。微物理过程不但有含水量间的相互转化,同时还有比浓度间的相互转化:NS_{vr}、NS_{vi}、NS_{vs}、NS_{vg}、NP_{vi}、NP_{ci}、NA_{is}、NA_{sg}、NA_{ig}、NM_{ic}、NM_{sr}、NC_{ss}、NM_{gr}、NF_{rg}、NA_{cr}、NC_{ii}、NC_{is}、NC_{sg}、NC_{ig}、NC_{ri}、NC_{ir}、NC_{rs}、NC_{sr}、NC_{rr}。

　　方案中对凝结、云雨转化、雪晶淞附、雨滴冻结、冰晶核化、繁生等过程的描述具有一定特色,如冰晶核化过程考虑了水汽过饱和度和温度变化速率,云雨自动转化过程则根据 Berry (1968)的模拟结果,计算云滴谱拓宽度,不采用 Q_c 的阈值等。物理过程的描述符合外场的观测结果或室内实验结果,并尽量减少人为调节的参数,使物理过程适用不同的天气系统和不同的区域使用。该方案的计算特点是对微物理预报量的汇项采用准隐式格式计算,可以保证计算稳定、正定、守恒。

　　(1)云降水预报量及其微物理特征

　　双参数云降水方案中,根据云中水的相态和水粒子的物理特性,考虑它们增长和下落的不同,将它们分成水汽、云滴、雨滴、冰晶、雪晶(或雪团)、霰 6 种。云滴和雨滴是大小不同的水滴,以半径 $100~\mu m$ 为界。冰晶主要由水汽凝华形成的晶体,雪团是冰晶的聚合体。霰是以云滴冻结组合为主的冰球。

云和降水粒子群的大小分布根据实测资料可用伽马分布来近似,即

$$dN = N_0 D^\alpha e^{-\lambda D} dD \tag{3.1.1}$$

式中,dN 为直径是 D 到 $D+dD$ 的粒子比浓度,α,N_0 和 λ 是云滴谱参数。

① 云滴谱:采用 Хргиан-Мазин 的云滴谱,即 $\alpha = 2$。层状云中云滴浓度除云底附近外变化较小,模式中简单地假定云滴比浓度为常量,即

$$N_c = \int_0^\infty N_{0c} D^2 e^{-\lambda_c} dD = 2N_{0c}\lambda_c^{-3} = const \tag{3.1.2}$$

② 雨滴谱、霰谱

采用 Marshall-Palmer 谱,即 $\alpha = 0$,对于霰谱也已为观测资料所验证。

$$N_{r(g)} = \int_0^\infty N_{0r(g)} e^{-\lambda_{r(g)}} dD = N_{0r(g)}\lambda_{r(g)}^{-1} \tag{3.1.3}$$

$N_{0r(g)}$、$\lambda_{r(g)}$ 为雨和霰谱的截距和斜率。

③ 冰晶谱、雪晶谱

冰晶、雪晶谱分布观测较少。Hobbs 等(1985)观测到的冰晶谱大都是呈单峰偏态分布,即介乎指数和正态分布之间,观测的雪晶分布谱也类似。据此,我们取它们的分布为:

$$N_{i(s)} = \int_0^\infty N_{0i(s)} D_{i(s)} e^{-\lambda_{i(s)}} dD = N_{i(s)}\lambda_{i(s)}^{-2} \tag{3.1.4}$$

$N_{0i(s)}$、$\lambda_{i(s)}$ 为冰晶和雪晶谱的截距和斜率。

(2)水汽和水凝物预报方程

水凝物比含水量和比浓度的预报方程为:

$$\frac{\partial A}{\partial t} = -ADV + DIF + FAL + \frac{\delta A}{\delta t} \tag{3.1.5}$$

式中,A 为水汽(Q_v)、云水(Q_c)、雨水(Q_r)、冰晶(Q_i)、雪(Q_s)和霰(Q_g)的含水量,雨水(N_r)、冰晶(N_i)、雪(N_s)和霰(N_g)的数浓度,以及云水谱拓宽函数 F_c,ADV、DIF 为平流和混合项,FAL 为粒子下落辐合项。

粒子下落辐合项

$$FAL = \frac{1}{\rho} \frac{\partial(\rho A V_A)}{\partial Z} \tag{3.1.6}$$

式中,ρ 为空气密度,V_A 为 A 的群体落速。

$\frac{\delta A}{\delta t}$ 为源汇项,它包括各种相关微物理过程的变化率。

(3)云微物理量源汇项方程

$$\frac{\delta Q_v}{\delta t} = -S_{vc} - S_{vi} - S_{vs} - S_{vr} - S_{vg} - P_{vi} \tag{3.1.7}$$

$$\frac{\delta Q_c}{\delta t} = S_{vc} - C_{cr} - C_{ci} - C_{cs} - C_{cg} - A_{cr} - P_{ci} - F_{ci} + M_{ic} \tag{3.1.8}$$

$$\frac{\delta Q_r}{\delta t} = S_{vr} + C_{cr} + A_{cr} + M_{gr} + M_{sr} - F_{rg} \tag{3.1.9}$$

$$T \geqslant 273 \text{ K}: + C_{ir} + C_{sr}; T < 273 \text{ K}: - C_{ri} - C_{rs}$$

$$\frac{\partial Q_i}{\partial t} = S_{vi} + C_{ci} - C_{ii} - A_{is} - A_{ig} - C_{is} - C_{ig} - C_{ir} - M_{ic} + P_{vi} + P_{ci} \quad (3.1.10)$$

$$\frac{\partial Q_s}{\partial t} = S_{vs} + C_{cs} + C_{is} + C_{ii} - A_{sg} - C_{sg} + A_{is} - C_{sr} - M_{sr} \quad (3.1.11)$$

$$\frac{\partial Q_g}{\partial t} = S_{vg} + C_{cg} + C_{ig} + C_{sg} + A_{ig} + A_{sg} - M_{gr} + F_{rg} + C_{rs} + C_{sr} + C_{ir} + C_{ri} \quad (3.1.12)$$

$$\frac{\delta N_r}{\delta t} = NS_{vr} + NC_{rr} + NA_{cr} + NM_{gr} + NM_{sr} - NF_{rg} \quad (3.1.13)$$

$$T < 273 \text{ K}: - NC_{ri} - NC_{rg} - NC_{rs}$$

$$\frac{\delta N_i}{\delta t} = NS_{vi} - NC_{ii} - NC_{is} - NA_{ig} - NC_{ig} - NA_{is} - NC_{ir} - NM_{ic} + NP_{vi} + NP_{ci}$$
$$\quad (3.1.14)$$

$$\frac{\delta N_s}{\delta t} = NS_{vs} - NC_{ss} + 1/2NC_{ii} - NA_{sg} - NC_{sg} + NA_{is} - NC_{sr} - NM_{sr} + NC_{ir}$$
$$\quad (3.1.15)$$

$$\frac{\delta N_g}{\delta t} = NS_{vg} + NA_{ig} + NA_{sg} - NM_{gr} + NF_{rg} + NC_{sr} + NC_{ir} \quad (3.1.16)$$

$$\frac{\delta F_c}{\delta t} = \frac{\rho^2 Q_c^2}{120\rho Q_c + 1.6 \dfrac{N_c}{D_c}} \quad (3.1.17)$$

$$\frac{\delta F_s}{\delta t} = \left(\frac{F_s Q_s + [C_{cs} + F_i \cdot (C_{ii} + C_{is})]\delta t}{Q_s + (C_{cs} + C_{ii} + C_{is} + S_{vs})\delta t} - F_s \right) \Big/ \delta t \quad (3.1.18)$$

$$\frac{\delta F_i}{\delta t} = \left(\frac{F_i Q_i + C_{ci} \cdot \delta t}{Q_i + (C_{ci} + S_{vi})\delta t} - F_i \right) \Big/ \delta t \quad (3.1.19)$$

（4）云微物理过程对温度的反馈

$$\frac{\partial T}{\partial t} = -L_v/c_p \cdot (S_{vc} + S_{vr}) + L_f/c_p \cdot (P_{ci} + C_{ci} + C_{cs} + C_{cg} + C_{rs} - C_{sr} + C_{ri} - C_{ir} - M_{ic}$$
$$- M_{sr} - M_{gr} + F_{rg}) + L_s/c_p(P_{vi} + S_{vi} + S_{vs} + S_{vg}) \quad (3.1.20)$$

其中，L_f：冰的融解潜热，L_s：冰的升华潜热，L_v：水的蒸发潜热。

（5）云降水方程组的准隐式解法

在云模式中一个云物理过程 F_i 一般都是某一物理量（A_j）的汇项，同时又是另一物理量（A_k）的源项，即

$$F_{ijk} = -\frac{\delta A_j}{\delta t} = \frac{\delta A_k}{\delta t} \quad (3.1.21)$$

某一云物理量 A_n 在 $t+1$ 时刻的值为

$$A_n^{t+1} = A_n^t + (ADV_n + DIF_n)\delta t + \sum_{ij} F_{ijn} \cdot \delta t - \sum_{ik} F_{ink} \cdot \delta t + FAL_n \cdot \delta t \quad (3.1.22)$$

式中，ADV_n 和 DIF_n 为 A_n 的平流项和垂直混合项，FAL_n 为下落辐合项。采用合适的平流方案可以保证 A_n 在平流混合过程中的正定性。当 $\sum_{ik} F_{ink} \cdot \delta t$ 过大时，A_n^{t+1} 会出现负值，违反云物理量的正定性，并引发质量不守恒和计算不稳定等问题，为此必须进行订正。

在云模式中源汇项一般采用显式计算格式，如时间前差格式：

$$A_n^{t+1} = A_n^t + (ADV_n^t + DIF_n^t - \sum_{ik} F_{ink}^t + \sum_{ij} F_{ijn}^t) \cdot \delta t \tag{3.1.23}$$

如果采用隐式格式计算源汇项,就可以保证 A_n^{t+1} 为正定值,即:

$$A_n^{t+1} = A_n^t + (ADV_n^t + DIF_n^t - \sum_{ik} F_{ink}^{t+1} + \sum_{ij} F_{ijn}^{t+1}) \cdot \delta t \tag{3.1.24}$$

但这要求解一个十分复杂的非线性联立方程组。

　　云物理源汇项一般都同被消耗量成正比,如降水粒子碰并云滴的速率除同降水粒子特征有关外,同云水量成正比。此外一些云物理过程速率还同被消耗水凝物的微物理特征有关,如雨滴冻结成冰的速率正比于雨水量和平均雨滴大小,我们可以将源汇项写成下式:

$$F_{ijk} = H_{ijk} \cdot A_j \tag{3.1.25}$$

式中,H_{ijk} 为过程的相对变化速率系数,具有 s^{-1} 的量纲。

　　建议采用下列准隐式差分格式:

$$A_n^{t+1} = A_n^t + (ADV_n^t + DIF_n^t + FAL_n^t - \sum_{ik} H_{ink}^t \cdot A_n^{t+1} + \sum_{ij} H_{ijn}^t \cdot A_j^{t+1}) \cdot \delta t \tag{3.1.26}$$

这样就只要求解一个线性联立方程组就行了。对云模式特点的进一步分析表明,对云物理量的计算次序采用一定排列,先算汇项多而源项少的云物理量,可使方程(3.1.26)的右边项中的值基本上是先算出的值,从而可以大大简化计算,即:

$$A_n^{**} = A_n^* + \sum_{ij} H_{ijn}^t A_j^{t+1} \delta t - \sum_{ik} H_{ink}^t A_n^{t+1} \delta t \tag{3.1.27}$$

式中,$A_n^* = A_n^t + (ADV_n^t + DIF_n^t) \delta t$

由式(3.1.27)可得

$$A_n^{**} = (A_n^* + \sum_{ij} H_{ijn}^t A_j^{t+1} \delta t) / (1.0 + \sum_{ik} H_{ink}^t \delta t) \tag{3.1.28}$$

　　具体的计算次序是:在暖区($T > 0℃$)是云水(Q_c)、冰晶(Q_i, N_i)、雪晶(Q_s, N_s)、霰(Q_g, N_g),最后是雨水(Q_r, N_r);在冷区($T \leqslant 0℃$)是云水(Q_c)、冰晶(Q_i, N_i)、雪晶(Q_s, N_s)、雨水(Q_r, N_r)和霰(Q_g, N_g),即:

$$Q_c^{**} = Q_c^* / [1.0 + (H_{cci} + H_{ccs} + H_{ccg} + H_{acr} + H_{ccr} + H_{pci}) \delta t] \tag{3.1.29}$$

$$Q_i^{**} = [Q_i^* + (H_{cci} + H_{pci}) Q_c^{**} \delta t]$$
$$/ [1.0 + (H_{cir} + H_{cii} + H_{cis} + H_{cig} + H_{aig} + H_{mir} + H_{mic}) \delta t] \tag{3.1.30}$$

$$Q_s^{**} = [Q_s^* + H_{ccs} Q_c^{**} \delta t + (H_{cii} + H_{cis}) Q_i^{**} \delta t]$$
$$/ [1.0 + (H_{csr} + H_{csg} + H_{asg} + H_{msr} + H_{msc}) \delta t] \tag{3.1.31}$$

在冷区($T \leqslant 0℃$)时:

$$Q_r^{**} = [Q_r^* + (H_{acr} + H_{ccr}) Q_c^{**} \delta t]$$
$$/ [1.0 + (H_{crs} + H_{cri} + H_{crg} - H_{svr} + H_{mrg}) \delta t] \tag{3.1.32}$$

$$Q_g^{**} = Q_g^* + [(H_{aig} + H_{cir} + H_{cig}) Q_i^{**} + (H_{asg} + H_{csr} + H_{csg}) Q_s^{**}$$
$$+ (H_{cri} + H_{crs} + H_{crg} + H_{mrg}) Q_r^{**} + H_{ccg} Q_c^{**}] \delta t \tag{3.1.33}$$

在暖区($T > 0℃$)时:

$$Q_g^{**} = [Q_g^* + (H_{cig} Q_i^{**} + H_{csg} Q_s^{**}) \delta t] / (1.0 + H_{mgr} \delta t) \tag{3.1.34}$$

$$Q_r^{**} = \{Q_r^* + [(H_{acr} + H_{ccr} + H_{ccg}) Q_c^{**} + (H_{cir} + H_{mir}) Q_i^{**} + (H_{csr} + H_{msr}) Q_s^{**}$$
$$+ H_{mgr} Q_g^{**}] \delta t\} / (1.0 - H_{svr} \delta t) \tag{3.1.35}$$

式中，H_{cci}，H_{ccs} 等为云物理过程 cci，ccs 等的系数。

　　方程组按上述次序计算，右边项都是已知值，也就是说这一隐式方案在计算时实际上是显式的，它将大大节省计算量，同时可以保证计算值的正定性。在水分总量中，由于源汇项是相互抵消的，所以上述方案可以保证云物理过程模拟中水分的守恒性。

3.2　非局地边界层参数化

　　GRAPES 暴雨数值预报模式中采用的边界层和垂直扩散参数化是在 Hong 和 Pan (1996)方案的基础上，Hong 等(2006)又进一步改进的方案。Hong 和 Pan(1996)的方案在美国国家环境预报中心的中期预报模式及 MM5、WRF 中尺度模式中被广泛应用，称之为 MRF 方案(MRF：Medium－Range Forecast)。针对 MRF 方案存在的问题(Hong, *et al.*, 2006)，Noh 等(2003)、Hong 等(2006)做了进一步改进，在边界层顶处引入夹卷过程的显式处理是其主要改进，改进后的方案称之为 YSU 方案(Yonsei University)。YSU 方案改进了 MRF 方案存在的局地热对流发展时边界层混合过弱而在大尺度强迫较强情况下对流发展时混合过强、风速较大时混合过强等问题，使得边界层的预报模拟更加合理，且使得模式中对流的发生、发展与边界层的相互作用的模拟更加合理。以下给出具体的 YSU 边界层方案介绍。

　　预报量的湍流扩散方程写为如下形式：

$$\frac{\partial C}{\partial t} = \frac{\partial}{\partial z}\left[K_c\left(\frac{\partial C}{\partial z} - \gamma_c\right) - \overline{(w'c')}_h\left(\frac{z}{h}\right)^3\right] \tag{3.2.1}$$

这里，C 代表 u，v，θ，q，q_c，q_i 等模式预报量；K_c 是扩散系数；γ_c 是考虑了大涡引起的非局地扩散效应的修正系数；$\overline{(w'c')}_h$ 是逆温层高度处的通量；式(3.2.1)右端括号中第 2 项 $\overline{(w'c')}_h$ $\left(\frac{z}{h}\right)^3$ 即是考虑了边界层高度处夹卷作用的项。YSU 方案与 MRF 的最大区别就在于扩散方程中边界层顶高度处夹卷作用的显式处理。而且，不同于 MRF 方案，这里边界层高度 h 定义为逆温层中湍流通量达到最小值的高度。在 $z>h$ 的自由大气，仍然采用局地扩散方案计算自由大气中的垂直扩散。自由大气中的湍流混合长和稳定性函数基于 Kim 和 Mahrt(1992)的观测研究给出。

　　(1)边界层扩散

　　对于动量的湍流扩散，其扩散系数为：

$$K_m = \kappa w_s z\left(1 - \frac{z}{h}\right)^p \tag{3.2.2}$$

其中，p 是决定扩散系数廓线形状的幂指数，$p=2$。$\kappa=0.4$ 是冯卡门常数。z 是从地表算起的相对高度，h 是边界层高度。w_s 是边界层特征速度，由下式给出：

$$w_s = (u_*^3 + \varphi_m k w_{*b}^3 z/h)^{1/3} \tag{3.2.3}$$

这里，u_* 是摩擦速度，ϕ_m 是近地层的风速廓线函数值，$w_{*b} = \left[(g/\theta_{va})\overline{(w'\theta_v')}_0 h\right]^{1/3}$ 是湿空气的对流速度尺度。温度和动量垂直扩散的非局地修正系数由下式决定：

$$\gamma_c = b\frac{\overline{(w'c')}_0}{w_{s0}h} \tag{3.2.4}$$

其中，$\overline{(w'c')}_0$ 是地表的热量、动量通量，b 是比例系数。注意，非局地扩散只对热量和动量的扩散时考虑，不考虑其对包括水汽等水物质垂直扩散的影响。边界层的速度尺度 w_{s0} 由 $z=0.5h$

时的式(3.2.3)求出。

对于热量和水汽的湍流扩散系数,通过以下关系式由式(3.2.2)求出:

$$K_t = P_r^{-1} K_m = P_r^{-1} \kappa w_s z \left(1 - \frac{z}{h}\right)^p \tag{3.2.5}$$

其中,$P_r = 1 + (P_{r_0} - 1) \exp\left[-3(z - \varepsilon h)^2 / h^2\right]$ 是普朗特数,且 $P_{r_0} = (\phi_t / \phi_m + bk\varepsilon)$ 为近地层顶处的普朗特数,$\varepsilon = 0.1$ 为近地层高度和边界层高度的比。

热量、动量的廓线函数 ϕ_m、ϕ_t 可由近地层相似理论得到,对于不同稳定性情况下分别写为如下形式:

不稳定和中性情况下 $[\overline{(w'\theta'_v)_0} \geqslant 0]$,

$$\phi_m = \left(1 - 16 \frac{0.1h}{L}\right)^{-1/4} \tag{3.2.6a}$$

$$\phi_t = \left(1 - 16 \frac{0.1h}{L}\right)^{-1/2} \tag{3.2.6b}$$

稳定情况下 $[\overline{(w'\theta'_v)_0} < 0]$,

$$\phi_m = \phi_t = \left(1 + 5 \frac{0.1h}{L}\right) \tag{3.2.6c}$$

这里,L 是莫宁—奥布霍夫(Monin-Obukhov)长度。

式(3.2.4)中的比例系数 b 的确定需要满足不稳定条件下自由对流限制条件,根据 Troen 和 Mahrt(1986)的研究,式(3.2.6a)的幂指数取为 $-1/3$ 以满足自由对流限制条件,即:

$$\phi_m = \left(1 - 16 \frac{0.1h}{L}\right)^{-1/4} \approx \left(1 - 8 \frac{0.1h}{L}\right)^{-1/3} \tag{3.2.6d}$$

依据 Troen 和 Mahrt(1986)、Holtslag 等(1990)的推导,可以得到相应的 $b = 6.8$。

为确定式(3.2.1)中的夹卷项,需要求出边界层顶处的热量和动量通量,根据 Noh 等(2003)以及 Moeng 和 Sullivan (1994)的研究,边界层顶处的热量通量可以写为以下形式:

$$\overline{(w'\theta')_h} = -e_1 w_m^3 / h \tag{3.2.7}$$

其中,$e_1 = 4.5 \text{ m}^{-1} \cdot \text{s}^2 \cdot \text{K}$ 由大涡模拟的结果得到(Noh,$et~al.$,2003),$w_m^3 = w^3 + 5u_*^3$ 为特征速度,考虑了由于风切变引起的湍流及自由对流的影响,$w_* = \left[(g/\theta_a)\overline{(w'\theta')_0} h\right]^{1/3}$ 为干空气的对流特征速度,由地表的浮力和边界层高度决定。

式(3.2.7)可以很容易推广到湿空气的情形。考虑自由对流情况下($u_* = 0$),湿空气位温的典型值 $\theta = 300$ K,重力加速度取 10 m/s²,式(3.2.7)可以写为如下形式:

$$\overline{(w'\theta'_v)_h} = -0.15 \left(\frac{\theta_w}{g}\right) w_m^3 / h \tag{3.2.8}$$

式中,w_m 是考虑了湿空气影响的特征速度。将 w_m、w_* 的表达式代入式(3.2.8),考虑自由对流的情形,可以看到式(3..2.8)隐含了夹卷通量是地表通量的 -0.15 倍,这也与大涡模拟的结果相一致(Noh,$et~al.$,2003)。给定上述逆温层顶处的浮力通量后,动量、热量和水汽在逆温层顶处的通量可以表示为如下形式:

$$\begin{cases} \overline{(w'\theta')_h} = w_e \Delta\theta_v \big|_h \\ \overline{(w'q')_h} = w_e \Delta q \big|_h \\ \overline{(w'u')_h} = \text{Pr}_h w_e \Delta u \big|_h \\ \overline{(w'v')_h} = \text{Pr}_h w_e \Delta v \big|_h \end{cases} \tag{3.2.9}$$

以上式中,w_e 是夹卷率,可以表示为如下形式:

$$w_e = \frac{\overline{(w'\theta'_v)_h}}{\Delta\theta_v|_h} \qquad (3.2.10)$$

在实际应用中,w_e 的最大值被限定为 w_m 以避免 $\Delta\theta_v|_h$ 比较小时引起的过强的夹卷。Pr_h 为逆温层顶处的普朗特数,这里取为 1。注意,逆温层顶处液态水的夹卷通量假设为 0。式(3.2.9)右端的 $\Delta\theta_v|_h$ 等为跨越逆温层时位温、风速等的变化量。

YSU 边界层方案仍然沿用 MRF 方案的方法,边界层高度 h 通过位温廓线诊断求出,从最低模式层向上检查稳定度直到第一个中性层,该处对应的高度就是边界层高度。判断边界层高度的位温廓线由下式求出:

$$\begin{cases} \theta_v(h) = \theta_{va} + \theta_T \\ \theta_T = a\dfrac{\overline{(w'\theta'_v)_0}}{w_{s0}} \end{cases} \qquad (3.2.11)$$

其中,θ_T 称为热扰动项,其含义是考虑逆温层处的夹卷和边界层内湍流混合快慢对边界层上部温度梯度的影响。$a=6.8$ 是一个重要的参数,其值的决定与式(3.2.4)一样。

在实际计算中,h 分两步计算得到。首先不考虑 θ_T 估算 h,用估算得到的 h 计算式(3.2.6)中的廓线函数及 w_{s0}(取 $z=h/2$,由式(3.2.3)求得)。进一步利用 w_{s0} 和 θ_T,由式(3.2.11)重新计算位温廓线,通过检查稳定性确定 h。具体算法是通过计算近地层到某一高度 z 的整体里查森数 R_{ib},并与临界里查森数 $R_{ib_{cr}}$(=0.0)比较。对应于 $R_{ib_{cr}}$ 的边界层高度由两个相邻模式层高度的线性插值决定。计算得到 h 和 w_{s0} 之后,由式(3.2.2)求 K_m、式(3.2.8)~(3.2.10)中的夹卷项、以及由式(3.2.5)求 K_t。非局地修正项由式(3.2.4)求出。

(2)自由大气中的垂直扩散

YSU 方案自由大气($z>h$)中的垂直扩散与通常的局地 K 扩散方案不同,综合考虑了局地环境大气层结稳定性和夹卷通量上冲效应的影响。

根据 Noh 等(2003)的研究,边界层之上热量和动量的扩散系数可以写为:

$$\begin{cases} K_{t\_ent} = \dfrac{-\overline{(w'\theta'_v)_h}}{(\partial\theta_v/\partial z)_h}\exp\left[-\dfrac{(z-h)^2}{\delta^2}\right] \\ K_{m\_ent} = Pr_h\dfrac{-\overline{(w'\theta'_v)_h}}{(\partial\theta_v/\partial z)_h}\exp\left[-\dfrac{(z-h)^2}{\delta^2}\right] \end{cases} \qquad (3.2.12)$$

δ 是夹卷区的厚度,可由下式估算(Deardorff,1980):

$$\delta/h = d_1 + d_2 Ri_{con}^{-1} \qquad (3.2.13)$$

这里,$Ri_{con} = [(g/\theta_{va})h\Delta\theta_{v\_ent}]/w_m^2$ 是逆温层顶处的对流里查森数,d_1、d_2 是常数,分别为 0.02、0.05。w_m 是表征夹卷的特征速度。$\Delta\theta_{v\_ent}$ 是跨过逆温层的虚位温变化,定义为逆温层内 $\Delta\theta_v$ 的变化。需要注意的是,式(3.2.13)是基于观测资料的理论研究和大涡模拟结果得到的,可以较精确计算逆温层的厚度,但是分辨率较粗的模式不能较好地分辨逆温层的厚度,因此 YSU 方案假设 $\Delta\theta_{v\_ent}$ 是边界层高度的函数(0.001 h)。

除上述考虑了夹卷上冲效应的扩散计算外,YSU 方案同时计算基于局地 K 理论的自由大气中的垂直扩散(Louis,1979),其动量、热量的扩散系数可以写为如下形式:

$$K_{m\_loc, t\_loc} = l^2 f_{m,t}(R_{ig})\left(\frac{\partial U}{\partial z}\right) \qquad (3.2.14)$$

其中，l 是混合长，$f_{m,t}(R_{ig})$ 是稳定度函数，$\left(\dfrac{\partial U}{\partial z}\right)$ 是垂直风切变，R_{ig} 是局地梯度里查森数。

对于无云的层次，

$$R_{ig} = \frac{g}{\theta_v}\left[\frac{\partial \theta_v/\partial z}{(\partial U/\partial z)^2}\right] \tag{3.2.15a}$$

有云情况下，参考 Durran 和 Klemp (1982)，有，

$$R_{ig_c} = \left(1 + \frac{L_v q_v}{R_d T}\right)\left[R_{ig} - \frac{g^2}{|\partial U/\partial z|^2}\frac{1}{C_p T}\frac{(A-B)}{(1+A)}\right] \tag{3.2.15b}$$

其中，$A = L_v^2 q_v/C_p R_v T^2$，$B = L_v q_v/R_d T$。

混合长由下式给出：

$$\frac{1}{l} = \frac{1}{\kappa z} + \frac{1}{\lambda_0} \tag{3.2.16}$$

这里，κ 是冯卡曼常数（$=0.4$），z 是地表起算的高度，λ_0 是渐近长度尺度（$=150$ m）。

稳定度函数在稳定、不稳定层结情况下有不同的形式，对于稳定层结自由大气（$R_{ig} > 0$），

$$f_t(R_{ig}) = \frac{1}{(1 + 5Rig)^2} \tag{3.2.17}$$

普朗特数为：$Pr = 1.0 + 2.1R_{ig}$。

对于中性和不稳定层结自由大气（$R_{ig} \leqslant 0$），

$$\begin{cases} f_t(R_{ig}) = 1 - \dfrac{8R_{ig}}{(1 + 1.286\sqrt{-R_{ig}})} \\[3mm] f_m(R_{ig}) = 1 - \dfrac{8R_{ig}}{(1 + 1.746\sqrt{-R_{ig}})} \end{cases} \tag{3.2.18}$$

对于位于边界层顶处的夹卷层，扩散系数由式（3.2.12）和式（3.2.14）给出的两种扩散率的几何平均求得：

$$K_{m,t} = (K_{m,t\_ent} \cdot K_{m,t\_loc})^{1/2} \tag{3.2.19}$$

在夹卷层之上，扩散系数采用局地 K 方案，即：$K_{m,t} = K_{m,t\_loc}$。

在实际计算时，设置扩散系数的背景值和最大值，如下：

$$10^{-3}\Delta z \leqslant K \leqslant 1000 \text{ m}^2/\text{s} \tag{3.2.20}$$

而且，普朗特数的允许变化范围为：$0.25 \leqslant Pr \leqslant 4.0$。

有了上述给出的扩散系数、夹卷项和非局地修正项，预报量的扩散方程通过隐式解法求解。

（3）数值求解

本节给出预报量垂直扩散方程的数值求解方法。以下仅给出位温垂直扩散方程的求解，同理可以求解其他预报量。图 3.2 给出变量的垂直分布和分层示意图。位温的扩散方程重写如下：

$$\frac{\partial \theta}{\partial t} = \frac{\partial}{\partial z}\left[K\left(\frac{\partial \theta}{\partial z} - \gamma_T\right) - \overline{(w'\theta')}_h\left(\frac{z}{h}\right)^3\right] \tag{3.2.21}$$

时间、空间均采用中央差，隐式求解式（3.2.21）的离散化形式可以写为：

$$\frac{\theta_k^{n+1} - \theta_k^{n-1}}{2\Delta t} = \frac{1}{\Delta \overline{Z}_k}\left[\frac{K_k}{\Delta \hat{Z}_k}(\theta_{k+1}^{n+1} - \theta_k^{n+1} + \Delta \hat{Z}_k \alpha) - \frac{K_{k-1}}{\Delta \hat{Z}_{k-1}}(\theta_k^{n+1} - \theta_{k-1}^{n+1} + \Delta \hat{Z}_{k-1}\alpha)\right]$$

$$\tag{3.2.22}$$

其中,$\alpha = [-\gamma_T - \overline{(w'\theta')_h}(z/h)^3 K_k^{-1}]$。

定义,

$$\begin{cases} \gamma_{k-1} = \dfrac{2\Delta t K_{k-1}}{\Delta \hat{Z}_{k-1}} \dfrac{1}{\Delta \overline{Z}_k} \\[3mm] \delta_k = \dfrac{2\Delta t K_k}{\Delta \hat{Z}_k} \dfrac{1}{\Delta \overline{Z}_k} \\[3mm] \mu_k = \alpha \Delta \hat{Z}_k \end{cases} \tag{3.2.23}$$

假设模式垂直方向为 M 层,对于上下边界之内的所有层次($1 < k < M$),式(3.2.22)可以进一步写为:

$$\theta_k^{n+1} = \theta_k^{n-1} + \delta_k(\theta_{k+1}^{n+1} - \theta_k^{n+1}) + \delta_k \mu_k - \gamma_{k-1}(\theta_k^{n+1} - \theta_{k-1}^{n+1}) - \gamma_{k-1}\mu_{k-1} \tag{3.2.24}$$

对于上边界 $k = M$,边界条件为 $K(\partial\theta/\partial z) = 0$,式(3.2.22)变为:

$$\frac{\theta_M^{n+1} - \theta_M^{n-1}}{2\Delta t} = \frac{1}{\Delta \overline{Z}_M}\left[0 - \frac{K_{M-1}}{\Delta \hat{Z}_{M-1}}(\theta_M^{n+1} - \theta_{M-1}^{n+1} + \Delta \hat{Z}_{M-1}\alpha)\right] \tag{3.2.25}$$

垂直扩散方程的下边界条件为:

$$K_1\left(\frac{\partial\theta}{\partial z}\right) = -\frac{H_0}{\rho C_p} = -\overline{(w'\theta')_0} \tag{3.2.26}$$

利用下边界条件,模式第 1 层 $k = 1$ 时扩散方程的离散形式为:

$$\frac{\theta_1^{n+1} - \theta_1^{n-1}}{2\Delta t} = \frac{1}{\Delta \overline{Z}_1}\left[\frac{K_1}{\Delta \hat{Z}_1}(\theta_2^{n+1} - \theta_1^{n+1} + \Delta \hat{Z}_1\alpha) + H_0/(\rho C_p)\right] \tag{3.2.27}$$

利用式(3.2.23)的符号,式(3.2.26)和式(3.2.27)又可以写为:

$$\theta_M^{n+1} = \theta_M^{n-1} - \gamma_{M-1}(\theta_M^{n+1} - \theta_{M-1}^{n+1}) - \gamma_{M-1}\mu_{M-1} \tag{3.2.28}$$

$$\theta_1^{n+1} = \theta_1^{n-1} + \delta_1(\theta_2^{n+1} - \theta_1^{n+1}) + \delta_1\mu_1 + \beta \tag{3.2.29}$$

这里,$\beta = (2\Delta t H_0)/(\Delta \overline{Z}_1 \rho C_p)$。式(3.2.24)、式(3.2.28)和式(3.2.29)进一步经过整理可以得到:

$$\begin{cases} -\gamma_{k-1}\theta_{k-1}^{n+1} + (1 + \delta_k + \gamma_{k-1})\theta_k^{n+1} - \delta_k\theta_{k+1}^{n+1} = \theta_k^{n-1} + \delta_k\mu_k - \gamma_{k-1}\mu_{k-1} \\ -\gamma_{M-1}\theta_{M-1}^{n+1} + (1 + \gamma_{M-1})\theta_M^{n+1} = \theta_M^{n-1} - \gamma_{M-1}\mu_{M-1} \\ (1 + \delta_1)\theta_1^{n+1} - \delta_1\theta_2^{n+1} = \theta_1^{n-1} + \delta_1\mu_1 + \beta \end{cases} \tag{3.2.30}$$

方程(3.2.30)进一步可以联立写为三对角矩阵形式($A\theta = F$):

$$\begin{pmatrix} 1+\delta_1 & -\delta_1 & 0 & 0 \\ -\gamma_1 & 1+\delta_2+\gamma_1 & -\delta_2 & 0 \\ \cdots & \cdots & \cdots & \cdots \\ 0 & 0 & -\gamma_{M-1} & 1+\gamma_{M-1} \end{pmatrix} \begin{pmatrix} \theta_1 \\ \theta_2 \\ \cdots \\ \theta_M \end{pmatrix}$$

$$= \begin{pmatrix} \theta_1^{n-1} + \delta_1\mu_1 + \beta \\ \theta_2^{n-1} + \delta_2\mu_2 - \gamma_1\mu_1 \\ \cdots \\ \theta_M^{n-1} - \gamma_{M-1}\mu_{M-1} \end{pmatrix} \tag{3.2.31}$$

这里,三对角矩阵 A 的主对角线定义为:

$$\begin{cases} AD(k) = (1 + \delta_k + \gamma_{k-1}) \\ AD(1) = (1 + \delta_1) \\ AD(M) = (1 + \gamma_{M-1}) \end{cases} \tag{3.2.32}$$

且,上下对角线分别为:

$$\begin{cases} AU(k) = -\delta_k \\ AL(k) = -\gamma_{k-1} \end{cases} \tag{3.2.33}$$

如此,有关位温 θ 的矢量矩阵可以由矩阵 A 和强迫 F 由快速追赶法求解。

图 3.2　模式变量分布及分层示意图

3.3　陆面过程参数化

　　GRAPES 暴雨数值预报模式中陆面过程采用 Noah 方案(Noah,et al.,2003)。Noah 陆面模式是在 Oregon State University (OSU,俄勒冈州立大学) 陆面模式的基础上,自 20 世纪 80 年代开始多部门联合发展起来的(Mahrt 和 Ek, 1984;Mahrt 和 Pan, 1984;Pan 和 Mahrt, 1987;Chen,et al., 1996,1997;Schaake,et al., 1996;Ek,et al.,2003)。该模式包括一个 4 层土壤模式,从地表算起每一层的厚度分别为 10、30、60、100 cm,模式土壤深度为 2 m,上部 1 m 为土壤根区,下部 1 m 其作用类似于水库但考虑重力渗透。模式还包括一个单层植被冠层和单层积雪预报模式。Noah 中植被类型根据 U. S. Geological Survey (USGS,美国地质调查局)数据集进行分类,土壤类型基于 Food and Agriculture Organization (FAO,联合国粮农组织) 数据,分别见表 3.1 和 3.2。Noah 陆面模式的预报量为每层的土壤含水量、土壤温度、冠层含水量、积雪水当量和深度以及表皮温度。与 GRAPES 模式原有的简单陆面模式相比,Noah 陆面模式能够合理反映土壤湿度、温度的变化对模式大气的影响,而且通过冠层过程能够较好模拟植被分布的非均匀性对模式大气的影响。

表 3.1　土壤分类及参数

类型	分类	BB	DRYSMC	F11	MAXSMC	REDSMC	SATPSI	SATDK	SATDW	WLTSMC	QTZ
砂土	1	2.79	0.010	−0.472	0.339	0.236	0.069	1.07×10^{-6}	0.608×10^{-6}	0.010	0.92
壤质砂土	2	4.26	0.028	−1.044	0.421	0.383	0.036	1.41×10^{-5}	0.514×10^{-5}	0.028	0.82
砂质壤土	3	4.74	0.047	−0.569	0.434	0.383	0.141	5.23×10^{-6}	0.805×10^{-5}	0.047	0.60
粉砂壤土	4	5.33	0.084	0.162	0.476	0.360	0.759	2.81×10^{-6}	0.239×10^{-4}	0.084	0.25
粉质土	5	5.33	0.084	0.162	0.476	0.383	0.759	2.81×10^{-6}	0.239×10^{-4}	0.084	0.10
壤土	6	5.25	0.066	−0.327	0.439	0.329	0.355	3.38×10^{-6}	0.143×10^{-4}	0.066	0.40
砂质黏壤土	7	6.66	0.067	−1.491	0.404	0.314	0.135	4.45×10^{-6}	0.990×10^{-5}	0.067	0.60
粉质黏质壤土	8	8.72	0.120	−1.118	0.464	0.387	0.617	2.04×10^{-6}	0.237×10^{-4}	0.120	0.10
黏壤土	9	8.17	0.103	−1.297	0.465	0.382	0.263	2.45×10^{-6}	0.113×10^{-4}	0.103	0.35

类型	分类	BB	DRYSMC	F11	MAXSMC	REDSMC	SATPSI	SATDK	SATDW	WLTSMC	QTZ
砂质黏土	10	10.73	0.100	-3.209	0.406	0.338	0.098	7.22×10^{-6}	0.187×10^{-4}	0.100	0.52
粉质黏土	11	10.39	0.126	-1.916	0.468	0.404	0.324	1.34×10^{-6}	0.964×10^{-5}	0.126	0.10
黏土	12	11.55	0.138	-2.138	0.468	0.412	0.468	9.74×10^{-7}	0.112×10^{-4}	0.138	0.25
有机质	13	5.25	0.066	-0.327	0.439	0.329	0.355	3.38×10^{-6}	0.143×10^{-4}	0.066	0.05
根底	15	2.79	0.006	-1.111	0.20	0.17	0.069	1.41×10^{-4}	0.136×10^{-3}	0.006	0.07
陆冰	16	4.26	0.028	-1.044	0.421	0.283	0.036	1.41×10^{-5}	0.514×10^{-5}	0.028	0.25

注:BB-Function of Soil type,土壤类型的函数

DRYSMC-dry soil moisture threshold (volumetric),干性土壤湿度阈值(体积的)

F11－Soil thermal diffusivity/conductivity coef,土壤热扩散和传导率系数

MAXSMC-MAX soil moisture content (porosity),Volumetric,最大土壤水含水率(空隙度),体积的

REFSMC-Reference soil moisture(field capacity),Volumetric,参照土壤湿度(田间持水量),体积的

SATPSI-SAT(saturatuon)soil potential,(饱和)土壤潜势

SATDK-SAT soil conductivity,(饱和)土壤传导率

SATDW-SAT soil diffusivity,(饱和)土壤扩散率

WLTSMC-Wilting point soil moisture(Volumetric),枯萎点土壤水分(体积的)

QTZ-Soil quartz content,土壤石英含量

表3.2　植被分类及参数

类型	分类	Albedo	Z_0	SHDFAC	NROOT	RS	RGL	HS	SNUP	LAI	MAXALB
城市及建筑用地	1	0.15	1	0.1	1	200	999	999	0.04	4	40
旱地农田和牧场	2	0.19	0.07	0.8	3	40	100	36.25	0.04	4	64
灌溉农田和牧场	3	0.15	0.07	0.8	3	40	100	36.25	0.04	4	64
混合旱地/灌溉农田和牧场	4	0.17	0.07	0.8	3	40	100	36.25	0.04	4	64
农田/草地交错地	5	0.19	0.07	0.8	3	40	100	36.25	0.04	4	64
农田/森林交错地	6	0.19	0.15	0.8	3	70	65	44.14	0.04	4	60
草地	7	0.19	0.07	0.8	3	40	100	36.35	0.04	4	64
灌木林地	8	0.25	0.03	0.7	3	300	100	42	0.03	4	69
混合灌木林地和草原	9	0.23	0.05	0.7	3	170	100	39.18	0.035	4	67
热带草原	10	0.2	0.86	0.5	3	70	65	54.53	0.04	4	45
落叶阔叶林	11	0.12	0.8	0.8	4	100	30	54.53	0.08	4	58
落叶针叶林	12	0.11	0.85	0.7	4	150	30	47.35	0.08	4	54
常绿阔叶林	13	0.11	2.65	0.95	4	150	30	41.69	0.08	4	32
常绿针叶林	14	0.1	1.09	0.7	4	125	30	47.35	0.08	4	52
混交林	15	0.12	0.8	0.8	4	125	30	51.93	0.08	4	53
水体	16	0.19	0.001	0	0	100	30	51.75	0.01	4	70
草本植物湿地	17	0.12	0.04	0.6	2	40	100	60	0.01	4	35
林地湿地	18	0.12	0.05	0.6	2	100	30	51.93	0.02	4	30
贫瘠稀疏植被	19	0.12	0.01	0.01	1	999	999	999	0.02	4	69

续表

类型	分类	Albedo	Z_0	SHDFAC	NROOT	RS	RGL	HS	SNUP	LAI	MAXALB
草本苔原	20	0.16	0.04	0.6	3	150	100	42	0.025	4	58
林木苔原	21	0.16	0.06	0.6	3	150	100	42	0.025	4	55
混交苔原	22	0.16	0.05	0.6	3	150	100	42	0.025	4	55
裸地苔原	23	0.17	0.03	0.3	2	200	100	42	0.02	4	65
雪或冰	24	0.7	0.001	0	1	999	999	999	0.02	4	75

注：Albedo—S-FC albedo（in percentage），反照率（%）

Z_0—Roughness Length(m)，粗糙度长度（m）

SHDFAC—Green vegetation fraction，绿色植被覆盖率

NROOT—Number of root layers，根层数

RS—stomatal resistance（s/m），气孔阻抗

RGL—Parameter used in radiation stress function，辐射应力函数中的参数

HS—Parameter used in vapor pressure deficit，饱和气压差中的参数

SNUP—Threshold depth for 100% snow cover，100%积雪覆盖时的积雪深度阈值

LAI—Leaf area index（dimensioless），叶面积指数（无量纲）

MAXALB—Upper bound on max albedo snow。最大积雪反照率上限

图 3.3 给出 Noah 陆面模式的示意图。参考 Chen 和 Dudhia（2001a，2001，b），以下给出 Noah 陆面模式所包含的主要物理过程。

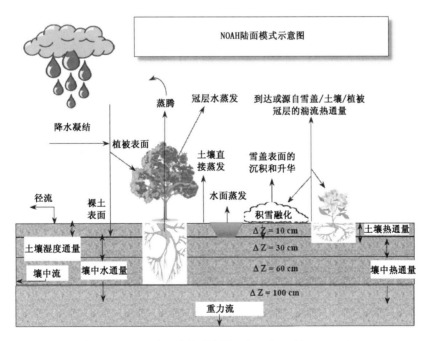

图 3.3　Noah 陆面过程示意图(Chen 和 Duhhia，2001)

（1）模式热力学过程

Noah 模式中表皮温度（Surface skin temperature）由线性化的地表能量平衡方程求得（Mahrt 和 Ek，1984）。土壤温度 T 的预报方程采用通常的扩散形式，可以写为：

$$C(\Theta)\frac{\partial T}{\partial t} = \frac{\partial}{\partial z}\Big[K_t(\Theta)\frac{\partial T}{\partial z}\Big] \tag{3.3.1}$$

其中，$C(\mathrm{J}/(\mathrm{m}^3 \cdot \mathrm{K}))$为体积热容，$K_t(\mathrm{W}/(\mathrm{m} \cdot \mathrm{K}))$为热传导系数，两者均为土壤水含量的函数。$\Theta$为单位体积土壤中水含量的比率。$C$和$K_t$分别表示为：

$$C = \Theta C_{\mathrm{water}} + (1-\Theta_s)C_{\mathrm{soil}} + (\Theta_s - \Theta)C_{\mathrm{air}}$$

$$K_t(\Theta) = \begin{cases} 420\exp[-(2.7+P_f)] & P_f \leqslant 5.1 \\ 0.1744 & P_f > 5.1 \end{cases}$$

$$P_f = \log\Big[\Psi_s\Big(\frac{\Theta_s}{\Theta}\Big)^b\Big]$$

这里，水、土壤和空气的体积热容分别为$C_{\mathrm{water}} = 4.2\times10^6\ \mathrm{J}/(\mathrm{m}^3 \cdot \mathrm{K})$，$C_{\mathrm{soil}} = 1.26\times10^6\ \mathrm{J}/(\mathrm{m}^3 \cdot \mathrm{K})$，$C_{\mathrm{air}} = 1004\ \mathrm{J}/(\mathrm{m}^3 \cdot \mathrm{K})$。$\Theta_s$和$\Psi_s$分别为土壤湿度的最大值和饱和土壤吸湿潜势，是土壤质地的函数。

方程(3.3.1)在第i层土壤的积分形式为：

$$\Delta z_i C_i \frac{\partial T_i}{\partial t} = \Big(K_t\frac{\partial T}{\partial z}\Big)_{z_{i+1}} - \Big(K_t\frac{\partial T}{\partial z}\Big)_{z_i} \tag{3.3.2}$$

利用 Crank-Nicholson 方案积分上述方程得到 T_i 的预报值。土壤温度的下边界条件给定在 3 m，其值取为年平均地表气温，这也隐含了 Noah 陆面模式的土壤深度不能超过 3 m。

（2）模式水文过程

各层土壤湿度的预报方程为：

$$\frac{\partial \Theta}{\partial t} = \frac{\partial}{\partial z}\Big(D\frac{\partial \Theta}{\partial z}\Big) + \frac{\partial K}{\partial z} + F_\Theta \tag{3.3.3}$$

这里，土壤中水的扩散率 D 和水力学传导率 K 是 Θ 的非线性函数；F_Θ 代表土壤水的源汇项（降水、蒸发和径流）。土壤水的扩散率 $D = K(\Theta)\partial\Psi/\partial\Theta$，$\Psi$ 是土壤水张力函数。根据 Cosby 等(1984)，$K(\Theta) = K_s(\Theta/\Theta_s)^{2b+3}$，$\Psi(\Theta) = \Psi_s/(\Theta/\Theta_s)^b$，其中 b 是一个曲线拟合参数；K_s、Ψ_s、b 依赖于土壤类型。

方程(3.3.3)的积分形式可以写为：

$$d_{z1}\frac{\partial \Theta_1}{\partial t} = -D\Big(\frac{\partial \Theta}{\partial z}\Big)_{z_1} - K_{z_1} + P_d - R - E_{dir} - E_{t_1} \tag{3.3.4}$$

$$d_{z_2}\frac{\partial \Theta_2}{\partial t} = D\Big(\frac{\partial \Theta}{\partial z}\Big)_{z_1} - D\Big(\frac{\partial \Theta}{\partial z}\Big)_{z_2} + K_{z_1} - K_{z_2} - E_{t2} \tag{3.3.5}$$

$$d_{z_3}\frac{\partial \Theta_3}{\partial t} = D\Big(\frac{\partial \Theta}{\partial z}\Big)_{z_2} - D\Big(\frac{\partial \Theta}{\partial z}\Big)_{z_3} + K_{z_2} - K_{z_3} - E_{t_3} \tag{3.3.6}$$

$$d_{z_4}\frac{\partial \Theta_4}{\partial t} = D\Big(\frac{\partial \Theta}{\partial z}\Big)_{z_3} + K_{z_3} - K_{z_4} \tag{3.3.7}$$

其中，d_{z_i} 是第 i 层的土壤层厚，P_d 是透过冠层的降水，E_{t_i} 代表冠层根系的蒸散作用。在土壤模式的下边界，土壤水的扩散率假设为 0，也就是说土壤模式底部的土壤水通量仅仅依赖于重力渗透项 K_{z_4}。

模式中的地表径流 R 是依据简单的水平衡模型来计算的(Schaake, et al., 1996)，考虑了降水、土壤湿度和径流的空间非均匀性的影响。地表径流 R 表示为降水和渗入土壤降水的差，记为：

$$R = P_d - I_{\max} \tag{3.3.8}$$

其中，$I_{max} = P_d \dfrac{D_x[1 - \exp(-kdt\delta_i)]}{P_d + D_x[1 - \exp(-kdt\delta_i)]}$，$D_x = \sum\limits_{i=1}^{4} \Delta Z_i(\Theta_s - \Theta_i)$，$kdt = kdt_{ref}\dfrac{K_s}{K_{ref}}$，$\delta_i$ 是模式的时间步长，但单位为 d；K_s 为饱和的土壤水传导率，它依赖于土壤的质地；$kdt_{ref} = 3.0$，$K_{ref} = 2 \times 10^{-6}\,\mathrm{m/s}$。

模式中的蒸发量 E 考虑为三部分的和，分别为表层土壤的直接蒸发 E_{dir}、冠层拦截降水的蒸发 E_c 和冠层及根系的蒸散 E_t，即：

$$E = E_{dir} + E_c + E_t \tag{3.3.9}$$

根据 Betts 等（1997）及 Mahfouf 和 Noilhan(1991)的研究结果，地表的直接蒸发由下式计算：

$$E_{dir} = (1 - \sigma_f)\beta E_p \tag{3.3.10}$$

其中，$\beta = \dfrac{\Theta_1 - \Theta_w}{\Theta_{ref} - \Theta_w}$；$E_p$ 是潜在蒸发量，根据 Penman 能量平衡方法计算，考虑依赖于层结稳定性的空气动力学阻尼作用(Mahrt 和 Ek，1984)；Θ_{ref} 和 Θ_w 分别为场地水容量和枯萎点，σ_f 是植被覆盖率。

冠层的蒸发由下式计算：

$$E_c = \sigma_f E_p \left(\frac{W_c}{S}\right)^n \tag{3.3.11}$$

这里，W_c 是冠层拦截的水；$S = 0.5$，是冠层最大可容水的能力；$n = 0.5$。冠层拦截水量 W_c 由以下收支方程求得：

$$\frac{\partial W_c}{\partial t} = \sigma_f P - D - E_c \tag{3.3.12}$$

其中，P 为降水总量。如果 W_c 超过 S，超出冠层容水能力部分的降水将到达地面，即滴落部分 D。

冠层的蒸散 E_t 由下式决定：

$$E_t = \sigma_f E_p B_c \left[1 - \left(\frac{W_c}{S}\right)^n\right] \tag{3.3.13}$$

这里，B_c 是冠层阻抗的函数，$B_c = \dfrac{1 + \dfrac{\Delta}{R_r}}{1 + R_c C_h + \dfrac{\Delta}{R_r}}$，其中，$C_h$ 是水热交换的地表拖曳系数；Δ 依赖于饱和比湿廓线的斜率；R_r 是地表气温、地表气压和 C_h 的函数；R_c 是冠层阻抗。有关 C_h、R_r 和 Δ 的确定，请参考 Ek 和 Mahrt (1991)。冠层阻抗 R_c 由下式确定：

$$R_c = \frac{R_{cmin}}{LAI \cdot F_1 F_2 F_3 F_4}$$

$$F_1 = \frac{R_{cmin}/R_{cmax} + f}{1 + f}$$

$$f = 0.55 \frac{R_g}{R_{g1}} \frac{3}{LAI} \tag{3.3.14}$$

$$F_2 = \frac{1}{1 + h_s[q_s(T_a) - q_a]}$$

$$F_3 = 1 - 0.0016(T_{ref} - T_a)^2$$

$$F_4 = \sum_{i=1}^{3} \frac{(\Theta_i - \Theta_w)d_{z_i}}{(\Theta_{ref} - \Theta_w)(d_{z_1} + d_{z_2})}$$

其中，F_1、F_2、F_3 和 F_4 的变化范围为 0~1，分别表示太阳辐射、水汽压饱和差、空气温度和土壤湿度对冠层阻抗的影响。$q_s(T_a)$ 是气温为 T_a 时的饱和水汽混合比；R_{cmin} 是最小气孔阻抗；R_{cmax} 是叶表面阻抗，其值设定为 5000 s/m；$T_{ref} = 298$ K。

　　Noah 也包含一个简单的积雪模式和海冰模式。积雪模式是一个单层雪盖模型，模拟积雪、雪的升华、融化以及积雪与土壤、大气之间的热交换。海冰模式是一个简单的热力学模式，考虑海冰各层之间、海冰与大气、海洋的热交换过程。海冰分为等距的 4 层，每层厚度为 0.75 m，模式中假设海冰表面有 0.1 m 厚的积雪覆盖，海冰表面的积雪融化和热交换与积雪模式采用同样的参数化方法。海冰的热传导方程同样写成式(3.3.1)的形式，但注意热容、热传导率和下边界条件与土壤的热传导方程不同。由于本书的重点是描述暴雨数值预报模式，且模式研究对象集中在夏季发生的暴雨，因此对 Noah 模式中的积雪和海冰模型不做详细的描述，感兴趣的读者可以参考 Chen 和 Dudhia（2001）。

第4章　GRAPES 雷电数值预报模式

4.1　雷暴云起电、放电数值模式的发展和试验

　　闪电的形成及其时空演变与雷暴云的微物理过程和动力过程有着密切的关系。通过各种起电过程，云内的不同水成物粒子携带上不同极性电荷，然后分离形成偶极、三极性或者反极性，乃至更加复杂的电荷结构；局地强电场使水成物粒子附近发生电晕放电，导致空气被击穿，形成闪电。随着探测技术的不断发展，以及实验室试验结果的增多和计算条件的日益提高，愈来愈多的研究者开始利用数值模拟的方法来研究雷暴的电特征，以及其与动力和微物理的相互关系。雷暴云内电过程的参数化及数值模拟已成为大气电学研究领域的热点之一。

　　雷暴云起电、放电模式是在各种云数值模式的基础上，建立各类水成物粒子所载电荷量的时变方程和泊松方程，引入各类起电以及放电过程，从而可以计算积云宏观、微观和电参量的同步时空变化，并研究三者之间互为因果、交叉耦合的关系。

　　从 20 世纪 70 年代开始到现在，有关带有起电、放电过程的雷暴云数值模式的研究已取得了很大的进展，中外已经有了各种从一维到三维的雷暴云数值模式。由于人们对雷暴云内粒子之间很多作用关系还不十分清楚，还没有一个模式能完全真实地再现雷暴的实际情况，对雷电尤其如此。因此，目前模拟雷暴的起电和放电过程多采用参数化的方法。

　　通过野外观测、实验室试验和数值模拟等手段，各种起电、放电机制在雷暴过程中的作用被逐渐认识。其中，起电机制的理论主要包括对流起电机制、离子捕获机制、感应起电机制和非感应起电机制等。研究表明，对流起电并不是云内的主要起电机制（Latham，1981）；同时，有研究也表明，离子捕获起电是一种较弱的起电机制，可能在起电活动较弱的雷暴中具有一定的作用，但却并不足以产生雷暴中典型的强电场（Chiu 和 Klett，1976；Takahashi，1979）。随着研究的深入，感应起电和非感应起电机制在云内起电过程中的重要作用越来越得到人们的认可。尤其在冷云中，多数研究者都肯定了非感应起电机制的作用，并认为冰晶与霰碰撞带来的电荷分离是云内强场产生的主要原因，但不同的实验对于该起电机制细节的认识却不尽相同。

　　在放电过程的模拟方面，早期发展的闪电放电参数化方案比较简单，可称之为总体性闪电方案（Rawlins，1982；Takahashi，1987；Ziegler 和 MacGorman，1994）：当云中某处电场强度超过击穿阈值将发生一次闪电，其结果是使云模拟域内各处电荷密度按一定比例减少，或者从云内最高电荷密度区域移去一定量的电荷。Mansell 等（2002）则把随机介质击穿模式和双向先导理论相结合，充分考虑了闪电通道如何传播以及通道电荷与环境电场相互作用的问题，建立了能够更加细致模拟放电过程的新方案。在模拟试验中，该方案相当好地再现了类似于实际闪电放电的分叉结构。

结合上述各种起电和放电方案,中外许多研究团体都建立了耦合起电和放电过程的数值模式。俄克拉何马大学和美国国家强风暴实验室合作开发了一个 OU/NSSL 雷暴起电放电过程模式,该模式在三维动力学框架下,考虑了 12 种水成物粒子微物理过程的参数化,考虑了多种起电机制,其放电参数化方案采用随机放电模式以求模拟三维分叉闪电。从目前的结果来看,他们模拟了范围很大的雷暴云团,一次雷暴可以模拟产生上万次闪电,云闪、正/负云地闪均被模拟出来。虽然这还只是对闪电的一种宏观的双向通道发展过程的模拟,不过已经能够考虑在闪电通道步进延伸的每一步,通道电荷变化与环境电场的相互作用,模拟的闪电通道与真实闪电的三维分叉结构很相似。中国科学院兰州寒区旱区环境与工程研究所先后发展了二维轴对称和三维强风暴动力-电耦合数值模式(孙安平等,2002a,2002b)。相对于其他同类模式,该模式全面地考虑了离子扩散、电导、感应、非感应和次生冰晶等起电过程,以及增加了电过程对动力过程的反馈作用项,具有很强的模拟功能。此外,马明(2004)、谭涌波(2006)以中国气象科学研究院的对流云催化数值模式(胡志晋和何观芳,1987)为框架,通过引入并改进起电、放电参数化方案,分别发展了二维、三维的雷暴云起电、放电数值模式。这些模式都能够较合理地模拟出雷暴云电结构的时空演变特征,模拟的云闪通道也呈现与观测一致的分叉通道、双层结构。

本章将重点叙述进一步改进、完善的三维雷暴云起电、放电模式,研究不同非感应起电机制和感应起电机制对雷暴云电特征的影响;并将其与 GRAPES 暴雨模式进行嵌套,寻求通过数值模拟开展雷电及灾害性天气过程的短期预报方法。下面首先介绍雷暴云起电、放电模式,其次研究起电机制对雷暴云电特征的影响,之后介绍对 GRAPES 与雷暴云起电、放电模式嵌套的模拟结果,以及雷暴云起电、放电模式应用于雷电监测和预警系统的研究结果。涉及的起电、放电云模式分别采用的是马明(2004)和谭涌波(2006)的二维和三维模式。

4.1.1 雷暴云起电、放电模式介绍

本章所用云模式采用了笛卡尔直角坐标系,假设各参量在水平面上只随一个方向变化,模式假定大气为无黏性可压缩流体,忽略地转偏向力,采用非静力平衡。这里主要考虑了宏观动力条件对电活动的影响,而不考虑雷暴内的电活动对雷暴发展的反馈影响。

模式的预报量有 20 个,包括风速 u、w,无量纲气压 π,位温 θ,水汽、云水、雨水、冰晶、霰、冰雹的比含水量 Q_v、Q_c、Q_r、Q_i、Q_g、Q_h 和相应的比数浓度 N_r、N_i、N_g、N_h,以及云水、雨水、冰晶、霰、冰雹的电荷密度 Q_{ec}、Q_{er}、Q_{ei}、Q_{eg}、Q_{eh},以及为了计算云雨自动转化过程引入云滴谱宽度 F_c。另外还有 4 个诊断量,φ 为电位,E_x 和 E_z 表示两个方向的电场强度,ρ_T 为空间总电荷密度。

(1)基本方程组

运动方程

$$\frac{\partial u}{\partial t} = -u\frac{\partial u}{\partial x} - w\frac{\partial u}{\partial z} - c_p\theta_{v0}\frac{\partial \pi'}{\partial x} + D_u \tag{4.1.1}$$

$$\frac{\partial w}{\partial t} = -u\frac{\partial w}{\partial x} - w\frac{\partial w}{\partial z} - c_p\theta_{v0}\frac{\partial \pi'}{\partial z} + D_w + \frac{\theta}{\theta_{v0}}(1+0.608Q_v)g$$
$$- (1+Q_c+Q_r+Q_g+Q_h+Q_i)g \tag{4.1.2}$$

气压方程

$$\beta^2 \frac{\partial \pi'}{\partial t} = -\frac{R_d \pi_0}{c_v \rho_0 \theta_{v0}} \left(\frac{\partial(\rho_0 \theta_{v0} u)}{\partial x} + \frac{\partial(\rho_0 \theta_{v0} w)}{\partial z} \right) + F_\pi \tag{4.1.3}$$

$$F_\pi = -u \frac{\partial \pi}{\partial x} - w \frac{\partial \pi}{\partial z} + \frac{R_d \pi}{c_v} \left(\frac{\partial u}{\partial x} + \frac{\partial w}{\partial z} \right) + \frac{R_d \pi_0 \theta_{v0}}{c_v Q_{v0}^2} \frac{d\theta_v}{dt} + D_\pi \tag{4.1.4}$$

热力学方程

$$\frac{\partial \theta}{\partial t} = -u \frac{\partial \theta}{\partial x} - w \frac{\partial \theta}{\partial z} + \frac{\theta_0}{T_0} \frac{dT}{dt} + D_\theta \tag{4.1.5}$$

水物质守恒方程

$$\frac{\partial M_x}{\partial t} = -u \frac{\partial M_x}{\partial x} - w \frac{\partial M_x}{\partial z} + \frac{1}{\rho_0} \frac{\partial \rho_0 V_x M_x}{\partial z} + D_{Mx} + S_{Mx} \tag{4.1.6}$$

云滴谱宽度 F_c 的预报方程

$$\frac{\partial F_c}{\partial t} = -u \frac{\partial F_c}{\partial x} - w \frac{\partial F_c}{\partial z} + D_{F_c} + S_{F_c} \tag{4.1.7}$$

水成物电荷密度守恒方程

$$\frac{\partial q_{ex}}{\partial t} = -u \frac{\partial q_{ex}}{\partial x} - w \frac{\partial q_{ex}}{\partial z} + \frac{1}{\rho_0} \frac{\partial(\rho_0 V_x Q_{ex})}{\partial z} + D_{Qex} + S_{Qex} \tag{4.1.8}$$

$$\rho_T = \sum Q_{ex} \tag{4.1.9a}$$

$$\frac{\partial^2 \varphi}{\partial x^2} + \frac{\partial^2 \varphi}{\partial z^2} = -\frac{\rho_T}{\varepsilon} \tag{4.1.9b}$$

$$\begin{cases} E_x = -\dfrac{\partial \varphi}{\partial x} \\ E_z = -\dfrac{\partial \varphi}{\partial z} \end{cases} \tag{4.1.9c}$$

式中，ρ_0、T_0、θ_0、Q_0、θ_{v0}、π_0 为参考大气的密度、温度、位温、比湿、虚位温和无量纲气压，它们只是高度 z 的函数，并服从静力平衡条件。u、w 为二维风速，π' 为无量纲气压扰动量，θ 为位温，$M_x[x=c,r,i,g,h]$，为比湿，分别表示云滴、雨滴、冰晶、霰和冰雹（下同）。Q_{ex} 为云滴及各种降水粒子所带的电荷浓度，V_x 为水物质的平均落速，D 为次网格湍流交换项，S 代表源汇项，将在下面具体讨论。β 为准弹性系数，$R_d = 287.04$（J/(kg·K)）为干空气的比气体常数，$c_p = 1004$（J/(kg·K)）为干空气的定压比热容，$c_v = 717$（J/(kg·K)）为干空气的定容比热容，ε 为空气介电常数。

（2）湍流参数化和微物理过程参数化方案

模式的湍流参数化采用 Klaassen 一阶闭合法（Klaassen 和 Clark.，1985）。微物理过程参数化方案和各物理量源汇项表达式可见文献（胡志晋和何观芳，1987）。其中，根据积云中水粒子的物理特征，考虑到它们增长和下落的不同，将它们分成云滴、雨滴（直径 $D > 0.02$ cm 的水滴）、冰晶（包括雪团）、霰（包括冻雨滴，为质量比雹小的凇附冰球）、雹（直径 $D > 0.5$ cm 的冰球）5 种，用它们的比含水量 Q_c、Q_r、Q_i、Q_g、Q_h 和相应的比浓度（单位质量空气中所含该粒子的质量和个数）N_c、N_r、N_i、N_g、N_h 来表征云中水成物的变化，单位分别是 g/kg 和个/kg，其中云滴浓度 N_c 取为常数（为 4×10^8 个/kg），其余为计算预报量。N_0 和 λ 两参数是待定的，它们是粒子比质量和比浓度的函数。该云模式称为双参数模式，具体细节参见第 3 章。

（3）起电过程参数化方案

　　大量实验室模拟和雷暴云内的实际观测研究已经提出很多种雷暴云的起电机制,包括:离子捕获,感应起电和非感应起电以及次生冰晶起电等。许多雷暴云起电、放电数值模拟研究表明:这些起电机制中感应、非感应起电以及次生冰晶起电是最重要的;在雷暴发展的旺盛期,离子的扩散和电导吸附起电对雷暴电结构的影响要远远小于感应和非感应起电机制的作用(Dye,et al.,1986)。应当指出两点:其一,云中冰相粒子形状和表面干、湿状态的情况十分复杂,目前各种云模式大多把冰相粒子划分为冰晶/雪晶、霰和雹三大类,或冰晶、雪晶和霰及雹四大类,但有的模式又划分出更细的子类,如柱状、板状冰晶和结凇冰晶三个子类,低、中和高密度霰三个子类,小和大雹两个子类(Mansell,et al.,2002)。在微物理过程参数化方案和起电过程参数化方面,不同模式的处理方法是存在差异的。而这种差异必然导致数值模拟的起电、放电情况也不完全相同。其二,目前已有的关于非感应起电机制的实验室模拟结果(Takahashi,1978;Jayaratne,et al.,1983;Saunders,et al.,1991,1999)还只能应用于结凇的冰粒子(如霰/雹)与云冰/雪的碰撞分离起电参数化。相对于上述细致的冰相粒子分类来说,这些实验结果就显得比较粗略。而冰—冰、冰—水滴碰撞分离,不同大小和密度的霰粒之间、不同密度的霰粒与不同大小的的冰雹粒子之间,以及不同大小和密度的霰粒与云滴的碰撞分离起电等更多的非感应起电过程还缺乏可靠的参数化公式。另外,由于缺乏雨滴与云滴的碰撞反弹率的实验资料,目前也很难在模式中对这一感应起电项的贡献做出确切估计。

　　基于上述情况,目前选择仅对云中冰相粒子做三或四种大类划分的云模式作为雷暴起电、放电模拟的基础还是合适的,是与现有实验室模拟结果相匹配的。我们在模式里主要只考虑了三种起电机制:在云中冰相粒子和过冷水滴共存条件下霰/雹与冰晶/雪晶碰撞反弹的非感应起电,霰/雹与云滴碰撞反弹的感应起电以及霰碰撞大云滴造成冰晶繁生的次生冰晶起电;同时考虑了霰与雪晶、霰与结凇冰晶碰撞反弹非感应起电率要比霰与原生冰晶碰撞分离高很多倍的情况(Mansell,et al.,2002)。在现有云模式中划分了原生冰晶和雪/结凇冰晶两个子类(后面将进一步说明)。在此基础之上,模式采用的具体起电方案和电荷源汇包括:

　　① 非感应起电参数化方案

　　实验室研究结果表明:霰、雹与冰晶在碰撞反弹后会有电荷的转移,霰获得的电荷符号由温度和液水含量来决定。极性反转温度(反转温度)是霰获得电荷量接近为0时的温度,它是液水含量的函数,在反转温度两侧的温度下,霰获得的电荷极性是不同的。然而,不同的实验对于依赖温度和液水含量的起电机制细节的认识是不甚相同的,甚至是相反的。具体采用的3种不同的非感应起电参数化方案(Gardiner,Takahashi和Saunders方案)将在下一节详细介绍。

　　② 感应起电参数化方案

　　在一定雷暴环境电场作用下,各种不同尺度的水成物粒子被极化,使其上、下部分分别感应不同极性的电荷。极化的不同粒子的碰撞会造成电荷的转移。对冰—冰粒子来说,由于其电导率较低,其接触时间太短使得电荷转移较难,而使得冰—冰粒子的感应起电较弱。因此,在模式中只考虑了干增长状态下的霰(包括雹)与云滴的感应起电。Aufdermaur 和 Johnson (1972)认为云滴和霰的反弹率仅为千分之一到二。Sartor(1981)用照相的结果证明,当霰的表面较粗糙时,云滴与霰的反弹率会升高。Aufdermaur 和 Johnson (1972)发现当反弹的云滴脱离时其质量减小,他们认为当云滴碰撞霰时,其上部的带有电荷的部分被冻留在霰上,而带有相反电荷的部分云滴反弹出去了。他们另一种假设认为这两种粒子的接触时间较长,使得合并在一起的粒子被电场所极化,在两者分离之前有电流转移电荷。而不管哪种传输,转移的电荷的总量都和碰撞角度有关。当霰在正下方时转移的电量最大,当两者碰撞时处于水平方向时最小。模式中感应起电的公式采用了 Ziegler 等(1991) 的方程:

$$\left(\frac{\partial q_{eg}}{\partial t}\right)_p^{g-i} = (\pi^3/8)\left(\frac{6.0\overline{V}_g}{\Gamma(4.5)}\right)E_{gc}E_r N_c N_{0g} D_c^2 \cdot \left[\pi\Gamma(3.5)\varepsilon\langle\cos\theta\rangle E_z D_g^2\right.$$
$$\left. - \Gamma(1.5)Q_{eg}/(3N_g)\right] \tag{4.1.10}$$

其中,D_c 和 D_g 是云滴和霰的特征直径,N_c 和 N_g 是云滴和霰的数浓度,$\overline{V}_g$ 是霰的群体平均落速,$\Gamma(x)$是伽马函数,N_{0g}是霰的截距数浓度,$\langle\cos\theta\rangle$是反弹角度的余弦平均值,E_z 是垂直方向的电场强度,公式最后一项是霰原有的电荷浓度对感应的云滴的影响,由于云滴浓度要远高于霰的浓度,假设反弹的云滴初始为电荷中性,E_{gc} 是碰撞系数,E_r 是反弹系数,这里碰撞系数为 0.8。Ziegler 等(1991) 采用的反弹系数 E_r 为 0.0022,$\langle\cos\theta\rangle$为 0.1,结果表现了较弱的感应起电。我们在模式里固定$\langle\cos\theta\rangle$为 0.1,并试验了不同的反弹系数 E_r,分别为 0、0.01、0.02。

③ 次生冰晶起电方案

在冰晶繁生过程中,由于碰冻表面温差所产生的接触电位差,使得大小粒子间发生电荷转移,电荷极性取决于液水含量及温度,一次转移的电荷量取平均为 10^{-14} C。模式里对冰晶繁生过程中的 Hallett-Mossop 过程 (Hallett 和 Saunders,1979) 进行了参数化。在温度为 -3 ～ -8℃时,霰碰并直径大于 24 μm 的大云滴时产生次生冰晶,当液水含量高于 0.1 g/m³,霰得到正电荷,否则霰得到负电荷:

$$\left(\frac{\partial q_{eg}}{\partial t}\right)_s^{g-c} = (\pm)10^{-14}NP_{ci} \tag{4.1.11}$$

式中,NP_{ci}为模式计算得到的冰晶繁生过程得到的次生冰晶数浓度变化率。

④ 电荷变化率的源汇项

由以上三种起电机制,下面给出各种降水粒子荷电量的源汇项

$$SQ_{ec} = -\left(\frac{\partial q_{eh}}{\partial t}\right)_p^{h-c} - \left(\frac{\partial q_{eg}}{\partial t}\right)_p^{g-c} + PQ_{ec} \tag{4.1.12}$$

$$SQ_{ei} = -\left(\frac{\partial q_{eh}}{\partial t}\right)_{np}^{h-i} - \left(\frac{\partial q_{eg}}{\partial t}\right)_{np}^{g-i} - \left(\frac{\partial q_{eg}}{\partial t}\right)_s^{g-i} + PQ_{ei} \tag{4.1.13}$$

$$SQ_{er} = PQ_{er} \tag{4.1.14}$$

$$SQ_{eg} = \left(\frac{\partial q_{eg}}{\partial t}\right)_p^{g-c} + \left(\frac{\partial q_{eg}}{\partial t}\right)_{np}^{g-i} + \left(\frac{\partial q_{eg}}{\partial t}\right)_s^{g-i} + PQ_{eg} \tag{4.1.15}$$

$$SQ_{eh} = \left(\frac{\partial q_{eh}}{\partial t}\right)_p^{h-c} + \left(\frac{\partial q_{eh}}{\partial t}\right)_{np}^{h-i} + PQ_{eg} \tag{4.1.16}$$

其中,PQ_{ex}(x=c,r,i,g,h)是源汇项中的自动转换项,即由某种水成物因相变(冻结和融解)和碰并过程产生的电荷收支;这里假定凝结、蒸发过程不产生电荷收支,也未考虑湿增长条件下次生雨滴过程的电荷转移。参考云模式的微物理参数化公式(胡志晋和何观芳,1987),各自动转换项表达式如下:

$$\begin{cases} PQ_{ex} = (-C_{ci} - C_{cr} - C_{cg} - C_{ch} - A_{cr} - A_{cg} - P_{ci})\dfrac{Q_{ec}}{Q_c} & (t < 0℃) \\[3mm] PQ_{ex} = -(C_{ci} - C_{cr} - C_{ch} - A_{cr})\dfrac{Q_{ec}}{Q_c} & (t > 0℃) \end{cases} \tag{4.1.17}$$

$$
\begin{cases}
PQ_{\text{er}} = (A_{\text{cr}} + C_{\text{cr}}) \cdot \dfrac{Q_{\text{ec}}}{Q_{\text{c}}} - (M_{\text{rg}} + C_{\text{rg}} + C_{\text{ri}} + C_{\text{rh}}) \dfrac{Q_{\text{er}}}{Q_{\text{r}}} & (t < 0\text{℃}) \\[3mm]
PQ_{\text{er}} = (A_{\text{cr}} + C_{\text{cr}}) \cdot \dfrac{Q_{\text{ec}}}{Q_{\text{c}}} + M_{\text{gr}} \dfrac{Q_{\text{eg}}}{Q_{\text{g}}} + (C_{\text{ir}} + M_{\text{ir}}) \dfrac{Q_{\text{ei}}}{Q_{\text{i}}} + M_{\text{hr}} \dfrac{Q_{\text{eh}}}{Q_{\text{h}}} & (t > 0\text{℃})
\end{cases}
$$

$$(4.1.18)$$

$$
\begin{cases}
PQ_{\text{ei}} = (C_{\text{ci}} + p_{\text{ci}}) \dfrac{Q_{\text{ec}}}{Q_{\text{c}}} - (C_{\text{ig}} + C_{\text{ih}} + A_{\text{ig}}) \dfrac{Q_{\text{ei}}}{Q_{\text{i}}} + C_{\text{ri}} \dfrac{Q_{\text{er}}}{Q_{\text{r}}} & (t < 0\text{℃}) \\[3mm]
PQ_{\text{ei}} = C_{\text{ci}} \dfrac{Q_{\text{ec}}}{Q_{\text{c}}} - (C_{\text{ir}} + C_{\text{ig}} + C_{\text{ih}} + A_{\text{ig}} + M_{\text{ir}}) \dfrac{Q_{\text{ei}}}{Q_{\text{i}}} & (t > 0\text{℃})
\end{cases}
$$

$$(4.4.19)$$

$$
\begin{cases}
PQ_{\text{eg}} = (A_{\text{cg}} + C_{\text{cg}}) \dfrac{Q_{\text{ec}}}{Q_{\text{c}}} + (C_{\text{rg}} + M_{\text{rg}}) \dfrac{Q_{\text{er}}}{Q_{\text{r}}} + (C_{\text{ig}} + A_{\text{ig}}) \dfrac{Q_{\text{ei}}}{Q_{\text{i}}} \\[3mm]
\qquad\quad - (C_{\text{gh}} + A_{\text{gh}}) \dfrac{Q_{\text{eg}}}{Q_{\text{g}}} & (t < 0\text{℃}) \\[3mm]
PQ_{\text{eg}} = (C_{\text{ig}} + A_{\text{ig}}) \dfrac{Q_{\text{ei}}}{Q_{\text{i}}} - (C_{\text{gh}} + M_{\text{gr}} + A_{\text{gh}}) \dfrac{Q_{\text{eg}}}{Q_{\text{g}}} & (t > 0\text{℃})
\end{cases}
$$

$$(4.1.20)$$

$$
\begin{cases}
PQ_{\text{eh}} = C_{\text{ch}} \dfrac{Q_{\text{ec}}}{Q_{\text{c}}} + C_{\text{rh}} \dfrac{Q_{\text{er}}}{Q_{\text{r}}} + C_{\text{ih}} \dfrac{Q_{\text{ei}}}{Q_{\text{i}}} + (C_{\text{gh}} + A_{\text{gh}}) \dfrac{Q_{\text{eg}}}{Q_{\text{g}}} & (t < 0\text{℃}) \\[3mm]
PQ_{\text{eh}} = C_{\text{ch}} \dfrac{Q_{\text{ec}}}{Q_{\text{c}}} + C_{\text{ih}} \dfrac{Q_{\text{ei}}}{Q_{\text{i}}} + (A_{\text{gh}} + C_{\text{gh}}) \dfrac{Q_{\text{eg}}}{Q_{\text{g}}} - M_{\text{hr}} \dfrac{Q_{\text{eh}}}{Q_{\text{h}}} & (t > 0\text{℃})
\end{cases}
$$

$$(4.1.21)$$

(4) 放电过程参数化

MacGorman 等（2001）认为，闪电对雷暴至少有两个主要的影响。首先，闪电限制一个雷暴所能产生的电场强度上限。当风暴中某处的电场变得很强时，就会产生一次闪电，其结果是减少闪电发生处的电场能量，也就减少了雷暴的电场能量。不考虑闪电放电，对雷暴的模拟往往产生出不切实际的巨大的电场能量。其次，闪电放电会导致雷暴中电荷的重新分布，甚至可能会在原来低电荷密度区内产生新的高电荷密度区。因此，如果不考虑放电过程，模拟起电过程的结果只能反映闪电发生之前的雷暴云电特征，研究和引入合理的放电参数化方案是雷暴电过程数值模拟的基本要求。

近 20 余年中，学术界对此已进行了大量持续的研究。早期发展的闪电放电参数化方案比较简单，可称之为总体性闪电方案，当云中某处电场强度超过击穿阈值将发生一次闪电，其结果是使云模拟域内各处电荷密度按一定比例减少（Rawlins，1982），或者从云内最高电荷密度区域移去一定量的电荷（Takahashi，1987）。这个方案只考虑了闪电的启动及中和电荷问题，不处理闪电通道如何传播以及通道电荷与环境电场相互作用的问题。类似的处理方法在后来的一些研究工作中仍有所应用，如 Baker 等（1995）在进行闪电频率与雷暴云宏、微观气象参数关系的数值分析中，假定闪电放电过程按一定比例（如 10%）减少一种极性电荷区内（如云砧部）的电荷量，并均匀分配给相邻的反极性电荷区的云滴和冰晶。

迄今在雷暴云起电、放电的数值模拟中采用最多的是一维或非分叉通道方案。Helsdon 等（1992）首先应用 Kasemir（1960，1984）的双向先导的概念，闪电放电从超过某一击穿电场阈值的启动点开始、通道沿着电力线、双向同时扩展，直到环境电场低于某一设定阈值时终止；假定通道为理想的旋转椭球体，计算环境电场在通道中感应的电荷，而冷却的通道中这些电荷沉积在小粒子上，进而在粒子和水成物相互交换（Helsdon 和 Farley，1987）。模拟结果指出：闪电放电可能使得沿闪道的一些点的净电荷极性反转。该方案的局限是没有提出处理云地闪电的方法,也没有考虑闪电通道结构发展中自身电荷对电场的影响。Soloman 和 Baker (1996)及 MacGorman 等(2001)与孙安平(2002a,2002b)都曾采用类似的一维通道方案进行过雷暴云起电、放电的模拟试验;Mazur(1989b)则以此模拟了云内闪电和云地闪电,并估计了闪电电流。一维通道方案的主要不足是无法模拟、再现实际闪电通道的分叉结构以及不能详细考虑通道扩展过程中通道电荷与环境电场的复杂相互作用。近几年来,Mansell 等(2002) 把随机介质击穿模式(Niemeyer,*et al.*,1984;Wiesmann 和 Zeller,1986)和双向先导的概念应用于雷暴起电、放电过程的数值模拟,虽然还不能处理复杂的击穿发展的微观过程,仅仅模拟闪电通道的宏观特征,却相当好地再现了类似于实际闪电放电的分叉结构。

本章中采用的起电、放电云模式的放电过程模拟采纳了 Mansell 等(2002)方案的基本要点,并在地闪回击的后续云内放电和云闪的连续电流影响的处理等方面进行了新的数值试验。与 Mansell 等(2002)相同,放电的模拟区域与云模式区域相同,其两个方向的网格距取为一致的 500 m,由于我们云模式的网格距是水平 1000 m,垂直 500 m,所以在放电模式运行时,需要对云模式里各格点的电参量进行线性插值处理。模式的时间步长取 5 s,同时限定在一个时间步长里允许有 10 次放电的发生。具体的一些设置和处理方法如下:

① 击穿电场强度阈值

关于闪电启动以及闪电通道传播的阈值电场的取值大小,目前学术界尚无一致意见。这里我们采用了 150 kV/m 的固定初始阈值 E_{init},这个值与雷暴观测中得到的较大电场值(100~200 kV/m)相当,但比许多人认为产生闪电所必需的值(300 kV/m)要小些。我们认为高电场值可能只存在于较小的空间尺度下,不能被模式直接模拟出来,所以在模式中取较小的击穿阈值有一定的合理性。随机选取初始点的主要原因是:在雷暴中观测到电场具有次网格尺度的变化。很高的电场强度仅存在于非常小的尺度空间内,当我们试图在模式网格分辨率(1000 m×500 m)下来确定最大的电场值的位置时,模式本身的网格尺度相对较大,又使用相邻网格点的电势差来计算格点上的电场,这样会平滑掉孤立的强电场的点,因此无法断定在具有大小相当的几个格点中,哪一个最接近于极大值。采用随机选择触发点还可以使得闪电能在更大的范围内发生。

② 通道的双向、随机发展和电位分布

Kasemir(1960,1984)提出的双向先导概念是指:其一,闪电是从触发点双向传播的(初始时平行于和逆平行于电力线);其二,闪电通道电荷是由雷暴电场在通道上感应产生的,发展中的闪电通道就像一个电的中性导体(也就是说,一端感应的负电荷被另一端感应的正电荷平衡了)。双向传播现象得到了一些研究成果的支持,如对非接地目标(Kasemir,1984)以及对飞机的闪击(Mazur,1989a)的研究,以及王才伟等(1998)观测发现了人工引雷熔化的金属丝上下两端出现双向先导等。

闪电触发后,感应先导通道在两个格点之间被建立起来,第 1 个点就是初始触发点,第 2 点是初始点邻近电位差最大的点。遵循双向先导的原则,正和负的先导从初始通道相对的两端开始传播,正先导通道携带着正电荷,向低电位方向前进,倾向于在负的环境电荷区穿行;而负先导从另一端,向高电位方向前进,倾向于在正的环境电荷区穿行。虽然正、负先导的击穿物理机制是不同的,模式里处理这两种先导是一样的,每一步正和负通道里都可以独立地新发展各自的一段(图 4.1)。其默认的发展阈值 $E_{crit}=0.75\ E_{init}$,0.75 这个系数是 Mansell (2000)通过试验不同网格分辨率下闪电通道发展挑选得到的。

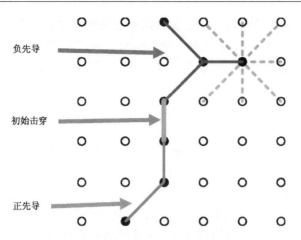

图 4.1　闪电初始击穿示意图(马明,2009)

模式里闪电通道的扩展模拟是采用步进办法。看图 4.1 里的负先导通道部分（正先导处理方法相同），实心点和实线指示了通道路径,虚线指示了可能的新联接,对每个可能的联接 i 来说,定义其被选上的可能性 p 为:

$$p_i(E) = \begin{cases} \dfrac{1}{F}(E_i - E_{crit})^\eta & \text{当 } E_i > E_{crit} \\ 0 & \text{当 } E_i \leqslant E_{crit} \end{cases} \tag{4.1.22}$$

其中,η 被设为 1,E_i 是与第 i 联接点之间的电场强度,$F = \sum_k (E_k - E_{crit})^\eta$,所以 $\sum p_i = 1$。在模式里,从可能性 >0 的点中随机选一个作为新的通道扩展点。每当新的扩展点选定以后,该点的电位也就被固定了,模式考虑了闪电通道具有非零的内部电场 E_{int},模式里固定该值为 $500\ \text{V/m}$。所以该点的电位为

$$\phi(n) = \phi_{ref} - s \sum_{j=1}^n E_{int}(j) d_j \tag{4.1.23}$$

$\sum_{j=1}^n d_j$ 是该点距该通道起始点的路径长度,n 是路径段数,d 是各段的长度,s 是通道携带电荷的极性,ϕ_{ref} 是取最初始两点的环境电位平均值为参考电位。

③ 放电过程中空间电荷和电位分布

当完成一步新的通道扩展后,非通道点的电位分布就要进行调整。求解方法是:把扩展后的通道当作边界,通道电位值按式(4.1.24)计算（第一类边界条件）,采用超松弛迭代技术解泊松方程、重新计算得到新的电位分布。这样,随着通道的扩展,通道周围的电位不断调整,某些点的电场强度可能会从本来低于扩展阈值、改变到超过此阈值,从而使通道得以继续扩展。而通道里被感应的电荷浓度可以很简单地从泊松方程计算得到($\rho = -\varepsilon \nabla^2 \varphi$)。

依照 Kasemir (1960) 的理论,模式假设整个通道只要不接地,其感应的全部电荷总和保持电中性。为了使通道保持近似的电中性,模式（Mansell,$et\ al.$, 2002）采取控制正、负通道的扩展阈值大小的方法加以间接影响。周期地计算和比较正负通道各自的感应电荷量,如在正、负通道同时扩展五步后,一端的电荷量比另一端的多 5% 以上,便将该端的扩展阈值在原来基础上增加 $0.05\ E_{init}(z)$,而将另一端的减去 $0.05\ E_{init}(z)$;若调整后的阈值低至 $0.3\ E_{init}(z)$ 以下,则令该端通道停止发展。而当两端阈值之差在 5% 以内时,双端的扩展阈值都再回

调到 $0.75\,E_{\mathrm{init}}(z)$。如果一旦通道一端接地成为云地闪,便不再保持放电通道的总体电中性。

④ 云地闪的认定和后续放电处理

地闪的处理方法是目前放电过程数值模拟研究中有待研究解决的难题。Mansell 等(2002)简化了地闪的处理,认为在放电通道到达距地 $1.75\,\mathrm{km}$ 以下即为地闪发生,接地先导通道的发展终止,并假设此先导通道电位不变(并不是变为 0)、电荷密度变为 0 以达到放电中和电荷的目的。而先前存在的向上的先导通道则允许继续发展。他们也认为这是不完全符合自然情况的。事实上,野外观测表明:地闪发生时,由于通道把地电位引入了云内,在雷暴里会有强烈的后续放电过程发生。目前在没有其他更好的地闪处理方法的情况下,我们仍采用了 Mansell 等(2002)的做法,认为通道发展到距地 $1.5\,\mathrm{km}$ 以下便是地闪。但我们设通道最低点(等效接地点)的电位为 0,至放电初始点之间的通道上电位按式(4.1.24)分布,并继续追踪该通道上的后续放电情况,这样能够模拟出在地闪通道附近强烈的后续云内放电过程。由于实际地闪通道保持高度电离化状态的时间有限,在模式中限制了后续放电的通道长度和次数,以求能较合理地模拟地闪放电过程及其后的云内后续放电。

若闪电一侧通道没有扩展的可能点时,如另一侧继续发展,则此侧暂停,允许以后再扩展;考虑到通道总感应电荷要保持中性的原则,模式规定在通道发展到一定长度后,若正、负先导通道电荷量依然相差 2 倍以上,则此次闪电终止。如果出现闪电通道两端都没有继续发展的可能性,或者闪电通道到达了边界(非地面)或伸出了云外,模式也认为此次放电结束。

⑤ 电荷的再分配

一些学者基于观测现象推断,云闪放电过程会有连续电流的存在(Shao 和 Krehbiel,1996)。显然,它的作用是更多地中和掉先前储存在放电通道中的正、负电荷。为了体现这一过程的影响,在云闪结束后不把计算的通道电荷量直接代入格点,而是从中扣除一部分(例如:扣除 30% 或更多部分),然后再分配给通道上各格点。认为各水成物粒子是接受这些电荷的载体,按它们的表面积总和所占比例分配这些电荷,而忽略它们本身原来携带的电荷,其公式如下

$$\delta Q_{\mathrm{ex}} = \frac{\sigma_x}{\sum_k \sigma_k}\delta\rho_{\mathrm{T}} \tag{4.1.24}$$

式中,$\delta\rho_{\mathrm{T}}$ 是闪电通道格点的电荷浓度,δQ_{ex} 是该格点总表面积为 σ_x 的水成物 x 的电荷浓度。完成放电过程模拟计算后,要把电荷浓度按格距 $500\,\mathrm{m}\times500\,\mathrm{m}$ 的分布转换回按 $1000\,\mathrm{m}\times500$ m 模式格距的分布。

(5)模式边界条件和初始条件

① 侧边界

模式对于垂直侧边界的法向速度 u_{nb} 采用辐射边界条件,即

$$\frac{\partial u_{\mathrm{nb}}}{\partial t} = -C_b\,\frac{\partial u_{\mathrm{nb}}}{\partial x_{\mathrm{nb}}} \tag{4.1.25}$$

式中,x_{nb} 为法向坐标,C_b 为重力波水平相速,用边界内相邻一层前一时刻的相速来代替,其他量(除 π 外)的侧边界条件为:当法向速度为出流时,法向平流项用迎风格式计算;入流时,法向导数取为 0。对电参量来说,其侧边界的水平电场强度为 0。

② 上、下边界

底边界上 $w=0$,其他量的垂直平流为出流时,用迎风格式,入流时法向导数为 0。顶边界

采用海绵层以减小各物理量的变化。在边界上不考虑次网格湍流交换项。

对电参量来说,下边界:电位 $\varphi=0$,电荷密度 $Q_{ex}=0$,下标 x 分别表示云水、雨水、冰晶、霰和冰雹。上边界:垂直电场强度为 0,电荷密度 $Q_{ex}=0$。对于垂直电场来说,电场方向向上,即负电荷在头顶时为正电场,以下都以此为标准。

③ 初始条件

模式采用探空资料作为输入量,以一定的温湿泡扰动起动对流。对于电参量,由于不考虑晴天电场和自由离子,其初始值一律设为 0。

(6)模式求解的差分方案与必要的数值处理方法

模式为有限区域,大小为 76×40 个网格,其中水平格距为 1000 m,垂直格距为 500 m。模式采用 Klemp 和 Wilhelmson(1978) 的时间步长分离法以减少计算量,即将方程左边同声波有关的项以小步长 (t_s) 计算,而右边各项以及其他变量都用常规的大步长 (t_l) 计算。模式还采用了胡志晋的准弹性系数 β:当 $\beta=1$ 时,模式为完全弹性的;当 $\beta=0$ 时,模式为滞弹性的。这里采用 $\beta=0.25$。采用的大时间步长是小时间步长的整倍数 ($t_l=n\times t_s$)。用大时间步长计算右边项的变化率,在一个大时间步中,各小时间步长计算所用的右边变化率不变。

空间有限差分采用二阶精度平流差分,其余空间导数采用二阶中央差分格式,时间差分采用二阶蛙跃格式。二阶精度平流差分:

$$\left(u\frac{\partial A}{\partial x}\right)_i = \frac{u_{i+1}(A_{i+1}-A_i)+u_{i-1}(A_i-A_{i-1})}{2\Delta} \tag{4.1.26}$$

其余空间导数的二阶中央差分格式:

$$\left(\frac{\partial A}{\partial x}\right)_i = \frac{A_{i+1}-A_{i-1}}{2\Delta} \tag{4.1.27}$$

各标量位于格点上,各向风速位于该方向半格点上。大时间步长的基本计算格式为蛙跃中心差。云物理量的计算还加上正定平流订正。为了消除大时步计算中蛙跃格式的解分离现象,采用 Asselin (1972) 时间平滑,即:

$$\overline{A}^t = A^t + \frac{\alpha}{2}(\overline{A}^{t-\Delta t}-2A^t+A^{t+\Delta t}) \tag{4.1.28}$$

式中,$\overline{A}$ 为平滑后的值,取 $\alpha=0.3$。

对于二维泊松方程采用超松弛方法求解,采用五点格式,即:

$$\frac{\partial^2\varphi}{\partial x^2}+\frac{\partial^2\varphi}{\partial z^2} = \frac{1}{C_x^2}(\varphi_{i+1,k}-2\varphi_{i,k}+\varphi_{i-1,k})+\frac{1}{C_z^2}(\varphi_{i,k-1}-2\varphi_{i,k}+\varphi_{i,k-1})$$

$$= \frac{-\rho_T}{\varepsilon} \tag{4.1.29}$$

$$\varphi_{i,k}^{t+1} = (1-\omega)\varphi_{i,k}^t+\frac{\omega}{2+2r}\left[\varphi_{i+1,k}+\varphi_{i-1,k}+r(\varphi_{i,k+1}+\varphi_{i,k-1})+C_x^2\frac{\rho_T}{\varepsilon}\right] \tag{4.1.30}$$

其中,水平格距 C_x 为 1000 m,垂直格距 C_z 为 500 m。令 $r=(C_x/C_z)^2$,ω 为松弛因子取为 1.87,上标为积分迭代次数。

(7)放电通道个例

图 4.2 是模拟一次云闪的闪电通道,可以明显看到闪电通道呈双层结构,在 6.5 km (AGL) 的闪电初始击穿后,先形成垂直闪电通道,然后正、负先导分别在负、正电荷区水平延伸发展,长度到达十几千米,这与 Shao 和 Krehbiel(1996) 用甚高频干涉仪观测的经典云闪通

道结构是一致的,说明我们的放电参数化是比较合理的。图 4.3 是模拟一次正云地闪的放电通道,可以看到正云地闪是正电荷区与负电荷区之间的放电,正先导发展到地面产生的,通道的垂直高度达到十几千米。

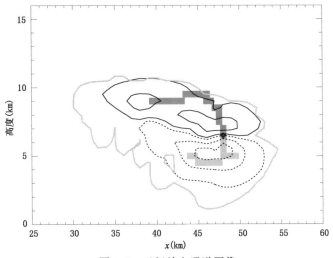

图 4.2　云闪放电通道图像

(菱形点为闪电起始点,深灰色为负先导通道,浅灰色为正先导通道,等值线是总电荷浓度,初值为 ±0.1 nC/m³,间隔为 0.4 nC/m³,外沿的粗灰线为云的轮廓)(马明,2009)

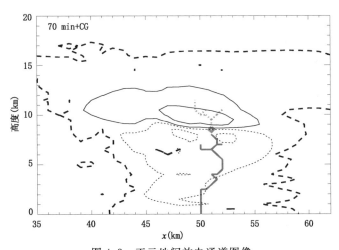

图 4.3　正云地闪放电通道图像

(菱形点为闪电起始点,粗点线为负先导通道,粗实线为正先导通道,等值线是总电荷浓度,初值为 ±0.1 nC/m³,间隔为 0.4 nC/m³,粗折线为云的轮廓)(马明,2009)

4.1.2　不同起电机制的影响

如图 4.4 所示,Takahashi(1978)的实验表明,当温度高于 −10℃,霰在任何液水含量下获得的都是正电荷;而当温度低于 −10℃ 时,如果液水含量过高(>4 g/m³)或者过低时(<0.1 g/m³)时,霰都带正电荷,而当液水含量在这之间时,霰带负电荷。液水量为 1 g/m³ 时,反转温度为 −10℃,在其他液水含量下,反转温度要更低。

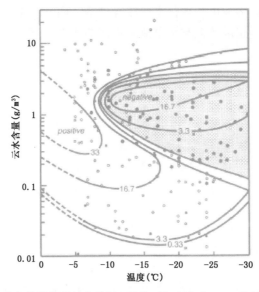

图 4.4　Takahashi 实验中的霰得到的电荷图（单位：fC，飞库仑＝10^{-15}库仑）（Takahashi，1978）

　　Jayaratne 等（1983）做了类似的试验，不过降低了转筒旋转的速度。他们发现空气和水含有的杂质会对电荷分离有影响。与 Takahashi（1978）不同的是，即使在纯水里，在很低的液水含量和低温下，也未发现霰获得正电荷，而在很低的液水含量且温度高于－10℃时霰获得负电荷。在液水含量为 1 g/m³ 时，他们得到的反转温度是－20℃。Jayaratne 等（1983）认为：(1) Takahashi 高估了液水含量；(2) Takahashi 实验的转筒速度过高，可能使霰的表面破碎，使负电荷损失；(3) Takahashi 的转筒未密闭，可能有外来空气的未知杂质的影响。Brooks 和 Saunders（1995）认为转筒速度过高对起电的极性没有影响，但认为 Takahashi 实验里液水含量被高估了 6 倍。

　　Saunders 等（1991）用有效液态水含量（EW，effective liquid water content）代替液态水含量（LWC，liquid water content），有效液态水含量是液态水含量中仅用来增长软雹的那部分液水，可表示为

$$EW = LWC \times E_{collect} \tag{4.1.31}$$

其中，$E_{collect}$ 为云粒子和软雹的碰并效率，它是通过与软雹碰撞增加的碰撞粒子的一个函数，Saunders 等（1991）在实验中常取有效液态水含量大约等于液态水含量的一半。

　　基于以上 3 种实验室结果，3 种不同的非感应起电参数化被采用：第 1 种参数化方案是 Gardiner 等（1985）基于 Jayaratne 等（1983）的实验室结果建立的方案；第 2 种采用了 Takahashi（1978）的试验结果；第 3 种采用的是 Saunders 等（1991）的结果。

　　霰和冰雹在下面被统一称为霰。模式里非感应起电机制计算的是霰与冰晶的碰撞反弹产生的电荷分离。非感应起电的参数化方案只考虑了结凇时的霰、雹与冰晶的碰撞反弹，而没有考虑霰与雹的碰撞，以及霰、雹与云滴的碰撞，这首先是因为实验室结果中并未给出这两种碰撞的起电结果，而且，我们认为云的微物理过程中霰和冰雹的碰撞率和相对速率都较小，而霰、雹与云滴的碰撞反弹率则很低，需要进一步的研究以搞清楚霰、雹与云滴的非感应起电机制。

　　(1)Gardiner 非感应起电参数化

　　Gardiner 等（1985）基于 Jayaratne 等（1983）的实验室结果给出了每次非感应电荷分离

方程,在模式里,该方程表示为:

$$\begin{cases} \delta q_{gpi} = 7.3 D_{pi}^4 |\bar{V}_i - \bar{V}_g|^3 \delta L f(\tau) & \text{(原生冰晶)} \\ \delta q_{gsri} = 7.3 D_{sri}^4 |\bar{V}_i - \bar{V}_g|^3 \delta L f(\tau) & \text{(雪和结凇云冰)} \end{cases} \qquad (4.1.32)$$

D_{pi} 和 D_{sri} 分别是原生冰晶与雪/结凇冰晶的直径,$|\bar{V}_i - \bar{V}_g|$ 是冰晶的碰撞速度,δL 是有关液水含量的系数,

$$\delta L = \begin{cases} LWC - LWC_{crit} & T > T_r \\ LWC & T < T_r, q_c \geqslant 10^{-3} \text{g/kg} \\ 0 & q_c \leqslant 10^{-3} \text{g/kg} \end{cases} \qquad (4.1.33)$$

LWC_{crit} 为 0.1 g/m³,q_c 是云水混合比,T_r 是反转温度,$f(\tau)$ 是 Ziegler 等(1991)采用的关于 T_r 的系数

$$f(\tau) = -1.7 \times 10^{-5} \tau^3 - 0.003\tau^2 - 0.05\tau + 0.13 \qquad (4.1.34)$$

其中,$\tau = (-21/T_r)(T - 273.16)$。

图 4.5 给出了 $f(\tau)$ 随温度的变化,其中 T_r 是可以改变的。Ziegler 和 MacGorman (1994) 用数值模拟的结果认为 T_r 的合理值是 -15℃,我们在模式里也采用了 -15℃作为反转温度。图 4.6 给出了霰获得电荷极性与温度和液水含量的关系,可以看到,Gardiner(1985) 方案里霰获得正电荷的区域较窄,而且 $f(\tau)$ 在该区域的值也较小,可以预想 Gardiner(1985) 方案里霰获得正电荷量相对较少。

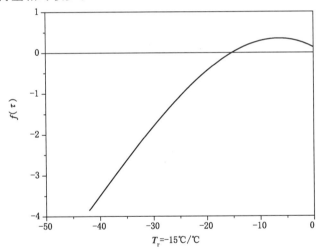

图 4.5　反转温度为 -15℃时 $f(\tau)$ 随温度的变化(马明,2009)

(2)Takahashi 非感应起电参数化

Takahashi 非感应起电参数化直接采用实验室的结果,每次碰撞的电荷转移量 $\delta q'_{gi}$ 从 Takahashi 实验数据查找表里内插得到,起电 δq_{gi} 还依赖于与冰晶的尺度和末速度有关的系数 α (Takahashi,1978):

$$\alpha = 5.0(D_i/D_0)^2 \bar{V}_g/V_0 \qquad (4.1.35)$$

式中,D_i 是冰晶尺度,D_0 为 $100 \ \mu m$。在模式中,D_i 被考虑为原生冰晶与雪/结凇冰晶的各自直径 D_{pi} 和 D_{sri},$\bar{V}_g$ 是霰的末速度,V_0 为 8 m/s。α 被规定小于 10,所以:

$$\delta q_{gi} = \alpha \delta q'_{gi} \qquad (4.1.36)$$

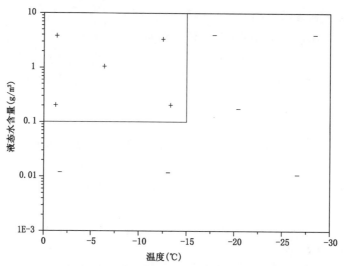

图 4.6 Gardiner(1985)方案反转温度为−15℃时不同温度和
液水量下霰得到的电荷量极性示意图

(3)Saunders 非感应起电参数化

图 4.7 给出了霰获得电荷极性与温度和液水含量的关系,可以看到,Saunders 方案与 Gardiner 方案相似。

$$T_r = -15.06EW - 7.38, \qquad (0.22\ g/m^3 < EW < 1.10\ g/m^3) \qquad (4.1.37)$$

当 $T > T_r$ 时,冰雹(霰)带正电荷,冰晶、雪片或云滴带负电荷;当 $T < T_r$ 时,冰雹(霰)带负电荷,冰晶、雪片或云滴带正电荷;当 $EW > 1.10\ g/m^3$ 且 $T < -23.9℃$ 时,冰雹(霰)带正电荷,冰晶、雪片或云滴带负电荷;当 $EW < 0.22\ g/m^3$ 且 $T > -10.7℃$,冰雹(霰)带负电荷,冰晶、雪片或云滴带正电荷。本文中每次冰晶—霰碰撞电荷转移量为 3×10^{-15} C。

(4)感应起电强度设定

这里给出三种感应强度,把感应作用取为 0 称为无感应作用,感应作用取为 $E_r = 0.01$,$\langle \cos\theta \rangle$ 为 0.1,为中等感应起电强度,感应作用取为 $E_r = 0.02$,$\langle \cos\theta \rangle$ 为 0.1,为较强感应起电强度。

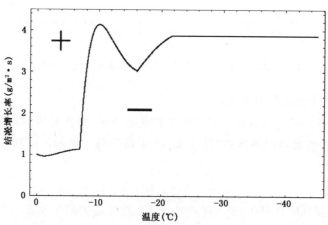

图 4.7 Saunders(1991)方案对不同温度和液水量下霰得到的电荷量极性示意图

（5）个例模拟试验

对北京 2007 年 8 月 6 日暴雨个例进行模拟。模式采用了上述 3 种不同的非感应起电参数化方案,同时又设定了 3 种感应机制强度,分别为无、中等、较强感应起电强度。因此,对模拟结果来说,雷暴云的动力和微物理过程只有 1 种,但有 9 种不同的电过程特征。

图 4.8,图 4.9 和图 4.10 给出了模拟雷暴云在不同时刻的垂直上升速度、冰晶比质量、霰雹比质量、Takahashi＋无感应作用方案(简称 t0)的总电荷浓度、Takahashi＋中等感应作用方案(简称 t1)的总电荷浓度、Takahashi＋较强感应作用方案(简称 t2)的总电荷浓度、Gardiner＋无感应作用方案(简称 g0)的总电荷浓度、Gardiner＋中等感应作用方案(简称 g1)的总电荷

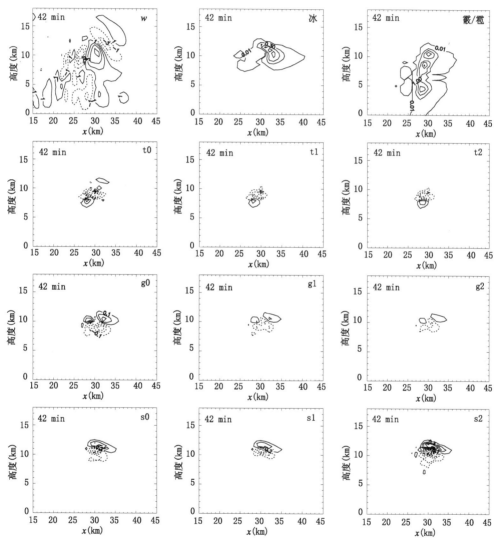

图 4.8　42 min 时的模拟图（w）：$-5.9 \sim 7.3$ m/s；（冰晶）：$0 \sim 1.0$ g/kg；（霰/雹）：$0 \sim 4.2$ g/kg；（t0）：$-0.9 \sim 0.7$ nC/m³；（t1）：$-0.6 \sim 0.5$ nC/m³；（t2）：$-0.7 \sim 0.5$ nC/m³；（g0）：$-0.7 \sim 0.68$ nC/m³；（g1）：$-0.4 \sim 0.3$ nC/m³；（g2）：$-0.4 \sim 0.2$ nC/m³；（s0）：$-1.5 \sim 1.1$ nC/m³；（s1）：$-1.4 \sim 1.0$ nC/m³；（s2）：$-1.3 \sim 1.0$ nC/m³。

浓度、Gardiner＋较强感应作用方案(简称g2)的总电荷浓度、Saunders＋无感应作用方案(简称s0)的总电荷浓度、Saunders＋中等感应作用方案(简称s1)的总电荷浓度、Saunders＋较强感应作用方案(简称s2)的总电荷浓度这12个参量的空间分布图,这里给出了42、48、65 min这三个模拟时刻的图。

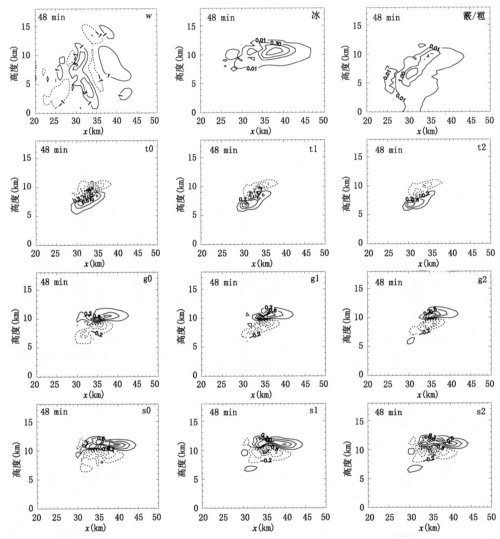

图 4.9　48 min 时的模拟图(w):—3.1~4.9 m/s;(冰晶):0~1.0g/kg;(霰/雹):0~2.9 g/kg;(t0):—2.3~1.3 nC/m³;(t1):—1.6~1.7 nC/m³;(t2):—1.5~1.1 nC/m³;(g0):—1.3~ 1.8 nC/m³;(g1):—1.4~1.6 nC/m³;(g2):—1.6~ 1.7 nC/m³;(s0):—1.3~ 1.5 nC/m³;(s1):—1.6~ 1.6 nC/m³;(s2):—2.0~ 1.5 nC/m³

在模拟到 42 min 时,还没有模拟出闪电发生,雷暴云刚刚发展到旺盛期,上升气流依然较强,云内最大垂直速度为 7.3 m/s,霰和冰晶的浓度也较大,由于在水平 25~30 km 处的下沉气流,其中霰比冰晶的高度要稍低。对于 Saunders 和 Gardiner 方案来说,此时霰带负电荷,冰晶带正电荷,从而形成了上正下负的电荷分布,其位置处于上升气流的右侧,同时在总水成物比质量很大的区域。可看到 Gardiner 方案产生的电荷浓度在这段时间都要比 Saunders 产

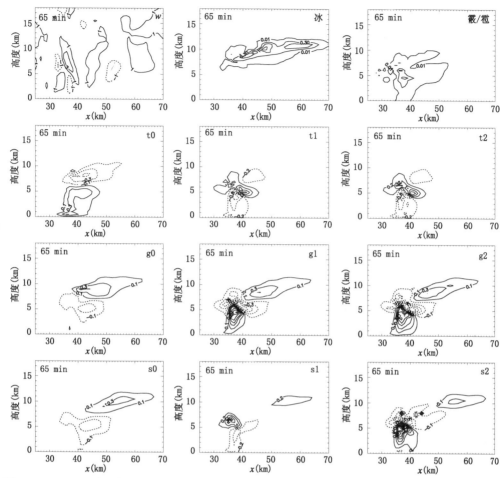

图 4.10　65 min 时的模拟图（w）：$-3.4\sim4.6$ m/s；（冰晶）：$0\sim1.0$ g/kg；（霰/雹）：$0\sim2.4$ g/kg；（t0）：$-0.5\sim0.5$ nC/m^3；（t1）：$-1.2\sim1.5$ nC/m^3；（t2）：$-1.1\sim1.8$ nC/m^3；（g0）：$-0.4\sim0.5$ nC/m^3；（g1）：$-1.1\sim1.4$ nC/m^3；（g2）：$-1.2\sim1.3$ nC/m^3；（s0）：$-0.5\sim0.4$ nC/m^3；（s1）：$-1.0\sim1.9$ nC/m^3；（s2）：$-1.0\sim1.4$ nC/m^3

生的要小。对于 Takahashi 方案来说，霰带正电荷，冰晶带负电荷，从而形成了上负下正的电荷分布，与 Saunders 和 Gardiner 方案的电荷结构相反。

在 48 min，三种方案都已经有云闪发生，云内的上升气流速度有所减弱，与 42 min 时的差别在于云内电荷浓度增强了，云内电场强度也相应增加，导致感应机制作用加大。对于 Saunders 和 Gardiner 方案来说，云下部的垂直电场经常为正，霰与云滴有感应作用，霰得到正电荷，云滴得到负电荷，由于霰相对云滴下落，从而在云内 0℃ 层高度形成正电荷区，这又进一步加强了该处的垂直正电场，在正反馈的作用下，在 g2 和 s2 中雷暴云的下部形成了一个次正电荷区，形成了三极性电荷结构的情形，而没有采用感应起电机制 g0 和 s0 则保持偶极或反偶极的电荷结构。

在 65 min，此时三种方案依然都有闪电发生，Saunders 和 Gardiner 方案的结果较为相似，电荷结构表现为上正下负偶极或上正中负下正的三极结构。Takahashi 方案得到的电荷结构表现为上负下正反偶极或上负中正下负的反三极结构。受较强感应起电机制的影响，云下部产生的电荷区相当的强大,而没有采用感应起电机制的云下部保持原有电荷区不变,则可见感应起电机制对形成云下部的大电荷区起重要作用。

表 4.1 给出了九种情况下模拟得到的云闪和云地闪的次数,可以看到在强的感应起电方案下,模拟雷暴云的电活动有较大的增强,尤其云地闪有明显的增多。因为从模拟的云地闪结果来看,负云地闪的产生与云下部的正电荷区的存在有密切相关,一般是中部的负电荷区与下部的正电荷区的放电引起的。而正云地闪则一般是由偶极性电荷结构产生,是上部正电荷区与下部的负电荷区之间的放电接地造成的。从图 4.8 至图 4.10 也可以看到,较强感应起电机制作用时,在云下部会产生较强的电荷区,增加了闪电的发生,尤其是云地闪的发生。

表 4.1　不同起电机制下模拟的闪电次数情况

起电方案	云闪	正云地闪	负云地闪
Gardiner/无感应作用	24	1	0
Gardiner/中等强度感应	41	1	0
Gardiner/强感应起电作用	57	1	2
Takahashi/无感应起电作用	7	0	0
Takahashi/中等强度感应起电作用	40	8	0
Takahashi/强感应起电作用	83	16	0
Saunders/无感应起电作用	9	0	0
Saunders/中等强度感应起电作用	24	0	0
Saunders/强感应起电作用	56	0	1

4.1.3　云内大粒子对闪电活动的影响

云内的大粒子,尤其是冰相粒子,在起电过程中扮演了重要的角色,同时,它们也是电荷的主要载体,故对于最终形成的闪电活动有着重要的影响。本节利用三维起电、放电云模式(谭永波,2006),研究了云中主要大粒子对雷电活动的影响。模式中考虑的起电机制主要包括:感应起电、非感应起电和冰晶繁生起电。感应起电采用的是 Ziegler 等(1991)提出的方案,而非感应起电则采用了改进后的 Gardiner 方案(谭永波,2006)。在 1 km×1 km 水平分辨率和 500 m 的垂直分辨率条件下,水平模拟范围为 76 km×76 km,垂直模拟高度 20 km。

模拟个例为 2008 年 9 月 6 日北京市经历的一次雷电天气过程。以 9 月 6 日 20 时[*](北京时)的探空资料为初始场,起电、放电云模式进行了 70 min 的模拟,以讨论影响闪电活动的云内主要粒子。模拟时段内共模拟发生闪电 147 次,最高频次为 18 次/min。第一次闪电发生在模拟开始后约第 12.7 min,闪电开始发生的高度在 10.5 km。

图 4.11 为模拟的第 12 分钟时空中电荷密度的垂直剖面图。由图可见,当闪电活动即将开始的时刻,空间电荷的分布呈现出了正—负—正的三极性结构。图 4.12 为云内的雨滴、冰晶、霰和雹四类主要粒子在各高度层上比质量浓度最大值随时间的演变。图中"×"为模拟的各次闪电开始发生的高度在时间轴上的分布。从图 4.12 中闪电活动初始阶段闪电开始发生的高度分布来看,最初的闪电应当是在主负电荷中心与其上部的正电荷中心之间开始的。而

---

[*]　书中除注明外,均为北京时。

从各类粒子比质量浓度在空间和时间上的分布与闪电开始发生高度变化的对比来看：

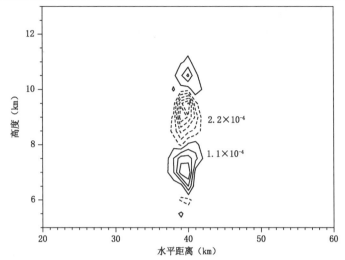

图 4.11　第 12 分钟空间电荷浓度（单位：C/m³）分布剖面图
（虚线为负电荷，实线为正电荷）（王飞，2009）

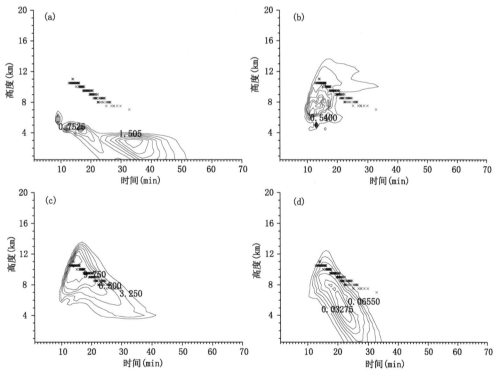

图 4.12　雨滴（a）、冰晶（b）、霰（c）和雹（d）在各高度层上最大比质量浓度（g/kg）随时间的
变化及闪电初始击穿高度（×为各次闪电开始发生的高度）（王飞，2009）

（1）雨滴粒子分布位置始终远低于闪电开始发生的高度。大部分时段中，雨滴的分布位置都在 0℃ 层结高度以下，故雨滴对云内闪电的发生没有直接影响。

（2）冰晶比质量浓度的分布位置在闪电活动的前期与闪电开始发生的高度重合性较好。

其比质量浓度在第一次闪电发生之前就在0℃甚至−10℃层结高度之上达到了较大的值。

（3）霰粒子比质量浓度高度分布与闪电开始发生高度的重合性在四类粒子中是最好的,几乎所有闪电开始发生的高度附近都有明显的高霰粒子质量分布。同时,大多数闪电开始发生的高度都位于霰粒子比质量浓度较大处。

（4）雹粒子质量在空间上的分布与闪电开始发生的高度重合性也较好,只是在最初几次闪电开始发生的高度处雹粒子的比质量浓度数值还较低。之后的闪电开始发生的高度也基本上分布在雹粒子比质量浓度分布的边缘区域,而非最高的中心位置附近。

此外,又定义每个格点上粒子所带电荷浓度与上一个时次该粒子所带电荷浓度之差为该类粒子在该格点上的起电速率(单位:C/min)。我们将每个起电速率不为零的格点作为一个样本,分别按照空间分布和时间演变对这些样本进行分析,得到了粒子起电速率较大的时间段和所处高度。通过与闪电开始发生高度和时间的对比,我们对这几类粒子在云内闪电活动的作用进行了判断。以下分别是对雨滴、冰晶、霰和雹进行的分析结果。图4.13和图4.14分别为四种粒子的样本在空间上的分布和在时间轴上的分布。

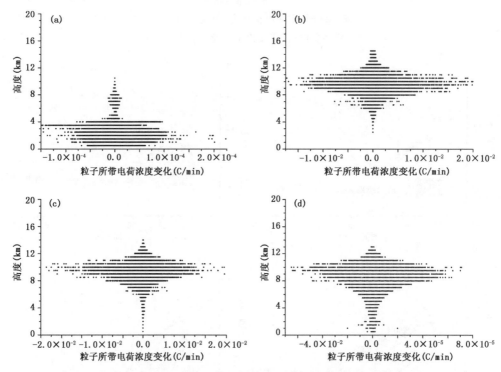

图4.13　每个格点上各类粒子所带电荷浓度随时间的变化在高度上的分布
(a.雨滴,b.冰晶,c.霰,d.雹)(王飞,2009)

从图中各类粒子起电速率在空间和时间上的分布可以看出:

（1）雨滴起电速率数值相对较大的格点基本都集中在4 km之下,远低于闪电开始发生高度所分布的范围。起电速率的量级也较小,为$10^{-5} \sim 10^{-4}$ C/min。而从时间演变来看,在闪电开始出现前的时段中,雨滴的起电速率值都很小。而在闪电活跃期中,部分格点样本中雨滴起电速率出现了一些较大的值,但这样的样本数量并不是很多。直到闪电活动结束后,雨滴粒子起电速率较大的样本才大量出现。

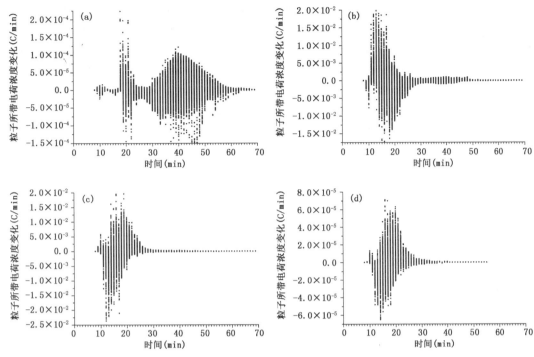

图 4.14　每个格点上各类粒子所带电荷浓度随时间的变化在时间轴上的分布
（a.雨滴，b.冰晶，c.霰，d.雹）（王飞，2009）

　　（2）冰晶起电速率值较大的样本所在高度基本集中在 8~11 km。样本数最集中且数值特别大的样本基本上分布在 9.5~10.5 km 高度。这与闪电开始发生高度的空间分布有较好的一致性。从样本随时间的分布来看，冰晶粒子起电速率值较大的样本基本都出现在闪电活动结束之前。而在闪电活动开始之前，部分格点上的冰晶粒子起电速率就已经出现了较大的值。在闪电活跃期中，冰晶粒子的起电速率达到了最大值。整个模式时段内冰晶粒子起电速率的量级都较大，为 10^{-3}~10^{-2} C/min。

　　（3）霰粒子起电速率的量级为 10^{-3}~10^{-2} C/min，与冰晶的相当，起电速率值较大的样本分布比较集中的高度在 6~10 km。其中，数值特别大的样本又多出现于 8.5~10.5 km。这与闪电开始发生高度的范围有着较好的一致性。从在时间轴上的分布来看，霰粒子起电速率值较大的样本多集中在闪电活动结束之前。这一点与冰晶表现出的特点相似。在闪电开始之前，霰粒子起电速率总体上以负向变化为主，并在闪电发生前和闪电活动初期达到了负向变化的最大值。随后，霰粒子的起电速率开始向正向变化转变，并在闪电活跃期的中期达到了正向变化的最大值。这种变化趋势与冰晶粒子带电量变化率的变化趋势正好相反。

　　（4）雹粒子起电速率值较大的样本数较其他三种粒子都要少得多，且量级较小，只有 10^{-5} C/min。从这些样本在高度上的分布来看，数值相对较大的样本大多分布在 8~10.5 km。从时间分布上看，雹粒子的起电速率在初期以正向变化为主，而在闪电发生前和闪电活跃期的前期，负向变化的样本数占了主体地位。而在闪电活跃期的中期，雹粒子的起电速率又逐渐转向以正向变化为主。而在闪电活跃期的后期，雹粒子起电速率值较大的样本数迅速减少。

　　从以上针对云内几种主要的粒子比质量浓度和起电速率在时空分布的分析结果来看，霰和冰晶是云内对闪电活动影响最大的两种粒子。这不仅由于这两种粒子的质量分布及变化与闪电活动在时间和空间上有着较好的一致性,而且,它们各自起电速率较大值出现的高度和时间也与闪电活动的时空分布有着较好的吻合。同时,这两种粒子的起电速率在量级上也是四种粒子中较大的。而雨滴无论在质量还是起电速率的时空分布方面,都与模拟闪电的发生没有明显的联系。但雨滴对于闪电通道在云内发展的影响仍需要进一步的研究。冰雹虽然在质量分布位置上与闪电开始活动的区域高度也有较好的重叠,但冰雹的比质量浓度较小,同时冰雹所带电量的变化率在量级上也较小,这就导致了冰雹对云内闪电活动,尤其是初期的闪电活动影响有限。(王飞等,2009)。

由于云模式中粒子的分档往往要比中尺度模式中的更细,而以上利用云模式得到的结论表明,影响闪电活动发生的主要粒子是冰晶和霰,而通常中尺度模式中显式云方案中都包含了这两种粒子,这也就证明运用中尺度模式对闪电活动进行模拟和预报在理论上是可行的。

4.2　雷暴起电—放电模式与 GRAPES 暴雨模式的耦合

本研究主要采用了利用数值模式生成气象要素场,得到中尺度预报结果,再利用诊断场分析进行雷暴预报的方法。GRAPES 暴雨数值预报系统是能进行高时空密度观测资料变分同化的强对流预报系统,将雷电模式嵌套入 GRAPES 暴雨模式中,不仅可以为雷电模式提供更接近真实的环境场,提高雷电模式的模拟能力,还可以考察较大尺度天气系统、地形和下垫面强迫、中尺度辐合等对雷暴活动的影响。

首先由国家气象中心全球中期天气预报系统 T213 模式预报场为高分辨区域 GRAPES 模式提供初始场和侧边界条件,然后由 GRAPES 模式的预报场驱动三维雷电模式进行雷暴云电过程的模拟(马明,2009)。GRAPES 模式及三维雷电模式的计算区域为:($114.72°$—$117.72°E$,$38.05°$—$41.05°N$),水平分辨率为 $1 km×1 km$,GRAPES 模式的时间步长为 30 s,三维雷电模式的时间步长为 4 s,垂直分辨率为 500 m。模拟试验的起报时间为 2004 年 6 月 19 日 06 时(世界时),积分时效 8 h,雷电模式的初始场为 GRAPES 暴雨模式的 8 h 预报场,积分时效 60 min。模拟的非感应起电机制采用的是 Gardiner 方案,感应起电参数化为中等强度的感应起电。

图 4.15 给出了模拟 50 min 时的各参量的垂直通量,图 4.15a 表明冰晶携带了主要的正电荷,图 4.15b 表明霰携带了主要的负电荷,它们的位置与图 4.15c 强上升气流所对应,该上升气流附近区域也是图 4.15 d 水成物集中区域。从图 4.15 来看,不加人工扰动,雷电模式里可以产生对流,在强对流核心附近,对应冰晶(霰、雹)浓度高的地区,有较多的正(负)电荷产生,这与实际观测结果还是较接近的。图 4.16 给出了 55 min 时模拟的 $40.8°N$ 上 XZ 方向参量图,可以看到,闪电通道的正先导在负电荷区发展,负先导在正电荷区发展,闪电的初始点都在 9.5 km,是在正、负电荷区的交界处,是电场强度最大的区域。最大上升气流在水平 29 km 附近,而闪电起始位置在水平 30 km,闪电的位置处于上升气流附近,而且该处总水成物的比质量很大,这与闪电往往在上升气流的切变线侧以及强雷达回波核的附近位置被探测到这一观测事实是相一致的。

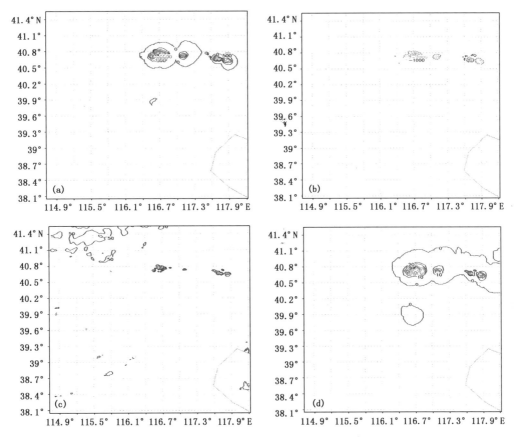

图 4.15　雷电模式模拟 50 min 时的垂直方向参数总量

（a. 冰晶携带的正电荷密度总量，b. 霰携带的负电荷密度总量，c. 正的垂直速度累积，

d. 水成物粒子密度总量）（马明，2009）

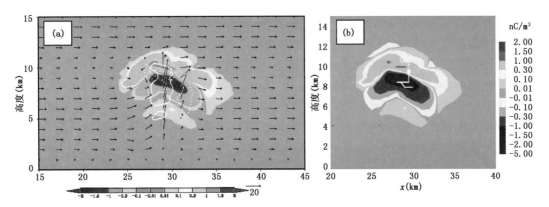

图 4.16　雷电模式模拟 55 min 时的 40.8°N 上 XZ 方向参量

（a. 流线表示流场，实白线表示霰比质量，虚白线表示冰晶比质量，填色表示电荷浓度（nC/m³），

b. 白实线表示为闪电通道的正先导，虚白线表示为负先导）（马明，2009）

4.3　雷电预报模式的建立和试验

人们对于闪电的研究工作一百年前就已开始。但由于闪电发生时具有的瞬时性和随机性，使得对于闪电的观测成为一个极大的困难，进而限制了对闪电进一步的研究工作。近几十年以来，随着闪电定位技术和其他相关观测手段的不断发展和完善，才使得对于闪电进行细致和全面的观测逐步成为可能。同时，随着其他对云观测手段，如雷达和卫星等的成熟和推广，对闪电活动的研究工作才真正得以深入。

4.3.1　预示闪电的风暴特征

目前对闪电的预警工作主要是利用雷达、卫星和闪电定位装置的观测结果，并结合一些外推算法，共同实现的。这种方法实现起来简单、直观。试验结果也证明，这种方法对于闪电的预警在 1 h 以内还是具有一定的准确性，但对于更长时间范围内的预警则无能为力。虽然如此，人们通过对这种方法的研究还是取得了许多可供借鉴的结论，其中就包括风暴的一些特征与闪电活动，尤其是与地闪活动的关系。

（1）雷达基本反射率

气象学中判断是否雷暴的常用标准是低仰角雷达基本反射率出现 41 dBz 以上回波。但这样一个判断标准是随着地理位置的不同而变化的。Reap 和 MacGorman（1989）在分析了 Oklahoma 和 Kansas 的多个风暴观测数据后发现，随着反射率的上升，发生地闪的概率也在上升，但只有大约 50% 的雷暴个例满足了上述气象学中的判断标准。

即使是在山区，低于这样一个标准而出现地闪活动也是经常被观测到的。Reap（1986）就注意到，在美国西南部干燥环境下，风暴的云底高度都较高，产生的地面降水很少，因此，低层基本反射率都较低。值得一提的是，在 Reap 的研究工作中，由于山区所形成的风暴个体都较小，因此还不是所有的风暴都被有效地观测到了。

另一方面，Holle 和 Watson（1996）发现，在美国东南部闪电发生概率随着 50 dBz 左右强度回波的增加而增加，但当 50 dBz 以上强度回波逐渐增加时闪电发生概率却开始下降。分析结果显示，发生在美国东南部的风暴往往在降水大到足以形成很强的回波时就已经开始消散了。而与此同时，风暴却还没有开始产生闪电（MacGorman 和 Rast，1998）。

美国空军第 45 天气中队给出了以雷达为工具的雷电临近预报经验规则，主要用到了最大回波强度及其出现高度、强回波体积、顶高等参数，对单体雷暴、砧状云、碎云等的云闪、地闪的预报提供了不同的规则（Winfred, et al., 2005）。

Hondl 和 Eilts（1994）通过分析佛罗里达中部地区雷暴过程中多普勒天气雷达回波的演变，发现在冻结层附近首先探测到 10 dBz 回波可以作为雷暴的初生特征，比首次地闪提前 5～45 min，中值为 15 min。但在之后 1996 年亚特兰大奥运会气象保障业务中发现该指标并不适合于当地的环境。随后虽然选用了云顶高度参数作为预报因子进行了改进，但 Johnson 等（2000）仍指出该指标在雷电临近预报方面的应用还需要大量的研究。

Gremillion 和 Orville（1999）分析了 39 个途经美国肯尼迪航天中心的雷暴后发现，雷达反射率和预报对象存在一个相关关系。对于夏季雷暴，他们找到的最好的预警指标是在 −10℃ 温度高度上两个连续的体扫都在 40 dBz 的反射率阈值以上。使用这种方法的预报准确率达到 84%,虚警率为 7%,中值预警时间为 7.5 min。

Vincent 等(2003)利用 WSR-88D 雷达和其他一些气象资料对云地闪的预报进行了研究。由于起电最可能发生在各种水成物粒子的混合区中的小冰晶同大的冰相粒子发生碰撞时,而大的冰相粒子,如霰和雹,通常在雷达上以强回波的形式出现,因此他们认为多普勒雷达可以用于对正在发展的雷暴云中的电过程进行间接的识别。据此,他们利用发生在北卡罗莱那州中部地区的 50 个雷暴个例的回波、环境温度等多种资料进行了综合研究,并获得了 8 套可以预测云地闪的特征参数组合。在经过评估后,他们得出结论:回波强度为 40 dBz、环境温度参数为－10℃,和回波强度为 40 dBz、环境温度参数为－15℃是预测云地闪最好的参数组合。检验中,前一种预报组合的预报概率为 100%,而后一种为 86%,但后一种组合的虚警率较前一种要低 7 个百分点。留给两种预报方法的预警时间分别为 14.7 和 11 min。最后,根据检验评分的结果,他们认为 40 dBz 回波达到－10℃温度层结高度是预测云地闪最好的预报因子。但同时他们也指出了利用这两种参数进行雷电预警存在两个不利条件:一是雷达在体扫过程中存在一些盲区,在这些区域中的单体无法被探测到,因而也就无法为预报方法提供完整有效的回波信息,从而导致了对雷电的预警预报出现困难。二是由于云内剧烈的对流和湍流等的影响,云内实际温度变化曲线可能与之前探空所获得的温度曲线出现较大的差异,从而会导致对雷电预警预报的失败。

Maribel(2002)分析了 STEPS 试验过程中 12 个雷暴个例和 2 个非雷暴个例的雷达和闪电资料,结果发现:12 个雷暴个例中最初的闪电活动均为云闪;而若要闪电能够发生,则至少 40 dBz 的回波要达到海拔 7 km 的高度;只发生云闪的雷暴和将要发生云地闪的雷暴在闪电初始激发位置的高度和回波强度方面的差异很明显;将要发生正地闪的雷暴和将要发生负地闪的雷暴通过各自初始云闪发生处的回波强度的差异,和最早出现 25 dBz 回波的时间和初次云闪发生时间间隔的差异也能够被识别出来。

王飞等(2008)针对北京地区 2005 年夏季 33 个雷暴单体和 9 个非雷暴单体,分别分析了其各自的雷达和闪电资料,也认为 40 dBz 回波出现在 0℃和－10℃层结高度之上是判断该地区风暴是否将会发展成为雷暴的一条重要指标。

尽管以上研究所用闪电数据大多是指地闪,而且针对不同地理区域的阈值也有较大差异,但这些研究结论还是证明风暴内的这些特征对于预警闪电活动是有效的。

(2)风暴高度

通过雷达和卫星的观测研究还表明,风暴发展的高度也与雷暴的形成有密切的关系。而且更多的研究表明,发展得更高的风暴往往拥有更高的闪电发生率。

有观测发现,当风暴的雷达回波顶高增长到－20℃层结高度以上时,闪电活动开始出现。Tohsha 和 Ichimura(1961)发现,当风暴的雷达回波顶高在－16℃以上时,有 90%的概率将发展成为雷暴。

Holle 和 Maier(1982)对佛罗里达的风暴数据进行了处理,将风暴回波顶高作为是否产生地闪的一个参数,结果发现:发生地闪的风暴中最低的风暴顶高在 7.8 km,层结高度大约在－18℃左右;一个风暴的顶高在 16 km 以下时,产生地闪的概率在 100%以下。随着风暴的顶高上升,发生地闪的概率也是逐渐升高的。

Mach 和 Knupp(1993)将云内电场作为 10 dBz 回波顶高的一个函数,发现电场随着回波顶高的升高是单调递增的,这一点在云顶温度低于－20℃后表现得尤为明显。

Williams(1985)曾经提出,闪电密度随雷暴高度的 5 次幂增加。虽然此后的研究表明两者的关系是非常复杂的,并非简单的幂次增加,但风暴高度与闪电活动之间的联系却得到了公认。

(3)对流发展

虽然上述研究表明风暴发展高度与闪电活动存在紧密联系,但研究同时也发现,多数条件下仅仅依靠风暴的高度是无法 100％确认风暴是否会发展成为雷暴,原因在于较高的风暴可能没有足够速度或延伸空间以驱动起电机制的作用。因此,其他一些研究提出了判断闪电发生的另一个条件:环境温度在一定条件下是强对流发展的表现。环境温度的范围通常认为在 $-10 \sim -20℃$ 或 $-10 \sim -40℃$。

Michimoto(1991)指出,风暴 30 dBz 回波顶高必须有垂直方向上的快速移动,即预示着霰粒子的快速发展和移动,才可能导致闪电活动的发生。但值得注意的是,闪电活动的开始与强对流活动的时间对应得并不是很好。Dye 等(1989)的研究认为,初始起电开始于风暴达到它们的最大高度并开始下降时。因此,他们修改了闪电发生对强对流发展的需要条件:对流发展的末期才是起电足够强,能导致闪电发生的时期。

由于顶高低于 $-10℃$ 层结的风暴上升速度往往较弱。因此,不足以产生强烈的起电。Michimoto(1993)在 Ishihara 等(1987)和 Tabata 等(1989)工作的基础之上提出,对于日本的雷暴,上升速度阈值应当是 7 m/s。Zipser(1994)和 Petersen 等(1996)的研究则认为,对于热带海洋雷暴,在 $-10℃$ 层结高度上最少 $6 \sim 7$ m/s 的上升速度是必需的。

从强对流在一定温度层结范围内的表现来看,仅仅依靠在云内某个高度上的强对流的表现是不足以判断是否会产生闪电的。很明显,强上升速度必须出现在混相带中才有利于闪电的发生。这是因为该区域是非感应起电机制发挥作用的主要区域。研究表明,强上升速度必须出现在 $-10℃$ 层结高度之上才能导致起电过程的发生。Williams 和 Renno(1993)、Zipser 和 Lutz(1994)及 Lucas 等(1995)的研究都认为,正是由于强上升气流在混相带范围内表现较弱,才导致了海洋风暴中闪电活动较少。Lhermitte 和 Krehbiel(1979)通过对佛罗里达风暴的观测发现,当 $-10℃$ 温度层结高度以上云顶上升速度和 20 m/s 以上上升速度同时增强时,闪电发生率有明显上升。Weber 等(1993)观测发现,当上升速度达到最大值,同时 20 dBz 顶高也快速上升时,闪电发生率升高。

许多观测都支持这样的一个理论:$-10 \sim -40℃$ 温度层结强对流可以产生霰粒子的增长,从而导致起电过程的发生。在这里,强上升速度扮演了两个角色:为粒子通过凝结和吸附增长及冷却提供水汽条件;使霰粒子悬停时间更长,从而可以与更多的冰晶发生碰撞。而且这样还有一个正反馈作用:凝结和吸附过程中释放的潜热会加强上升气流。

4.3.2　模式对闪电及闪电活动的模拟

根据以上所述对闪电观测结果与其他观测资料的相关性研究,以及实验室中获得的有关起电机制方面的研究结论和假设,人们开始了利用模式对闪电活动及闪电放电过程进行数值模拟的研究工作。从目前的研究结果来看,根据所用模式的不同可以将闪电的模拟工作分为云模式和中尺度模式两大类。

(1)云模式

最早试图将起电过程加入云模式的人是 Pringle 等(1973)。他们的工作只是运用了一个粗糙的电荷分离参数化方案,而没有描绘任何特别的微物理起电机制。接下来,Takahashi

(1974)在一维云模式中加入了水成物对空间电荷的捕捉。但这个模式中不包含粒子之间的电荷交换过程。Illingworth 和 Latham(1977)在一个动力条件不变的一维模式中加入了几种显式微物理起电机制的参数化方案。Keuttner 等(1981)也在一个动力条件不变的二维模式中加入了感应和非感应起电机制的参数化方案。但由于他们的工作都是建立在动力条件不变的前提下,因此他们无法进一步研究起电过程是如何伴随云的动力过程变化而改变的。

有鉴于此,很多研究的重心逐渐被放在了耦合起电过程与微物理和动力过程上。有关这方面最早的尝试是在暖云过程中开展的。Takahashi(1979)采用一个带有显式微物理过程的二维轴对称模式研究了浅薄暖云中的起电过程。Chiu(1978)在一个二维轴对称模式中引入了大量的微物理过程,并首次引入小离子及其在粒子之间的相互作用的参数化方案。由于离子与水成物之间相互作用的引入,模拟云边界的电晕层终于成为可能。而离子捕获机制等的引入,使得起电机制能够在模拟过程中对粒子带电产生影响。

随着认识的逐渐加深,冰晶粒子在非感应起电过程中的作用越来越引起人们的关注。因而暖云模式已经不能适应发展的需要。Rawlins(1982)通过引入冰晶过程参数化在一个三维云模式中实现了对起电过程的模拟。模式中包含了大量微物理过程参数化方案,以及一个简单的非感应起电参数化方案,和一个传统的感应起电参数化方案。但模式中未考虑液态水成物之间的起电。Wojcik(1994)采用修正后的 Helsdon 和 Farley(1987)非感应起电方程进行的模拟,得到了与飞机观测比较一致的结果。Ziegler 和 MacGorman(1994)将运动模式拓展到了三维。这使得他们的模式能够被用于研究超级单体。

早期的大部分模式中,都没有考虑放电过程。而放电过程的参数化又直接关系到对电荷分布的调整和限制最大电场强度,因而非常重要。Rawlins(1982)的工作中就对闪电的启动电场强度阈值增加限制,并加入了一个简单的电荷中和方案。Helsdon 和 Farley(1987)、Helsdon 等(1992)发展和完善了一个详细的放电参数化方案,并成功地模拟了一个产生了单个闪电的雷暴。Ziegler 和 MacGorman(1994)在他们的一个三维模式中发展了一个考虑每个时步中多个闪电净影响的简单参数化方案,用以研究具有高闪电发生率的超级单体。

中国近十几年来在该领域也取得了令人瞩目的研究成果。孙安平等(2002a,2002b)建立了一个强风暴动力-电耦合数值模式,详细考虑了扩散、电导、感应、非感应和次生冰晶起电机制,并加入了云内放电参数化过程和云顶处屏蔽电荷层形成的参数化方案。

马明(2004)、谭永波(2006)在中国气象科学研究院云模式的基础之上也分别发展了二维和三维的起电-放电云模式。尤其在其中的三维起电-放电模式中对闪电通道的发展实现了高分辨率的模拟,模拟出了更为接近实际的闪电通道。

随着起电放、电云模式研究的日渐成熟,云模式本身的一些缺陷也开始显现。由于云模式无法直接模拟现实过程中的天气过程,因而无法使模拟结果在实际观测中得到证实。同时,对于实际的天气过程中的电活动的指导意义也较小,只适合于研究工作。

(2)中尺度模式

近年来,随着中尺度模式中云物理等相关方案的不断发展,中尺度模式对于云中各类微物理量的发展和变化模拟得更加细致和全面,这就为在中尺度模式中实现对闪电活动的模拟提供了良好的条件。

Syugo (2006)在日本气象厅的一个非静力平衡中尺度模式中加入了起电、放电的参数化方案,采用嵌套的方式,实现了云模式分辨率下空间电荷浓度的预报。他共采用了三层嵌套。

最外层模式的水平分辨率为 20 km;第二层嵌套模式的水平分辨率为 5 km;最内层嵌套区域内的水平分辨率达到了 1.5 km;最内层嵌套区域范围为 360 km×360 km;垂直高度为 22 km,分为 50 层。模式中对非感应起电机制采用的是 Takahashi(1984)的参数化方案;反转温度曲线则是根据 Williams(1995)的研究结论取得的。在放电参数化方面,模式则是基于 MacGorman 等(2001)的工作进行的:闪电启动的电场强度阈值为 150 kV/m;闪电通道的发展则依据双向先导传输模式进行;闪电通道发展的中止条件为环境电场强度小于 15 kV/m,或者达到地面上空 500 m。在此基础之上,模式对一次实际雷暴过程进行了 4 h 的空间电荷和闪电活动预报。模式预报结果在与实际观测结果对比后发现,具有较好的效果。

Christelle 等(2005)也在一个中尺度模式中进行了雷暴起电放电的模拟工作。与 Syugo(2006)的方案类似,Christelle 等(2005)也是先对中尺度模式进行嵌套,再在嵌套网格中实现的对起电、放电的模拟。在起电过程中,模式同时考虑了感应和非感应起电机制。而在电参数的诊断量方面,模式采用了一个新的电量参数:权重电量密度 $Q_x = Q'_t / \rho_{dref}$。其中,Q'_t 为之前的模式中常用的电量密度,单位为 C/m³;ρ_{dref} 则为混合空气密度。在闪电的放电模拟中,他们对闪电启动电场强度采用了 Marshall 等(1995)提出的公式:

$$E_{be} = \pm 167 \times 1.208 \exp\left(\frac{-z}{8.4}\right) \tag{4.3.1}$$

当格点的电场强度大于 $0.9E_{be}$ 时,闪电随机在该格点周围启动。而在处理闪电分叉时,模式采用的是分型的方法。为了节省计算资源,Niemeyer 等(1984)的双向先导模型和 Mac-Groman 等(2001)的一项技术被简化并采用了。格点只有符合 MacGorman 等(2001)提出的一个电荷密度标准才会被纳入通道范围。在距离闪电启动格点距离为 d 处的闪电分支数按照以下公式计算得到:

$$N(d) \sim \frac{L_\chi}{L_{may}} d^{\chi-1} \tag{4.3.2}$$

在二维条件下,分型维数 χ 的范围为 1~2;在三维条件下,χ 的范围为 2~3。

这些工作都是利用中尺度模式嵌套到接近云模式分辨率条件下,再利用云模式中较为成熟的起电和放电方案实现对闪电活动的模拟。由于需要嵌套到一个较为细致的网格条件下,以及对于闪电通道的细致模拟,都加大了模式模拟时对于计算资源的占用,从而限制了模拟范围和模拟时间长度。相比之下,利用云中物理量与闪电活动的关系,以参数化形式实现对闪电活动的预报则在这些方面具有一定的优势。

Eugene 等(2006)利用 WRF 模式,在 2 km 分辨率条件下,以参数化方案的形式,利用 6 和 9 km 高度附近冰相粒子的含量与地闪密度的关系,对亚拉巴马州的 Huntsville(亨茨维尔)附近 6 h 以内闪电活动的落区和移动趋势进行了预报。同时,他还利用冰相物积分含量与地闪密度的关系、霰粒子通量与地闪密度的关系,提出了两种参数化方案,并集合两种闪电参数化方案对地闪活动的落区进行了成功的预报。

4.3.3　研究结果

由于对云内微物理过程相关观测手段的不足,对于影响云内电荷结构发展,乃至最终闪电活动形成的因子的研究受到很大限制。而通过此前 20 多年的发展,起电、放电云模式已经比较成熟,可以说是目前研究影响闪电活动因子的一个最佳工具。但目前利用起电、放电云模式在相关领域内的研究还较少。本节内容主要利用现有观测统计和相关理论结果,建立和比较了多个参数化闪电活动预报方案,运用 GRAPES 暴雨模式进行闪电活动的短期预报做了尝试。

闪电活动参数化预报方案的建立

通过中外研究可以发现,冰相粒子,尤其是在混相带中的冰相粒子的含量与闪电密度有密切联系。基于这样的思路,我们结合前人的工作,制定了以下三种闪电活动的参数化预报方案(王飞,2010)。

① 方案一

Eugene 等(2006)基于 Cecil 等(2005)的观测结果,建立了一个关于雷达反射率与地闪密度的预报方程

$$F = aR_6 + bR_9 + c \tag{4.3.3}$$

其中,F 为地闪密度,R_6 和 R_9 分别为 6 km 和 9 km 处的反射率,a、b 和 c 分别为常系数。

相关研究结果还表明,闪电密度与风暴高度也有关系。Holle 和 Maier(1982)的研究表明,发展到不同高度的风暴发生闪电的概率是不同的。他们的观测结果中,出现地闪活动的最低风暴高度为 7.8 km;而直到风暴高度在 16 km 之上后风暴发展成为雷暴的概率才达到 100%。

借鉴上述式(4.3.1),建立了自己的预报方程(Wang, et al.,2010)

$$F = 16.8 \times I_{-15} + 9.4 \times I_{-30} - 82.49 \tag{4.3.4}$$

式中,I_{-15} 和 I_{-30} 分别为 $-15℃$ 层结高度和 $-30℃$ 层结高度上冰相粒子含量的函数,且

$$I = \lg Z \tag{4.3.5}$$

式中,Z 为反射率因子。由于模拟结果只有冰相粒子的含量,利用了 Carey 和 Rutledge(2000)提出的一个 $M-Z$ 关系

$$M = 1000\pi\rho_i N_0^{3/7} \left(\frac{5.28 \times 10^{-18}}{720} Z \right)^{4/7} \tag{4.3.6}$$

其中,M 为冰相物含量,单位为 g/m^3,Z 为反射率因子,单位为 mm/m^3,$N_0 = 4 \times 10^6 \ m^{-4}$,$\rho_i = 917 \ kg/m^3$。

根据式(4.3.4)-(4.3.6),我们建立了一个 $M-F$ 的关系。同时,我们还利用了风暴高度对地闪活动的限制关系,设立了一个云顶高度阈值,对可能出现的虚假闪电活动进行限制。其中,对云顶高度的判断采用的是式(4.3.5)中的 I:将 $I=10$ 出现的最大高度定义为云顶高度。在此基础之上,我们将云顶高度的温度作为阈值条件。这样一个阈值条件应当随着纬度和海拔等环境因素的改变而有所改变。从目前的试验结果来看,针对中国东部和南部的大部分地区,这个阈值的取值范围在 $-60 \sim -70℃$(Wang, et al., 2010)。

② 方案二

Gauthier 和 Petersen(2006)通过对 1997-2003 年夏季雷暴的雷达和地闪观测资料统计分析后,得到了 $-10 \sim -40℃$ 冰相物含量与地闪密度的一个拟合公式:

$$X = 4 \times 10^7 F + 5 \times 10^7 \tag{4.3.7}$$

其中,F 为地闪密度,单位为 $1/(km^2 \cdot h)$,X 为 $-10℃ \sim -40℃$ 冰相物含量,单位为 $kg/(km^2 \cdot h)$。基于此公式,我们建立了第二套方案。

③ 方案三

许多研究都发现,上升速度与闪电活动也有密切联系。Eugene 等(2006)利用上升速度,

结合霰粒子通量与地闪活动的关系,提出了一个方案

$$F' = k(wq_g)_m \tag{4.3.8}$$

其中,F' 为地闪密度;w 为上升速度;q_g 为霰粒子混合比;下标 m 为特定温度的层结高度,这里为 $-15\ ℃$。他利用这个公式,辅助冰相物含量与地闪活动的关系进行了预报试验,取得了较好的结果。我们也利用这个公式作为第三套方案进行了试验。

4.3.4　预报结果检验

利用上述方案,模拟了中国南方的几次过程,以检验方案的预报效果。检验过程中用到了全国地闪定位监测结果作为验证标准。为了便于与模拟结果的地闪密度进行对比,我们将地闪定位的结果进行了统计,将其转换为与模式同样水平分辨率条件下的地闪密度分布(水平分辨率为 $0.2°$,积分步长为 60 s,以下相同)。

通过个例检验发现,针对 6 h 内的地闪密度预报:在 McCaul 等(2009)的研究中表现尚可的方案三对于中国境内的闪电活动基本没有预报能力;而基于气候统计结论的方案二只对内陆的部分闪电活动有一定的预报能力,但空报情况也较为严重,且对地闪活动中心位置的预报存在较大偏差。相比之下方案一在检验中的表现最好,其对于中国中部和南部夏季的大部分闪电活动都有较好的预报效果。以下给出了利用方案一的几个检验个例。

(1)检验个例 1

检验个例 1,模拟时段为 2007 年 7 月 22 日 00:00—06:00 UTC[*]。云顶温度阈值设为 $-62\ ℃$。图 4.17 为通过地闪定位监测资料得到的 6 h 内地闪分布密度,图 4.18 为同时段模式模拟的闪电密度图。

此次雷电天气过程是由于副热带高压边缘强对流天气造成的。根据地闪监测系统的实际观测,从 7 月 22 日 00:00—06:00 UTC,地闪密度的中心主要出现在江西东部和浙江的南部。模式模拟的 6 h 地闪密度中心基本上与实际地闪密度中心重合,但相同量级的地闪密度分布区域较实际观测结果更大一些。江西北部的一个较弱地闪密度中心也有所反映,但相比实际观测结果,预报的面积较小且更分散。虽然如此,考虑到地闪监测网络存在一定的观测误差,并非所有地闪都能够被观测到,同时,地闪占所有闪电的比例也较低。因此,预报范围较实际观测结果稍大可能并非全是虚警,这些区域内很有可能也有密度较弱的地闪活动,甚至密度较高的云闪活动发生。无论如何,从地闪活动密度中心的预报落区来看,该方案在此次检验过程中还是取得了令人满意的结果。

(2)检验个例 2

检验个例 2 模拟时段为 2009 年 7 月 18 日 06:00—12:00 UTC。云顶温度阈值设为 $-65\ ℃$。图 4.19 是根据地闪定位系统监测结果得到的地闪密度分布。图 4.20 为模式在同时段内模拟得到的闪电密度分布。

从观测结果来看,从 7 月 18 日 06:00—12:00 UTC,主要的地闪活动分布区域在广东南部的近海。由于所用地闪定位网在广东省境内没有站点,因此对于远离广东海岸的地闪活动探测效率有限,对于模拟结果中远离海岸区域的地闪活动密度中心无法进行有效验证。但从近海的地闪密度中心预报落区来看,尽管中心密度值相比实际观测结果偏小,且最强中心位置

---

　* UTC,协调世界时

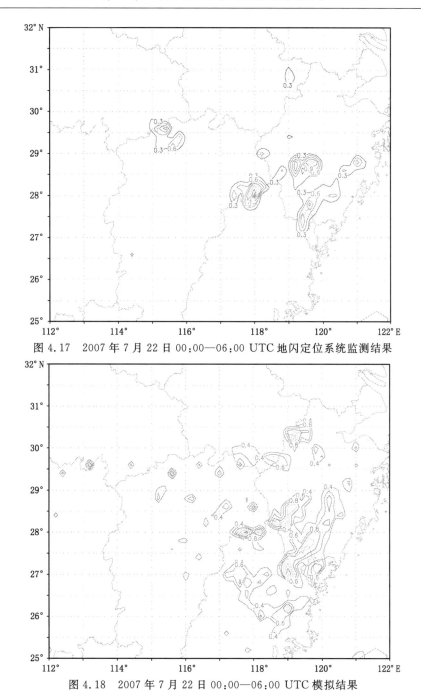

图 4.17　2007 年 7 月 22 日 00:00—06:00 UTC 地闪定位系统监测结果

图 4.18　2007 年 7 月 22 日 00:00—06:00 UTC 模拟结果

偏东,但整体上看,预报的地闪主要发生区域与实际观测结果还是比较一致的,取得了较好的预报效果。

4.3.5　小结

从以上模拟结果与实测结果的分析可以看出:

(1)方案一对于中国南方沿海地区 6 h 内的地闪活动具有较好的预报效果;

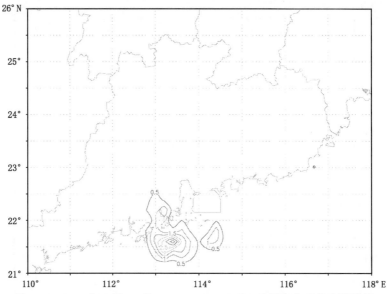

图 4.19 2009 年 7 月 18 日 06：00—12：00 UTC 地闪定位系统监测结果

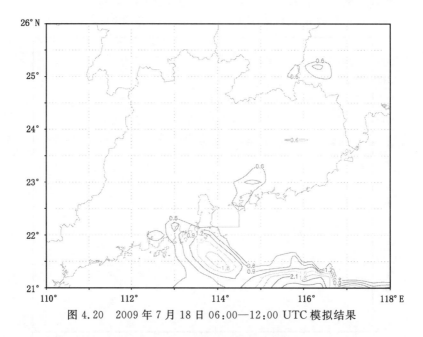

图 4.20 2009 年 7 月 18 日 06：00—12：00 UTC 模拟结果

（2）对于在更长时效内的预报效果还有待进一步的检验；

（3）该方案是否适合中国内陆地区的闪电活动预报还需要更多的试验进行检验；

（4）地闪定位网的探测效率及定位误差可能很大程度上限制了对于模式预报效果的检验能力；

（5）目前模式所用初始场为 T213 全球场数据，如果能够利用同化了雷达、卫星等观测资料的实时数据，则模式对云的模拟将会更加准确，而对于闪电活动的模拟应该也会有更大的提高。

总之，利用中尺度模式对闪电活动进行模拟和预报是目前相关领域研究的前沿。无论运用的是参数化还是模拟起电、放电过程的方式，虽然已经取得了一些进展，但仍有许多问题亟待解决。

第 5 章　GRAPES 中尺度模式面资料同化系统

暴雨数值预报与传统的数值预报一样是一个初值问题,而且它对初值的要求与传统数值预报相比更高。高质量的数值模式积分初值通常是根据初始时刻的气象观测资料通过特定的资料同化方案而形成的(Xue,2004),因此资料同化在数值预报中占有特殊重要的地位。资料同化实质上是从模式提供的背景场出发,将观测资料与数值预报模式中大气演变过程以科学的方式融合,通过吸收各种观测资料得到更接近大气真实状态的过程(Talagrand,1997)。资料同化系统与模式的关系可以有两种选择:一类是同化方案独立于数值预报模式,此时同化方案原则上也可以应用于其他预报模式;另一类是分析方案专门为特定的预报模式而设计、发展并进行优化。前者的优势是通用性,但将分析结果应用于预报模式时必须进行附加的变量变换及坐标变换,由此还可能造成同化方案与模式所包含的物理约束不一致,引入额外的误差来源。因此,各气象预报业务中心的业务数值预报系统大多采用后一种做法。GRAPES 三维变分资料同化方案(薛纪善等,2001)是与预报模式发展同步进行的,在开始阶段,由于数值预报模式本身尚未建立,自然采用了前一种做法,即在等压面上进行的通用要素的分析,下面简称为等压面分析。随着 GRAPES 数值分析预报系统整体的完成与业务化应用,消除上述误差以进一步提高模式初值的精度,成为必须解决的问题。此外,四维变分同化系统(4DVAR)的发展也需要减少模式与分析之间不必要的中间过程。为此,等压面分析系统更新为完全与GRAPES 数值预报模式一致的新三维变分资料同化系统(简称为模式面分析系统),即在与模式完全一致的坐标系下,通过三维变分同化系统直接得到模式预报变量所需的初值。

GRAPES 暴雨数值预报系统的同化技术采用模式面三维变分同化,避免了采用等压面分析系统带来的不必要的插值误差以及变量变换所带来的误差,尽可能地在生成初值的同化阶段避免引进更多的误差而歪曲观测系统所能包含的中小尺度信息。

本章 5.1 节给出了 GRAPES 三维变分同化基本框架的理论设计(详细请参照薛纪善等(2008)编著的《数值预报系统 GRAPES 的科学设计与应用》);5.2 节重点介绍模式面分析系统中动力平衡约束关系、湿度分析、背景误差结构和观测算子的设计与实现。

5.1　三维变分同化基本原理

5.1.1　基本公式

以 x 表示数值预报模式的预报变量,它代表了大气状态,因此又可称为系统的状态变量,并以上标 b 表示背景场(一般取从上一同化时刻起始到本次同化的模式预报值),上标 a 表示分析场(即同化的结果)。大气状态 x 随着时间的变化可以写为

$$x(t) = M(x(t_0)) + \eta(t) \tag{5.1.1}$$

式中，M 为预报模式，$\eta(t)$ 为 t 时刻的模式误差，t 与 t_0 分别表示模式的预报时刻与起始时刻。

以 y° 表示观测值，观测量与状态变量的关系为

$$y^\circ(t) = H(x(t)) + \varepsilon \tag{5.1.2}$$

式中，H 称为观测算子，它代表了观测值与大气状态的物理联系，对于不同的观测设备，有不同的表达，但应该是已知的。式(5.1.2)中 ε 代表观测误差。假设观测是在 $[t_0, t_1]$ 的时间区间内进行的，同化的目标是确定 t_0 时刻的模式状态 $x(t_0)$，使由 $[t_0, t_1]$ 的时间区间内模式状态所导得的观测量与实际的观测的离差在考虑其他必要约束的前提下达到极小，也即求 $x^a(t_0)$ 使以下的目标泛函 J 达到极小(Ide, $et\ al.$, 1997)。

$$J(x^a(t_0)) = \frac{1}{2} [x^a(t_0) - x^b(t_0)]^T B^{-1} [x^a(t_0) - x^b(t_0)]$$
$$+ \frac{1}{2} \sum_i [y^\circ(t) - H(x^a(t))]^T R^{-1} [y^\circ(t) - H(x^a(t))] \tag{5.1.3}$$

这里，B 与 R 分别是背景误差与观测误差的协方差矩阵，上标 T 表示矩阵的转置，$x^a(t)$，$t_1 \geqslant t \geqslant t_0$ 由预报模式决定

$$x^a(t) = M(x^a(t_0)) \tag{5.1.4}$$

三维变分资料同化只考虑一个时间的观测，所以略去式(5.1.3)右端第 2 项的时间求和，目标函数简写为

$$J(x^a) = \frac{1}{2} [x^a - x^b]^T B^{-1} [x^a - x^b] + \frac{1}{2} [H(x^a) - y^\circ]^T R^{-1} [H(x^a) - y^\circ] \tag{5.1.5}$$

由于 B 是一个超大规模的矩阵，且接近病态，直接求解式(5.1.5)的极小化是有困难的，在用最优化方法求解时，需要用到目标函数的梯度作为搜索方向，其梯度方程为

$$\nabla J(x^a) = B^{-1}(x^a - x^b) + H^T R^{-1}(H(x^a) - y^\circ) \tag{5.1.6}$$

其中，$H = \dfrac{\partial H}{\partial x}$ 称为观测算子的切线性算子。

目标函数是按照分析变量构造的，理想的情况应该是分析变量和模式变量取相同的分辨率。不过，对于高分辨率模式，这样做无疑会使极小化过程中目标函数的计算开销变得很大。本方案采用 Courtier 等(1994)提出的增量方法来解决这一问题。对于第 n 次迭代，分析 x_n 由上一次分析加上这一步的分析增量更新所得：

$$x_n = x_{n-1} + S^{-1} \delta x_n \tag{5.1.7}$$

其中，分析变量在高分辨率上更新，而分析增量 δx_n 通过解目标函数的最优化问题在低分辨率上得到。S^{-1} 是算子的广义逆算子，S 是从高分辨率模式空间到低分辨率模式空间的变换算子(插值或截谱)，S^{-1} 则是从低分辨率到高分辨率的变换。在方案中采用更简化的形式，不做迭代，省略下标 n，增量法的目标函数和其梯度方程可写为如下形式：

$$\begin{cases} d = H(x^b) - y^\circ \\ J(\delta x^a) = \frac{1}{2} \delta x^{aT} B^{-1} \delta x^a + \frac{1}{2} (H\delta x^a + d)^T R^{-1} (H\delta x^a + d) \\ \nabla J(\delta x^a) = B^{-1} \delta x^a + H^T R^{-1} (H\delta x^a + d) \end{cases} \tag{5.1.8}$$

特别要注意，观测算子 H 作用于高分辨率场，而切线性算子 H 作用于低分辨率场。

5.1.2　变量变换

　　三维变分分析问题最终归结为通过最优化方法求解公式(5.1.8)给出的目标函数得到分析(增量)向量 δx^a。在实际问题中,分析变量向量由一组具体的气象变量场构成,假定它们就是模式所用的变量场。那么我们是否能够直接根据式(5.1.9)来求得它们的最优解呢? 各个模式变量之间存在一些约束关系,它们是彼此相关的。为了简化同化分析问题,最好采用彼此之间相互独立的量作为分析变量(这可以使背景误差协方差矩阵成为事实上的块对角矩阵)。通常的做法是取模式变量的非平衡部分作为分析变量,使得它们是互不相关的。这样做还容易控制非平衡模态的增长。在 GRAPES 三维变分分析方案中,取分析变量为:流函数 ψ、非平衡的速度势 χ_u、非平衡的质量场 m_u 和湿度场 Hum(Derber 和 Bouttier,1999)。而模式风场变量用的是 (u,v) 不是流函数和速度势 (ψ,χ),分析湿度场 Hum 也可以和模式变量比湿 q 不同,在执行中需要进行物理变换,变量间的关系如下:以下标 u 与 r 分别表示不平衡与平衡部分,并记 $\chi_r = N(\psi)$,$m_r = M(\psi)$,其中,N 和 M 表示由 χ 和 m 的平衡部分中由 ψ 表示的部分,在分析方案中暂不考虑 χ_r,即有

$$\chi = \chi_u$$
$$m = M(\psi) + m_u \qquad (5.1.9)$$

由流函数 ψ、非平衡的速度势 χ_u、非平衡的质量场 m_u 和湿度场 Hum 组成新的变量,以 x_c 表示,则 x_c 与 x 的对应关系记为

$$x = \rho(x_c) \qquad (5.1.10)$$

其中

$$\rho = \begin{pmatrix} -\partial/\partial y & \partial/\partial x & 0 & 0 \\ \partial/\partial x & \partial/\partial y & 0 & 0 \\ 0 & 0 & I & 0 \\ 0 & 0 & 0 & H \end{pmatrix} \begin{pmatrix} I & 0 & 0 & 0 \\ 0 & I & 0 & 0 \\ M & 0 & I & 0 \\ 0 & 0 & 0 & I \end{pmatrix}, x = \begin{pmatrix} u \\ v \\ m \\ q \end{pmatrix}, x_c = \begin{pmatrix} \psi \\ \chi_u \\ m_u \\ Hum \end{pmatrix} \qquad (5.1.11)$$

H 表示由分析湿度场 Hum 到模式变量 q 的物理变换,M 和 H 的具体表达有特殊性,将留在下节中介绍讨论。由于分析变量向量中所包含的各个物理变量相互独立,新变量 x_c 的各个分量具有独立性。当背景场变量以 x_c 表示时,相应的误差协方差矩阵 B_c 将分裂为三个独立的矩阵,从而使问题的规模缩小。故方程(5.1.8)中,模式变量背景误差协方差矩阵 B 可以表达为

$$B = pB_c\,p^T, B_c = UU^T \qquad (5.1.12)$$

进一步引入变量 w,有

$$x_c^a - x_c^b = Uw \qquad (5.1.13)$$

考虑增量法,令

$$\delta x^a = PUw \qquad (5.1.14)$$

其中,P 为 p 的切线性算子,联合式(5.1.12)、(5.1.14)和式(5.1.8)得到

$$d = H(x^b) - y^o$$
$$J(w) = \frac{1}{2}w^T w + \frac{1}{2}(HPUw + d)^T R^{-1}(HPUw + d)$$
$$\nabla_w J = w + U^T P^T H^T R^{-1}(HPUw + d)$$
$$x^a = x^b + PUw \qquad (5.1.15)$$

至此,同化问题转化为以 w 作为控制变量求式(5.1.15)的极小化问题,w 引入使极小化问题的性状得到优化。通过适当选取的数值方案求解得到 w,进而求得 x^a。

5.1.3　数值求解方案

尽管在理论上可以由式(5.1.15)求得 x^a,但由于 U 的规模依然很大,实际求解需要进一步简化。为此,假定空间两点的背景误差协方差可以分解为只与两点的垂直坐标有关的垂直分量和只与两点的水平坐标有关的水平分量的乘积。这时 B_c 可以表示为

$$B_c = B_h \otimes B_v \tag{5.1.16}$$

其中符号 $\otimes$ 表示克罗内克积(史荣昌,1996),B_h 与 B_v 分别是水平与垂直方向的协方差矩阵,且 $B_h = U_h U_h^T$,$B_v = U_v U_v^T$。结合式(5.1.12),容易证明 U 可以写成

$$U = U_h \otimes U_v \tag{5.1.17}$$

将上式代入式(5.1.15)后,得到

$$x^a = x^b + P(U_h \otimes U_v)w \tag{5.1.18}$$

将 w 表示成一个矩阵的列展开,记为 $w = cs(\Omega)$,这里 Ω 的每一列代表了每一个水平格点上的控制变量的垂直分布,而每一行则表示了某个等压面上变量的水平分布。由克罗内克积的公式直接可得到

$$
\begin{aligned}
x^a &= x^b + P((U_h \otimes U_v)cs(\Omega) \\
&= x^b + P(cs(U_v \Omega U_h^T)) \\
&= x^b + P(cs(E\Lambda^{\frac{1}{2}}\Omega U_h^T)) \\
&= x^b + P(rs(U_h(E\Lambda^{\frac{1}{2}}\Omega)^T))^T
\end{aligned}
\tag{5.1.19}
$$

这里 rs 是矩阵的列展开。Λ 是 B_v 的特征值构成的对角矩阵,E 是 B_v 的特征向量为列向量构成的矩阵,表示了垂直方向的特征向量变换,可以证明 $E\Lambda^{1/2}$ 是 B_v 的平方根 U_v 的一种解,推导中我们已经直接采用了这一表达式。一般来说,模式的垂直分层数不超过 10^2,E 的直接求解没有原则困难。但 U_h 是高阶矩阵,直接求解依然很困难。从数学上讲,$U_h \Omega^T$ 可以看成一个以 U_h 为滤波因子的空间滤波过程。Lorenc(1992)已经证明只要恰当定义递归滤波参数,就可以用一系列递归滤波来逼近类似于前面定义的空间滤波。在空间滤波因子均匀情况下,递归滤波参数可以通过对滤波的谱响应特征的比较得到。GRAPES区域变分同化系统采用递归滤波考虑该滤波因子。因为 GRAPES 采用经纬网格,所以对有限区域可以近似当作直角坐标,但需要对纬圈方向的格距作纬度订正。

考虑一格距为 Δx 的一维格点场,A_i 是格点 i 的原始值,B_i 是经过从 $i=1$ 到 $i=I$ 滤波后的值,C_i 是经过左右两个方向滤波后的值,α 是滤波系数。则递归滤波器定义为

$$
\begin{cases}
B_i = \alpha B_{i-1} + (1-\alpha)A_i & i = 1, 2, \cdots, I \\
C_i = \alpha C_{i+1} + (1-\alpha)B_i & i = I, \cdots 2, 1
\end{cases}
\tag{5.1.20}
$$

如果所有观测都位于滤波区内,被滤波的初始场在边界以外为 0。为确定边界条件,将滤波区域延伸到无穷远。根据 Hayden 和 Purser(1988)给定的边界条件,对一次滤波有

$$B_0 = 0$$

$$C_{i+1} = \frac{\alpha}{1+\alpha}B_i \tag{5.1.21}$$

将式(5.1.20)中两式合并,有

$$A_i = C_i - \frac{\alpha}{(1-\alpha)^2}(C_{i-1} - 2C_i + C_{i+1}) \tag{5.1.22}$$

式(5.1.22)亦称反滤波器,从该式中可以求得其谱响应函数,并进而得到递归滤波器的谱响应函数(为反滤波器谱响应函数的倒数)。用波长为 $\frac{2\pi}{k}$ 的波动解表示 A_i 和 C_i,即令

$$A_i = \sum_k A_k \sin k(i-1)\Delta x$$
$$C_i = \sum_k C_k \sin k(i-1)\Delta x \tag{5.1.23}$$

式(5.1.22)右边以波动解代入,得

$$C_i - \frac{\alpha}{(1-\alpha^2)}(C_{i-1} - 2C_i + C_{i+1})$$

$$= \sum_k C_k \{\sin[k(i-1)\Delta x] - \frac{\alpha}{(1-\alpha)^2}(\sin[k(i-2)\Delta x] - 2\sin[k(i-1)\Delta x] + \sin[ki\Delta x])\}$$

$$= \sum_k C_k \{\sin[k(i-1)\Delta x] - \frac{\alpha}{(1-\alpha)^2}(2\sin(k(i-1)\Delta x)(1 - \cos(k\Delta x)))\}$$

$$= \sum_k C_k \sin[k(i-1)\Delta x]\left\{1 - \frac{2\alpha}{(1-\alpha)^2}[1 - \cos(k\Delta x)]\right\}$$

比较上式与式(5.1.23)的第 1 式,可得:

$$A_k = C_k\left\{1 + \frac{2\alpha}{(1-\alpha)^2}[1 - \cos(k\Delta x)]\right\}$$
$$= C_k\left\{1 + \frac{\alpha}{(1-\alpha)^2}\left[2\sin\left(\frac{k\Delta x}{2}\right)\right]^2\right\}$$

即

$$S_{1pass} = \frac{C_k}{A_k} = \frac{1}{1 + \frac{\alpha}{(1-\alpha)^2}\left[2\sin\left(\frac{k\Delta x}{2}\right)\right]^2} \tag{5.1.24}$$

这是一次向前、一次向后递归滤波的振幅响应因子。N 次递归滤波的振幅响应因子为

$$S_{Npass}(k) = \left\{1 + \frac{\alpha}{(1-\alpha)^2}\left[2\sin\left(\frac{k\Delta x}{2}\right)\right]^2\right\}^{-N} \tag{5.1.25}$$

如 $k\Delta x \rightarrow 0$,则有

$$S_{Npass}(k) = 1 - \frac{\alpha}{(1-\alpha)^2}Nk^2\Delta x^2 \tag{5.1.26}$$

为了使递归滤波式(5.1.20)逼近按一定方式定义的矩阵 $\boldsymbol{B}_h$ 的乘积,只需使式(5.1.26)趋向 $\boldsymbol{B}_h$ 的谱响应函数。GRAPES 区域变分同化系统采用的是 $\boldsymbol{B}_h$ 高斯型相关函数,其对应的元素表示为

$$b_{ii'} = \varepsilon_b^2 10^{-(x_i-x_i')^2}/2L^2 \tag{5.1.27}$$

其中,ε_b^2 是方差,L 是影响半径。则其谱响应为

$$S_{Gaussian}(k) = \varepsilon_b^2 \sqrt{2\pi}L \exp(-L^2k^2/2) \tag{5.1.28}$$

由于,$S_{Gaussian}(0) = \varepsilon_b^2 \neq 1$,而按式(5.1.26),$S_{Npass}(0) = 1$,故递归滤波器(5.1.20)式的结果需要乘一个因子 $\beta = \varepsilon_b^2 \sqrt{2\pi}L$。

对式(5.1.28)关于 k^2 作泰勒展开,略去高次项,有

$$S_{\text{Gaussian}}(k) = \varepsilon_b^2 \sqrt{2\pi} L \left(1 - \frac{L^2 k^2}{2}\right) \tag{5.1.29}$$

由式(5.1.29)与式(5.1.26)对比,可得

$$\frac{\alpha}{(1-\alpha)^2} N\Delta x^2 = \frac{L^2}{2} \tag{5.1.30}$$

或令 $E = N\Delta x^2 / L^2$,则有:

$$\alpha = 1 + E - \sqrt{E(E+2)} \tag{5.1.31}$$

根据 $\boldsymbol{U}_h \boldsymbol{U}_h^{\mathrm{T}} = \boldsymbol{B}_h$,而从前面递归滤波的叙述可以知道,

$$\boldsymbol{B} = \underbrace{\boldsymbol{R}_F \boldsymbol{R}_F \cdots \boldsymbol{R}_F}_{N} \tag{5.1.32}$$

式中,$\boldsymbol{R}_F$ 是一次向前一次向后的递归滤波。由于递归滤波是对称的也即自伴随的,故式(5.1.32)可写为

$$\boldsymbol{R} = \underbrace{\boldsymbol{R}_F \boldsymbol{R}_F \cdots \boldsymbol{R}_F}_{N/2} \underbrace{\boldsymbol{R}_F^{\mathrm{T}} \boldsymbol{R}_F^{\mathrm{T}} \cdots R_F^{T}}_{N/2} \tag{5.1.33}$$

所以,有

$$\boldsymbol{U}_h = \underbrace{\boldsymbol{R}_F \boldsymbol{R}_F \cdots \boldsymbol{R}_F}_{N/2} \tag{5.1.34}$$

即 $\boldsymbol{U}_h$ 可以用 $N/2$ 次向前向后递归滤波来逼近。

5.1.4　最优化问题的求解

可以有很多数值方法来求解式(5.1.15)的极小值问题,本文采用有限记忆的变尺度方法(LBFGS)。LBFGS 是一种拟牛顿算法(薛毅,2001),如以 $\boldsymbol{x}^{(k)}$ 表示第 k 次最优化迭代中得到的分析变量值,并且令 $\boldsymbol{s}_k = \boldsymbol{x}^{(k+1)} - \boldsymbol{x}^{(k)}$,$\boldsymbol{g}_k = \nabla \mathrm{f}(\boldsymbol{x}^{(k)})$,$\boldsymbol{y}_k = \boldsymbol{g}_{k+1} - \boldsymbol{g}_k$。求使目标函数最小的 $\boldsymbol{x}$ 的迭代公式是

$$\boldsymbol{x}^{(k+1)} = \boldsymbol{x}^{(k)} - a_k \boldsymbol{H}_k \boldsymbol{g}_k$$
$$\boldsymbol{H}_{k+1} = \boldsymbol{V}_k^{\mathrm{T}} \boldsymbol{H}_k \boldsymbol{V}_k + \rho_k \boldsymbol{s}_k \boldsymbol{s}_k^{\mathrm{T}}$$
$$\boldsymbol{V}_k = \boldsymbol{I} - \rho_k \boldsymbol{y}_k \boldsymbol{s}_k^{\mathrm{T}}, \quad \rho_k = 1/\boldsymbol{y}_k^{\mathrm{T}} \boldsymbol{s}_k \tag{5.1.35}$$

有限记忆的变尺度方法(LBFGS)利用了 $\boldsymbol{H}$ 的更新是根据 $\{\boldsymbol{s}_k, \boldsymbol{y}_k\}$ 计算得到的这个特性,仅存储能隐式计算确定 $\boldsymbol{H}_k$ 的有限对 $\{\boldsymbol{s}_k, \boldsymbol{y}_k\}$,而不是存储 $\boldsymbol{H}_k$ 矩阵本身。因此 LBFGS 算法总是保持有限对最新的矢量对 $\{\boldsymbol{s}_k, \boldsymbol{y}_k\}$,来确定迭代矩阵。所以 LBFGS 对于变量个数 N 很大的问题很适合。采用 LBFGS 方法求搜索方向 $\boldsymbol{d}_k (= -\boldsymbol{H}_k \boldsymbol{g}_k)$,然后沿 $\boldsymbol{d}_k$ 方向采用 Wolfe-Powell 准则求步长 a_k。具体步骤如下

(1)给定初始点 $\boldsymbol{x}^{(0)} = 0$;取 $\boldsymbol{H}_0 = \boldsymbol{I}$,为单位矩阵;迭代收敛判据:$(\boldsymbol{g}_{k+1}, \boldsymbol{g}_{k+1}) \leqslant (\boldsymbol{g}_k, \boldsymbol{g}_k)/100$;令 $k = 0$。

(2)检验是否满足精度要求,是,则结束;否,令 $m = \text{Min}\{k, m_0 - 1\}$,采用 LBFGS 方法得到 $\boldsymbol{H}_k$,计算 $\boldsymbol{d}_k = -\boldsymbol{H}_k \boldsymbol{g}_k$。(其中 $m_0 = 4$)

(3)按照 Wolfe-Powell 准则迭代求得 a_k:先计算下降条件,满足后计算曲率条件,直至二个条件都满足,或达到预先规定的最大迭代次数。

(4)$\boldsymbol{x}^{(k+1)} = \boldsymbol{x}^{(k)} + a_k \boldsymbol{d}_k$。令 $k = k+1$,返回(2)。

关于 LBFGS 的更详细的讨论可参考有关文献(薛毅,2001)。

5.2　GRAPES 中尺度模式面三维变分同化系统

5.1 节介绍的同化方案是相对独立于数值预报模式的,具有通用性,但将分析结果应用于预报模式时必须进行附加的变量变换及坐标变换,由此还可能造成同化方案与模式所包含的物理约束不一致,引入额外的误差来源。为了消除这些误差,在 5.1 节所设计的同化方案基础上,发展了完全针对 GRAPES 模式的同化系统,即在与模式完全一致的坐标系下,通过三维变分同化系统直接得到相应的模式预报变量初值。本节给出根据 GRAPES 模式特点对原 3D—Var 方案的修正部分,介绍模式面分析系统中动力平衡约束关系、观测算子、湿度分析和背景误差结构的设计及实现。

GRAPES 数值预报模式水平方向采用经纬度网格,垂直方向为地形追随的高度坐标;模式预报变量的离散化在水平方向是 Arakawa—C 跳点方案(Arakawa 和 Lamb,1977),垂直方向为 Charney-Philips 交错方案(Charney 和 Philips,1953);预报变量是无量纲气压(Exner 函数)π、位温 θ、风的三个分量 u、v、w 以及水物质变量:水汽、云水、云冰、雨水、雪、霰、雹等(有关符号的含义见本书的第 2 章)。引入静力平衡的参考大气,π 与 θ 都用它们对参考大气值的偏差表示。由于 5.1 节并没有具体限定状态(模式)变量的定义所采用的坐标与表征大气质量的具体要素,针对 GRAPES 模式,显然应选取 π 或 θ 作为同化系统的状态变量。如果不考虑初始时刻的非静力平衡问题,选前者为状态变量,而把 θ 作为 π 的导出量,5.1 节导出的大部分公式依然是适用的,但需要四个方面的改动。其一是风场与气压场的平衡关系要用模式面上定义的 π 与风表示出来;其二是观测算子要重新构造,即要利用上述模式预报变量将观测要素表达出来;其三是背景误差协方差要重新构造,即要代表模式面分析变量的背景误差结构;其四是给暴雨数值预报提供好的初值,湿度分析变量的选择和使用的效果需要仔细比较。下面将主要讨论这四个方面的问题,详见马旭林等(2009)。

5.2.1　GRAPES 模式变量表达的平衡关系

5.1 节引入的平衡关系是:$m_b = M(\psi)$,系统提供几种具体选择

$$M_1(\psi) = \nabla^{-2}\left(\nabla \cdot (f\nabla\psi) - 2\left(\frac{\partial^2\psi}{\partial x\partial y}\right)^2 + 2\frac{\partial^2\psi}{\partial x^2}\frac{\partial^2\psi}{\partial y^2}\right) \tag{5.2.1}$$

$$M_2(\psi) = \nabla^{-2}(\nabla \cdot (f\nabla\psi)) \tag{5.2.2}$$

其中,式(5.2.1)和(5.2.2)分别为非线性和线性平衡方程。在模式面上得到的平衡方程,涉及地形,难以求解。我们保持等压面上的平衡关系不变,因为它更接近大气动力平衡的实际,而用地形追随高度坐标面上($\hat{z}$)的模式变量 π 将平衡关系表达出来。为此要解决 $\hat{z}$ 坐标与等压面坐标的转换、π 与位势高度 ϕ 的转换。为了书写的简洁,本节下面的公式中如不作说明 π 与 ϕ 都指的是对参考大气偏差中的平衡部分。带下标 p 的变量表示等压面上的变量,不带下标的则指模式面上的量。任何点上的气压随高度的变化 $\pi(\hat{z})$ 定义了气压 p 与位势高度间的一个依赖关系,根据计算精度的要求,适当选取一组等压面坐标值后,可以建立 $\hat{z}$ 坐标面与 p 坐标面的对应关系,并进行任意变量的转化:

$$\phi_p = P_\phi\pi \tag{5.2.3}$$

$$\boldsymbol{\pi} = \boldsymbol{S}_\pi \boldsymbol{\phi}_p \tag{5.2.4}$$

$$\boldsymbol{\psi}_p = \boldsymbol{P}_\psi \boldsymbol{\psi} \tag{5.2.5}$$

$$\boldsymbol{\psi} = \boldsymbol{S}_\psi \boldsymbol{\psi}_p \tag{5.2.6}$$

式中,$\boldsymbol{P}$ 与 $\boldsymbol{S}$ 是由模式面到等压面与相反方向的变换算子,下标表示这一算子所针对的变量。对于风场它们仅仅是空间差值算子,这里取为三次样条,而对于 $\boldsymbol{P}_\phi$ 与 $\boldsymbol{S}_\pi$ 则包括空间插值和物理量的变换。如 $\boldsymbol{S}_\pi$ 算子利用空间插值算子把等压面的位势高度转化为由高度定义的模式面上的气压,再转换为无量纲气压值。由于 GRAPES 三维变分同化中所计算的都是分析增量,$\boldsymbol{S}_\pi$ 算子可以分为以下几步:

(1)利用三次样条插值算子把等压面的位势高度增量转为模式面上的位势高度增量:

$$\delta\boldsymbol{\phi} = \boldsymbol{H}_s \delta\boldsymbol{\phi}_p \tag{5.2.7}$$

式中,$\boldsymbol{H}_s$ 是三次样条插值算子,δ 表示增量。

(2)利用位势高度和气压的关系式,可以得到增量的气压,即:

$$\delta\boldsymbol{p} = \frac{\boldsymbol{p}_b}{R\boldsymbol{T}_b}\delta\boldsymbol{\phi} \tag{5.2.8}$$

式中,带下标 b 的变量为基本量(背景场)。

(3)利用气压和无量纲气压的关系式:

$$\boldsymbol{\pi} = \left(\frac{\boldsymbol{p}}{\boldsymbol{p}_0}\right)^{\frac{R_d}{c_p}} \tag{5.2.9}$$

由气压增量可以获得无量纲气压 $\boldsymbol{\pi}$ 的平衡部分的增量:

$$\delta\boldsymbol{\pi} = \boldsymbol{\pi}_b \frac{R}{c_p} \frac{\delta\boldsymbol{p}}{\boldsymbol{p}_b} \tag{5.2.10}$$

鉴于 GRAPES 在垂直方向的跳点变量分布特点,插值算子加一个下标以说明其对变量的垂直分层的依赖。利用以上表达式,气压的平衡部分为:

$$\boldsymbol{\pi}_b = \boldsymbol{S}_\pi \boldsymbol{M} \boldsymbol{P}_\psi \boldsymbol{\psi} \tag{5.2.11}$$

如忽略速度势与流函数的联系,则式(5.2.6)定义的物理变换矩阵 $\boldsymbol{p}$(增加湿度变量后)在模式面上成为:

$$\boldsymbol{p}_m = \begin{pmatrix} -\dfrac{\partial}{\partial y} & \dfrac{\partial}{\partial x} & 0 & 0 \\[2mm] \dfrac{\partial}{\partial x} & \dfrac{\partial}{\partial y} & 0 & 0 \\[2mm] \boldsymbol{S}_\pi \boldsymbol{M} \boldsymbol{P}_\psi & 0 & \boldsymbol{I} & 0 \\[2mm] 0 & 0 & 0 & \boldsymbol{H} \end{pmatrix} \tag{5.2.12}$$

取模式变量 $\boldsymbol{x}^m = (\boldsymbol{u}, \boldsymbol{v}, \boldsymbol{\pi}, \boldsymbol{q})^T$,分析变量为 $\boldsymbol{x}_c = (\boldsymbol{\psi}, \boldsymbol{\chi}_u, \boldsymbol{\pi}_u, \boldsymbol{Hum})^T$,则模式变量和分析变量有以下关系:

$$\boldsymbol{x}^m = \boldsymbol{p}_m(\boldsymbol{x}_c) \tag{5.2.13}$$

5.2.2　模式面同化系统中的观测算子

观测算子给出了分析变量与观测要素之间的物理约束关系(Lorenc,1986;Pailleux,1990)。由于 $\boldsymbol{x}^m$ 定义在模式面上,而很多观测量是在等压面上,而且某些观测要素和模式变量不一致,GRAPES 模式变量下的观测算子和等压面上的观测算子有差别。同化系统观测算

子 H 包括两个部分,写为:

$$H = H_p H_s \tag{5.2.14}$$

式中,H_s 表示水平、垂直的空间插值(或谱到物理空间变换),它把格点上的模式变量插值到观测所在位置;H_p 表示物理变换,即由模式变量到观测要素间的物理变换,例如辐射传输方程,它从输入的温度和湿度垂直廓线计算与观测相当的辐射率。当观测位置在格点上时则无须插值,直接取格点上的模式变量的廓线;当观测量与模式变量相同时则无须物理变换。

　　空间观测算子 H_s 包括水平方向和垂直方向的空间变换。在模式面分析中,从模式空间到观测空间的水平变换时,采用双线性插值运算;从模式空间到观测空间的垂直变换时,采用了较线性插值更准确的三次样条插值。由于观测量在等压面上,对于风场和湿度场,以观测场的气压作为插值点,模式中的气压变量作为节点进行插值。对于质量场,如前文所述的设计中,将气压作为观测物理量,而将高度作为垂直方向的观测定位坐标。因此,在垂直变换中,观测到的位势高度为插值点,气压为插值函数,即根据高度值将气压场从模式空间变换到观测空间。

　　在模式面的变分同化分析中,模式的质量场为无量纲气压 π,而常规观测中以气压或温度作为观测要素。当观测中的要素采用为气压时,观测算子中的物理变换为把无量纲气压转换为气压,即:

$$\pi = \left(\frac{p}{p_0}\right)^{\frac{R_d}{c_p}} \tag{5.2.15}$$

对于切线性观测算子中的物理变换为:

$$\delta \pi = \pi_b \frac{R_d}{c_p} \frac{\delta p}{p_b} \tag{5.2.16}$$

　　如果观测中的要素采用温度时,观测算子中的物理变换就是利用以下公式为把无量纲气压转换为温度:

$$\frac{\partial \pi}{\partial z} = -\frac{g}{c_p \theta} \tag{5.2.17}$$

$$T = \pi \theta \tag{5.2.18}$$

对于切线性观测算子中的物理变换为:

$$\delta \theta = \frac{c_p \theta_b^2}{g} \cdot \left(\frac{\partial \delta \pi}{\partial z}\right) \tag{5.2.19}$$

$$\delta T = \theta_b \delta \pi + \pi_b \delta \theta \tag{5.2.20}$$

通过以上的物理变换,模式空间的变量就转换为观测空间的变量。

5.2.3　模式面同化系统中的背景误差协方差统计

　　背景误差协方差矩阵在资料同化系统中的作用至关重要,它控制信息从观测位置向四周传播的方式,决定模式变量之间在动力上是否协调一致(Daley,1991)。在三维变分分析中,分析增量的空间结构和多变量关系结构取决于背景误差协方差的结构。实际上,背景误差是无法确切计算的,因为我们不知道大气的真实状态。在变分同化系统中,背景误差协方差通常是针对具体模式的预报误差统计值,并在具体应用中进行优化调整后计算得到(Ingleby,2001;Wu,*et al*.,2002)。

在《数值预报系统 GRAPES 的科学设计与应用》(薛纪善等,2008)中提到有三种方法来估计背景误差协方差。GRAPES 同化分析系统的背景误差协方差参数采用 NMC(Parrish 和 Derber,1992)方法和信息向量方法相结合的方式来估计,即采用 NMC 方法统计水平背景误差方差,并以观测方法进行参数调整。由于非静力模式面资料同化系统与等压面分析系统中的分析变量不完全一致,因此有必要重新构造背景误差场结构以适应新分析系统的需要。在 GRAPES 模式面同化分析系统中,模式面背景误差协方差结构有两种构造选项:一种方式为利用等压面物理量的误差方差,通过坐标变换求解出相应模式面上物理量的误差结构;第二种方式为采用 NMC 方法直接统计模式面相应变量的误差结构,其最大的好处在于能够提供整个模式区域的多元相关,并且统计易于实现。这两种方法得到的误差结构在统计意义上基本一致,但从理论意义上看,在模式面上直接统计的背景误差协方差结构能够更准确地描述预报误差的分布特征。批量试验结果表明,在使用相同背景场的情况下,使用 NMC 方法直接统计的背景误差协方差的分析效果比第一种方法生成的背景协方差好。在实际使用中,为了取得更好的分析效果,模式改进、背景场变化等情况下需要更新、优化调整用 NMC 方法计算得到的背景方差。

5.2.4　模式面同化系统中的湿度分析

湿度分析变量的选取以及与其他分析变量的关系问题一直是大气湿度分析的重要问题(Atkins,1974;Van Maanen,1981;Dee 和 Da Silva,2003)。在各气象预报业务中心都有所不同,如英国使用的是相对湿度(Lorenc,*et al.*,2000);ECMWF 使用的是比湿(Rabier,*et al.*,1998)。Dee 和 Da Silva (2003)提出了一种假相对湿度做为分析变量的方法,与传统的相对湿度不同,假相对湿度是比湿和背景场饱和比湿的比值。他们的试验结果表明,假相对湿度兼有相对湿度和比湿的优点,一方面统计特征更符合同化系统的理论假定,另一方面保持了湿度场空间时间变化大的特点。

GRAPES 预报模式的湿度变量是比湿 q,根据湿度同化的研究,系统提供了用比湿 q、相对湿度 RH 和假相对湿度 RH^* 作为分析变量的三种选择。由于影响因素比较复杂,理论上也很难分出选取哪种湿度变量对降水预报更好,我们用批量试验的方法,根据预报的降水 Ts 和 Bias 评分来比较三种湿度分析变量同化效果的好坏。试验表明,在相同条件下,选择假相对湿度 RH^* 作为分析变量时,降水评分相较其他两个选项要高,因此,将 RH^* 作为湿度分析的默认选项。

5.3　小结

本章简要地介绍了 GRAPES 中尺度模式面资料同化系统的设计和计算方案。模式面分析系统的垂直坐标及其分析变量的水平分布格式、垂直跳点方案与 GRAPES 预报模式保持一致,一方面消除了原来等压面分析系统与模式相接时反复插值所带来的插值误差,以及分析变量与模式变量相互转换引入静力平衡条件所带来的误差;另一方面由于模式面分析系统的垂直层次比等压面分析系统的层次分布要密得多,观测信息能够更好地被分析系统利用。模式面三维变分分析系统的建立也为进一步发展建立 GRAPES 模式的四维变分资料同化系统提供了基础与平台。在模式面三维变分分析系统中,重新构造了各种观测算子(包括由模式

（控制）变量的空间位置到观测站点位置的转换和由模式（控制）变量到观测要素之间的变换（物理变换）），重新考虑了质量场和风场之间的平衡约束关系、构造了新的背景误差协方差、并对湿度分析变量进行了优选。目前，该系统实现了对 GTS 常规观测（探空、地面、船舶、飞机、卫星测风和卫星测厚）、NOAA 系列极轨卫星的辐射率观测、雷达径向风和反射率、地面自动站气压观测等资料的同化。

第6章　雷达探测资料同化

6.1　引言

雷达作为目前中小尺度天气系统最有效的探测工具,由最初期通过单部雷达监测天气系统的发生、发展和移动,并通过简单的看图外推方法做出短时间内的预警和预报,逐渐发展为多部雷达资料联网,并通过资料同化技术应用到数值天气预报模式中去。雷达探测的内容也由最初的雷达反射率因子发展到多普勒径向速度、大气中粒子的相态等多种要素。目前,对灾害性天气系统的监测和预警仍是雷达的最主要用途之一。另外,雷达资料及其反演产品也被广泛地应用于定量降水估计、云分析等领域。近年来,随着计算和通讯技术的不断进步,数值预报和资料同化技术得到了长足发展,以前受到计算、存储和传输能力等客观条件制约的一些技术和方法逐渐得到了实际应用,气象业务部门和研究人员已经不满足于让这种珍贵的气象资料仅停留在看图外推的层面上,更深层次的利用逐渐被提上了日程,通过资料同化技术来改善数值预报模式的初始场成了雷达资料的又一主要用途,并已成为研究的热点之一。

鉴于雷达探测资料在提高数值天气预报水平方面存在巨大的潜力,自20世纪80年代中期开始,研究人员便开始探索将雷达探测资料应用到数值预报模式中的方法。因为观测物理量的不同,雷达探测资料同化又分为反射率因子的同化和径向速度的同化两个部分,有些同化系统只同化其中的一个,有些则同时同化反射率因子和径向速度,这些同化系统涵盖了从天气尺度到对流尺度十分宽泛的空间分辨率,使用的同化技术也各不相同。变分方法应用于雷达探测资料同化始于20世纪90年代,比较有影响的是Sun等(1991),Sun和Crook(1997,1998)的工作,研究人员开发了一个基于暖云模式的雷达探测资料同化方案,以此为基础,NCAR建立了多普勒雷达四维变分分析系统(VDRAS:Variational Doppler Radar Assimilation System),用于分析和预报生命史较短的对流天气系统。Xiao等(2005,2007)开发了多普勒雷达径向速度的三维变分(3DVAR)同化方案,并采用总水混合比(水汽混合比、云水混合比和雨水混合比之和)作为控制变量实现了雷达反射率因子的3DVAR同化,在对台风降水和路径的预报试验中取得了正的影响,在MM5和WRF模式的3DVAR同化系统中得到了应用,但分析的垂直速度偏小,仍然是大尺度天气系统垂直速度的量级,没能体现出中尺度对流天气系统的特征。杨毅等(2008)利用WRF模式,采用3DVAR和物理初始化相结合的技术同化雷达资料,明显改善了垂直速度的分析和短时降水预报。本章基于中尺度对流天气系统的特点以及雷达在中尺度天气系统探测方面的优势,通过同化雷达观测资料及其反演资料,在初始场中增加中尺度天气系统的信息。详细内容可参考(刘红亚等,2010;Liu等,2012)。

6.2　多普勒雷达探测资料同化方案

6.2.1　多普勒雷达径向风资料的 3DVAR 同化

多普勒雷达径向速度中含有大气风场的信息,观测算子为:

$$V_r = u\frac{x - x_i}{r_i} + v\frac{y - y_i}{r_i} + (w - v_T)\frac{z - z_i}{r_i} \tag{6.2.1}$$

$$v_T = 5.40a(\rho q_r)^{0.125} \tag{6.2.2}$$

$$a = \left(\frac{p_0}{\bar{p}}\right)^{0.4} \tag{6.2.3}$$

(u,v,w) 为大气三维风场,(x,y,z) 是雷达位置,(x_i,y_i,z_i) 是观测目标的位置,r_i 是观测点至雷达的距离,v_T 是粒子的下落末速度,它是一个和粒子大小的谱分布以及环境气压有关的物理量,q_r 为雨水混合比,ρ 为空气密度,$\bar{p}$ 为基态气压,p_0 为地面气压。因此,给定径向速度的观测误差协方差后,就可以利用径向速度资料来改善背景场中的中尺度风场。但由于垂直速度并非控制变量,MM5 和 WRF 的 3DVAR 雷达探测资料同化系统中采用里查森方程来对其进行诊断(Xiao 等,2005)。

6.2.2　雷达反射率因子的 3DVAR 同化

天气雷达反射率因子主要反映的是目标物的后向散射能力,但通过给定一些假设条件和先验的统计信息,可以建立起雷达反射率因子与其他气象要素的联系,例如通过反射率因子和雨强的统计关系($Z-R$ 关系)来估计雨强,或通过反射率因子和水凝物的统计关系来调整模式的水凝物等。雷达反射率因子(Z)和雨水混合比(q_r)有如下关系(Sun 和 Crook,1997):

$$Z = 43.1 + 17.5\lg(\rho q_r) \tag{6.2.4}$$

这一算子比较简单,因此,可以直接同化反射率因子,也可由反射率因子反演出雨水混合比再进行同化。研究表明,同化雨水混合比好于直接同化雷达反射率因子(Sun 和 Crook,1998),因此,本章中将雨水混合比作为控制变量进行同化。

6.2.3　云中垂直速度的构造和同化

对中尺度天气系统来讲,垂直运动是其主要特征之一,因为中尺度系统的生命期比较短,一般就几个小时,若像天气尺度系统的数值预报那样通过模式自身运行来产生出对流和降水,则预报的中尺度系统的时空分布往往与实际观测存在较大差别。但如果仅在模式初始场中加入水凝物,而相应的动力场和热力场不作相应调整的话,则加入的水凝物信息有可能被模式排斥,甚至产生负面影响,通常需要运行模式一段时间或采用张弛逼近等技术来强迫模式的其他物理量做出相应调整,然后再开始预报。

其实,雷达反射率因子中含有垂直运动的信息,在雷达反射率因子的应用上,一般通过其强度的分布来判断对流系统的强弱和位置分布,而对观测资料的统计结果显示,对流强弱和雷达反射率因子基本呈正相关关系(γ 中尺度的超级对流单体和 0℃ 层亮带除外)。对流云中的上升速度随高度基本上呈抛物线型分布(Biggerstaff 和 Houze,1991;Yuter 和 Robert,

1995；Kumar，*et al.*，2005），图 6.1 为 1985 年 6 月 10—11 日发生在美国堪萨斯州的中尺度对流系统的观测结果。但热带地区和中纬度地区廓线的伸展高度和最大值会有很大不同，强对流风暴和一般对流风暴的廓线结构也会有很大差别。物理初始化方法中常常构造抛物线型的云中垂直速度的垂直分布廓线（Haase，*et al.*，2000；Milan，*et al.*，2005；Yuter 和 Robert，2003；洪延超和周非非，2005）。LAPS 系统中也将垂直速度看做云的类型及其厚度的函数，对流云中采用抛物线型垂直分布廓线，抛物线的幅度与云厚成正比，在云底以上 1/3 处达到极值，并向云底以下扩展 1/3，云区以外不做调整（McGinley 和 Smart，2001），并将层云中的垂直速度设为常量（0.05 m/s）。

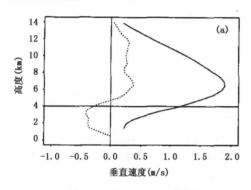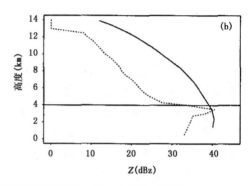

图 6.1　观测的云中垂直速度（a，m/s）和反射率因子（b，dBz）平均垂直廓线
（实线为对流云，虚线为层云，引自 Yuter 和 Robert，1995）

　　因此，可通过雷达反射率因子强度的三维分布来构造云中的垂直速度，然后采用里查森方程作为观测算子来对构造的垂直速度进行 3DVAR 同化，使得背景场中的水平风场和热力场也发生相应的改变，从而得到一个三维空间的动力、热力和水成物相互协调的初始场。参考一些对实测云中垂直速度分布廓线的统计结果，并借鉴他人构造垂直速度的方法，本章通过下式来计算云中的垂直速度：

$$w = (\alpha \times (Z - Z_0) + \beta) \times e^{-(\gamma \times (H - H_0))^2} \tag{6.2.5}$$

式中，w 为垂直速度，α、γ 为系数；β、Z_0、H_0 为参数，Z 为反射率子因子，H 为海拔高度，$e \approx 2.71828$。本章取 $\alpha = 0.1$，$\gamma = 0.4$，β 取 0.3 m/s 左右，$Z_0 = 35$ dBz，$H_0 = 6$ km，对强度低于 35 dBz（层云）的回波不进行垂直速度的计算。

　　在反射率因子为 55 dBz 时，不同高度上由式（6.2.5）构造的垂直速度随高度的分布廓线见图 6.2。当反射率因子为其他值时，得到的垂直速度垂直分布廓线与之形状一致，只是量值有所不同。因此在构造垂直速度时，既兼顾了回波强度，又考虑了其所在高度，并可以根据当地的天气特点对一些参数进行调节。

　　在观测空间由雷达反射率因子得到了云中的垂直速度以后，还要对其进行同化，以改善初始场中中尺度对流系统的结构。根据 Byrom 和 Roulstone（2002）和 Xiao 等（2005）的介绍，在模式空间，可采用里查森方程（Richardson，1922）由水平风、气压和温度来诊断垂直速度

$$\gamma p \frac{\partial w}{\partial z} = \gamma p \left(\frac{Q}{T c_p} - \nabla \cdot V_h \right) - V_h \cdot \nabla p + g \int_z^\infty \nabla \cdot (\rho V_h) \mathrm{d}z \tag{6.2.6}$$

式中，p 为气压，T 为温度，Q 为单位质量的非绝热加热率（绝热时忽略此项），c_p 为定压比热容，ρ 是空气密度，g 为重力加速度，V_h 是水平风（u,v），w 是垂直速度，z 是高度，γ 为比热容比

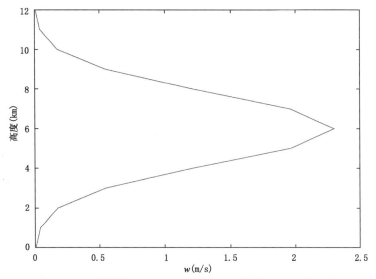

图 6.2　不同高度上 55 dBz 反射率因子构造出的垂直速度

$(\gamma = c_p / c_v = 1.4)$。里查森方程由连续方程、热力方程、静力平衡方程和状态方程联合导出,建立了大气水平运动、垂直运动、质量场以及非绝热加热的相互约束关系,精度高于滞弹性方程。因此,采用里查森方程作为观测算子对垂直速度进行 3DVAR 同化,可以同时调整模式的三维动力场和质量场。

由于模式面 GRAPES_3DVAR 系统采用 Exner 函数(Π)作为分析变量:

$$\Pi = \left(\frac{p}{p_0}\right)^{R/c_p} \tag{6.2.7}$$

式中,R 为气体常数,$p_0 = 1000 \ hPa$。因此,还必须导出用 Exner 气压来表述的里查森方程。

将连续方程

$$\frac{d\rho}{dt} + \nabla \cdot \vec{V} = 0 \tag{6.2.8}$$

和热力学方程(绝热)

$$\frac{d}{dt}\ln\theta = \frac{c_v}{c_p}\frac{1}{p}\frac{dp}{dt} - \frac{1}{\rho}\frac{d\rho}{dt} \tag{6.2.9}$$

结合后得到

$$\frac{d\Pi^\gamma}{dt} = -\frac{\gamma}{\gamma - 1}\Pi^\gamma\left(\frac{\partial u}{\partial x} + \frac{\partial v}{\partial y} + \frac{\partial w}{\partial z}\right) \tag{6.2.10}$$

上式的导出用到位温的定义

$$\theta = T/\Pi \tag{6.2.11}$$

和状态方程

$$p = \rho R T \tag{6.2.12}$$

将式(6.2.10)展开得到

$$\frac{\partial \Pi^\gamma}{\partial t} = -u\frac{\partial \Pi^\gamma}{\partial x} - v\frac{\partial \Pi^\gamma}{\partial y} - w\frac{\partial \Pi^\gamma}{\partial z} - \frac{\gamma \Pi^\gamma}{\gamma - 1}\left(\frac{\partial u}{\partial x} + \frac{\partial v}{\partial y} + \frac{\partial w}{\partial z}\right) \tag{6.2.13}$$

利用静力平衡关系

$$\rho = -\frac{p_0}{g}\frac{\partial \Pi^{\gamma}}{\partial z} \tag{6.2.14}$$

又可以将连续方程写为：

$$\frac{\partial}{\partial t}\left(\frac{\partial \Pi^{\gamma}}{\partial z}\right) = -\left(\frac{\partial}{\partial x}\left(\frac{\partial \Pi^{\gamma}}{\partial z}u\right) + \frac{\partial}{\partial y}\left(\frac{\partial \Pi^{\gamma}}{\partial z}v\right) + \frac{\partial}{\partial z}\left(\frac{\partial \Pi^{\gamma}}{\partial z}w\right)\right) \tag{6.2.15}$$

对上式进行垂直方向的积分($z \to \infty$)，在 $z=\infty$ 处，$w=0$，Π 的局地变化也为零，得到：

$$\frac{\partial \Pi^{\gamma}}{\partial t} = \int_z^{\infty}\left(\frac{\partial}{\partial x}\left(\frac{\partial \Pi^{\gamma}}{\partial z}u\right) + \frac{\partial}{\partial y}\left(\frac{\partial \Pi^{\gamma}}{\partial z}v\right)\right)\mathrm{d}z - \left(\frac{\partial \Pi^{\gamma}}{\partial z}w\right) \tag{6.2.16}$$

由两个气压倾向的方程(6.2.13)和式(6.2.16)消去对时间的偏导数后得到

$$\gamma\Pi^{\kappa}\frac{\partial w}{\partial z} = -\left(u\frac{\partial \Pi^{\kappa}}{\partial x} + v\frac{\partial \Pi^{\kappa}}{\partial y}\right) - \gamma\Pi^{\kappa}\left(\frac{\partial u}{\partial x} + \frac{\partial v}{\partial y}\right) - \int_z^{\infty}\left(\frac{\partial}{\partial x}\left(\frac{\partial \Pi^{\kappa}}{\partial z}u\right) + \frac{\partial}{\partial y}\left(\frac{\partial \Pi^{\kappa}}{\partial z}v\right)\right)\mathrm{d}z \tag{6.2.17}$$

式中，$\kappa = c_p/R \approx 3.5$。

由于 GRAPES_Meso 中尺度模式在垂直方向上采用"高度地形追随坐标"

$$\hat{Z} = Z_T\frac{Z - Z_s(x,y)}{Z_T - Z_s(x,y)} \tag{6.2.18}$$

式中，Z_s 和 Z_T 分别为地形高度和模式层顶高度，在 $Z=Z_s$ 处，$\hat{Z}=0$；在 $Z=Z_T$ 处，$\hat{Z}=Z_T$。因此需要对里查森方程进一步进行坐标变换，得到"高度地形追随坐标"下的里查森方程：

$$\begin{aligned}
\gamma\Pi^{\kappa}\frac{\partial w}{\partial z} = &-\left(u\frac{\partial \Pi^{\kappa}}{\partial x} + v\frac{\partial \Pi^{\kappa}}{\partial y}\right) + \frac{\Delta Z_z}{\Delta Z_s}\left(\frac{\partial Z_s}{\partial x} + \frac{\partial Z_s}{\partial y}\right)\frac{\partial \Pi^{\kappa}}{\partial z} \\
&- \gamma\prod{}^{\kappa}\left(\frac{\partial u}{\partial x} + \frac{\partial v}{\partial y}\right) + \gamma\prod{}^{\kappa}\frac{\Delta Z_z}{\Delta Z_s}\left(\frac{\partial Z_s}{\partial x}\frac{\partial u}{\partial z} + \frac{\partial Z_s}{\partial y}\frac{\partial v}{\partial z}\right) \\
&- \int_z^{\infty}\frac{\partial \Pi^{\kappa}}{\partial z}\left(\frac{\partial u}{\partial x} + \frac{\partial v}{\partial y}\right)\mathrm{d}z - \int_z^{\infty}\left(u\frac{\partial}{\partial x}\left(\frac{\partial \Pi^{\kappa}}{\partial z}\right) + v\frac{\partial}{\partial y}\left(\frac{\partial \Pi^{\kappa}}{\partial z}\right)\right)\mathrm{d}z \\
&+ \int_z^{\infty}\frac{\Delta Z_z}{\Delta Z_s}\frac{\partial \Pi^{\kappa}}{\partial z}\left(\frac{\partial Z_s}{\partial x}\frac{\partial u}{\partial z} + \frac{\partial Z_s}{\partial y}\frac{\partial v}{\partial z}\right)\mathrm{d}z \\
&+ \int_z^{\infty}\frac{\Delta Z_z}{\Delta Z_s}\frac{\partial}{\partial z}\left(\frac{\partial \Pi^{\kappa}}{\partial z}\right)\left(u\frac{\partial Z_s}{\partial x} + v\frac{\partial Z_s}{\partial y}\right)\mathrm{d}z \tag{6.2.19}
\end{aligned}$$

式中，$\Delta Z_s = Z_T - Z_s(x,y)$，$\Delta Z_z = Z_T - Z(x,y)$。地形追随坐标系中的垂直速度 $\hat{w}$ 为

$$\hat{w} = \frac{\mathrm{d}\hat{z}}{\mathrm{d}t} = \frac{Z_T}{\Delta Z_s}\left(w - \frac{\Delta Z_z}{\Delta Z_s}w_s\right) \tag{6.2.20}$$

其中地表的垂直速度 w_s 采用下式计算

$$w_s = u\frac{\partial Z_s}{\partial x} + v\frac{\partial Z_s}{\partial y} \tag{6.2.21}$$

可见地形坡度对垂直运动有重要影响，因此，采用地形追随坐标下的垂直速度表示，则式(6.2.19)可改写为

$$\begin{aligned}
\gamma\Pi^{\kappa}\frac{\Delta Z_s}{Z_T}\frac{\partial \hat{w}}{\partial z} = &-\left(u\frac{\partial \Pi^{\kappa}}{\partial x} + v\frac{\partial \Pi^{\kappa}}{\partial y}\right) + \frac{\Delta Z_z}{\Delta Z_s}\left(\frac{\partial Z_s}{\partial x} + \frac{\partial Z_s}{\partial y}\right)\frac{\partial \Pi^{\kappa}}{\partial z} \\
&- \gamma\Pi^{\kappa}\left(\frac{\partial u}{\partial x} + \frac{\partial v}{\partial y}\right) - \gamma\Pi^{\kappa}\frac{\partial}{\partial z}\left(\frac{\Delta Z_z}{\Delta Z_s}\right)\left(u\frac{\partial Z_s}{\partial x} + v\frac{\partial Z_s}{\partial y}\right) \\
&- \int_z^{\infty}\frac{\partial \Pi^{\kappa}}{\partial z}\left(\frac{\partial u}{\partial x} + \frac{\partial v}{\partial y}\right)\mathrm{d}z - \int_z^{\infty}\left(u\frac{\partial}{\partial x}\left(\frac{\partial \Pi^{\kappa}}{\partial z}\right) + v\frac{\partial}{\partial y}\left(\frac{\partial \Pi^{\kappa}}{\partial z}\right)\right)\mathrm{d}z
\end{aligned}$$

$$+ \int_z^\infty \frac{\Delta Z_z}{\Delta Z_s} \frac{\partial \Pi^\kappa}{\partial z} \left(\frac{\partial Z_s}{\partial x} \frac{\partial u}{\partial z} + \frac{\partial Z_s}{\partial y} \frac{\partial v}{\partial z} \right) \mathrm{d}z$$

$$+ \int_z^\infty \frac{\Delta Z_z}{\Delta Z_s} \frac{\partial}{\partial z} \left(\frac{\partial \Pi^\kappa}{\partial z} \right) \left(u \frac{\partial Z_s}{\partial x} + v \frac{\partial Z_s}{\partial y} \right) \mathrm{d}z \qquad (6.2.19')$$

因为 GRAPES_3DVAR 采用增量分析方法，将 Π、w、u、v 写为 $A = \overline{A} + A'$ 形式（$\overline{A}$ 为基本状态，A' 为增量），略去高阶小量后便得到高度地形追随坐标下的里查森方程的切线性方程如下：

$$\gamma \overline{\Pi}^\kappa \frac{\partial w'}{\partial z} = - \gamma \kappa \overline{\Pi}^{\kappa-1} \frac{\partial \overline{w}}{\partial z} \Pi'$$

$$- \left(u' \frac{\partial \overline{\Pi}^\kappa}{\partial x} + v' \frac{\partial \overline{\Pi}^\kappa}{\partial y} \right) - \kappa \overline{\Pi}^{\kappa-1} \left(\overline{u} \frac{\partial \Pi'}{\partial x} + \overline{v} \frac{\partial \Pi'}{\partial y} \right)$$

$$- \gamma \overline{\prod}^\kappa \left(\frac{\partial u'}{\partial x} + \frac{\partial v'}{\partial y} \right) - \gamma \kappa \overline{\prod}^{\kappa-1} \left(\frac{\partial \overline{u}}{\partial x} + \frac{\partial \overline{v}}{\partial y} \right) \prod{}'$$

$$- \int_z^\infty \frac{\partial \overline{\Pi}^\kappa}{\partial z} \left(\frac{\partial u'}{\partial x} + \frac{\partial v'}{\partial y} \right) \mathrm{d}z - \int_z^\infty \left(u' \frac{\partial}{\partial x} \left(\frac{\partial \overline{\Pi}^\kappa}{\partial z} \right) + v' \frac{\partial}{\partial y} \left(\frac{\partial \overline{\Pi}^\kappa}{\partial z} \right) \right) \mathrm{d}z$$

$$- \int_z^\infty \kappa \overline{\Pi}^{\kappa-1} \frac{\partial \Pi'}{\partial z} \left(\frac{\partial \overline{u}}{\partial x} + \frac{\partial \overline{v}}{\partial y} \right) \mathrm{d}z - \int_z^\infty \kappa \overline{\Pi}^{\kappa-1} \left(\overline{u} \frac{\partial}{\partial x} \left(\frac{\partial \Pi'}{\partial z} \right) + \overline{v} \frac{\partial}{\partial y} \left(\frac{\partial \Pi'}{\partial z} \right) \right) \mathrm{d}z$$

$$+ \frac{\Delta Z_z}{\Delta Z_s} \kappa \overline{\Pi}^{\kappa-1} \frac{\partial \Pi'}{\partial z} \left(\frac{\partial Z_s}{\partial x} + \frac{\partial Z_s}{\partial y} \right)$$

$$+ \gamma \frac{\Delta Z_z}{\Delta Z_s} \left(\overline{\prod}^\kappa \left(\frac{\partial Z_s}{\partial x} \frac{\partial u'}{\partial z} + \frac{\partial Z_s}{\partial y} \frac{\partial v'}{\partial z} \right) + \kappa \overline{\prod}^{\kappa-1} \left(\frac{\partial Z_s}{\partial x} \frac{\partial \overline{u}}{\partial z} + \frac{\partial Z_s}{\partial y} \frac{\partial \overline{v}}{\partial z} \right) \prod{}' \right)$$

$$+ \frac{\Delta Z_z}{\Delta Z_s} \int_z^\infty \left(\frac{\partial}{\partial z} \left(\frac{\partial \overline{\Pi}^\kappa}{\partial z} \right) \left(u' \frac{\partial Z_s}{\partial x} + v' \frac{\partial Z_s}{\partial y} \right) + \frac{\partial \overline{\Pi}^\kappa}{\partial z} \left(\frac{\partial Z_s}{\partial x} \frac{\partial u'}{\partial z} + \frac{\partial Z_s}{\partial y} \frac{\partial v'}{\partial z} \right) \right) \mathrm{d}z$$

$$+ \frac{\Delta Z_z}{\Delta Z_s} \int_z^\infty \kappa \overline{\Pi}^{\kappa-1} \left(\frac{\partial}{\partial z} \left(\frac{\partial \Pi'}{\partial z} \right) \left(\overline{u} \frac{\partial Z_s}{\partial x} + \overline{v} \frac{\partial Z_s}{\partial y} \right) + \frac{\partial \Pi'}{\partial z} \left(\frac{\partial Z_s}{\partial x} \frac{\partial \overline{u}}{\partial z} + \frac{\partial Z_s}{\partial y} \frac{\partial \overline{v}}{\partial z} \right) \right) \mathrm{d}z$$

$$(6.2.22)$$

采用 $\hat{w}$ 来表示的形式为

$$\gamma \overline{\Pi}^\kappa \frac{\Delta Z_s}{Z_T} \frac{\partial \hat{w}}{\partial z} = - \gamma \kappa \overline{\Pi}^{\kappa-1} \frac{\Delta Z_s}{Z_T} \frac{\partial \hat{\overline{w}}}{\partial z} \Pi'$$

$$- \left(u' \frac{\partial \overline{\Pi}^\kappa}{\partial x} + v' \frac{\partial \overline{\Pi}^\kappa}{\partial y} \right) - \kappa \overline{\Pi}^{\kappa-1} \left(\overline{u} \frac{\partial \Pi'}{\partial x} + \overline{v} \frac{\partial \Pi'}{\partial y} \right)$$

$$- \gamma \overline{\prod}^\kappa \left(\frac{\partial u'}{\partial x} + \frac{\partial v'}{\partial y} \right) - \gamma \kappa \overline{\prod}^{\kappa-1} \left(\frac{\partial \overline{u}}{\partial x} + \frac{\partial \overline{v}}{\partial y} \right) \prod{}'$$

$$- \int_z^\infty \frac{\partial \overline{\Pi}^\kappa}{\partial z} \left(\frac{\partial u'}{\partial x} + \frac{\partial v'}{\partial y} \right) \mathrm{d}z - \int_z^\infty \left(u' \frac{\partial}{\partial x} \left(\frac{\partial \overline{\Pi}^\kappa}{\partial z} \right) + v' \frac{\partial}{\partial y} \left(\frac{\partial \overline{\Pi}^\kappa}{\partial z} \right) \right) \mathrm{d}z$$

$$- \int_z^\infty \kappa \overline{\Pi}^{\kappa-1} \frac{\partial \Pi'}{\partial z} \left(\frac{\partial \overline{u}}{\partial x} + \frac{\partial \overline{v}}{\partial y} \right) \mathrm{d}z - \int_z^\infty \kappa \overline{\Pi}^{\kappa-1} \left(\overline{u} \frac{\partial}{\partial x} \left(\frac{\partial \Pi'}{\partial z} \right) + \overline{v} \frac{\partial}{\partial y} \left(\frac{\partial \Pi'}{\partial z} \right) \right) \mathrm{d}z$$

$$+ \frac{\Delta Z_z}{\Delta Z_s} \kappa \overline{\Pi}^{\kappa-1} \frac{\partial \Pi'}{\partial z} \left(\frac{\partial Z_s}{\partial x} + \frac{\partial Z_s}{\partial y} \right)$$

$$- \gamma \frac{\partial}{\partial z} \left(\frac{\Delta Z_z}{\Delta Z_s} \right) \left(\overline{\prod}^\kappa \left(u' \frac{\partial Z_s}{\partial x} + v' \frac{\partial Z_s}{\partial y} \right) + \kappa \overline{\prod}^{\kappa-1} \left(\overline{u} \frac{\partial Z_s}{\partial x} + \overline{v} \frac{\partial Z_s}{\partial y} \right) \prod{}' \right)$$

$$+ \frac{\Delta Z_z}{\Delta Z_s} \int_z^\infty \left(\frac{\partial}{\partial z} \left(\frac{\partial \overline{\Pi}^\kappa}{\partial z} \right) \left(u' \frac{\partial Z_s}{\partial x} + v' \frac{\partial Z_s}{\partial y} \right) + \frac{\partial \overline{\Pi}^\kappa}{\partial z} \left(\frac{\partial Z_s}{\partial x} \frac{\partial u'}{\partial z} + \frac{\partial Z_s}{\partial y} \frac{\partial v'}{\partial z} \right) \right) \mathrm{d}z$$

$$+ \frac{\Delta Z_z}{\Delta Z_s} \int_z^\infty \kappa \overline{\Pi}^{\kappa-1} \left(\frac{\partial}{\partial z} \left(\frac{\partial \Pi'}{\partial z} \right) \left(\bar{u} \frac{\partial Z_s}{\partial x} + \bar{v} \frac{\partial Z_s}{\partial y} \right) + \frac{\partial \Pi'}{\partial z} \left(\frac{\partial Z_s}{\partial x} \frac{\partial \bar{u}}{\partial z} + \frac{\partial Z_s}{\partial y} \frac{\partial \bar{v}}{\partial z} \right) \right) \mathrm{d}z$$

$$(6.2.22')$$

关于里查森方程中的非绝热加热,主要来源于辐射、地表感热和相变潜热等,对中尺度系统来讲,主要是水成物的相变潜热,本章采用凝结函数来计算凝结率,进而导出加热率

$$F = \frac{\mathrm{d}q_{vs}}{\mathrm{d}p} = \frac{q_{vs}T}{p} \left(\frac{L_v R - c_p R_v T}{c_p R_v T^2 + (q_{vs}/1000.0)L_v^2} \right) \tag{6.2.23}$$

$$C = -\frac{\mathrm{d}q_{vs}}{\mathrm{d}t} = -F \frac{\mathrm{d}p}{\mathrm{d}t} = -F\omega = \rho g F w \tag{6.2.24}$$

$$Q = L_v C = \alpha w \tag{6.2.25}$$

式中,F 为凝结函数,C 为凝结率,Q 为加热率,q_{vs} 为饱和水汽混合比,L_v 为蒸发潜热,R 为通用气体常数,R_v 为水汽比气体常数,ρ 为空气密度,T 为温度,p 为气压,ω 和 w 分别为气压坐标和高度坐标中的垂直速度,g 为重力加速度,c_p 为空气定压比热容,α 表示经过一系列计算后得到的系数。

将以上各观测算子的切线性算子及其伴随算子写成程序并通过正确性检验后,即可实现对垂直速度的 3DVAR 同化,表 6.1 给出检验结果。

表 6.1　伴随算子的检验

	切线性方程计算结果	伴随方程计算结果	切线性—伴随结果
径向风观测算子	0.411907376846703D+02	0.411907376846703D+02	0.710542735760100D−14
插值算子	0.301001501324611D+02	0.301001501324689D+02	0.779465381128830D−11
理查森方程	0.197846032237448D+07	0.197846032237449D+07	0.100117176771164D−07

从表 6.1 中可以看出,在双精度的情况下,各切线性方程的伴随方程均通过了检验,计算结果仅最后的一到两位不同,相同的位数均超过了小数点后 12 位以上,保证了伴随程序的正确性。

6.2.4　气压、位温、温度和云水混合比的分析

得到控制变量的增量后,便可以进一步对更多的物理量进行分析,气压的增量可由 Exner 函数的切线性方程得出,位温 θ 和温度的诊断则分别通过以下关系进行

$$\frac{\partial \Pi}{\partial z} = -\frac{g}{c_p \theta} \tag{6.2.26}$$

$$T = \Pi\theta \tag{6.2.27}$$

利用式(6.2.26)和式(6.2.27)的切线性方程,便可以由 Exner 函数的增量计算出位温和温度的增量。

利用垂直速度和雨水混合比,可通过下式诊断出云中上升区的云水混合比(刘红亚等,2007a)

$$q_c = -\left(\frac{1}{\bar{\rho}} \frac{\partial}{\partial z} (\rho v_T q_r) - w \frac{\partial q_r}{\partial z} \right) / (\gamma q_r^{0.875}) \tag{6.2.28}$$

式中,$\gamma = 0.002 \text{ s}^{-1}$,$\bar{\rho}$ 为大气的层平均密度。

6.3　讨　论

垂直速度的大小是不同尺度天气系统的主要差别之一,目前尚未有观测垂直速度的有效方法和仪器。基于统计方法得到的雷达反射率因子和垂直速度的关系($Z-w$),受到许多因素的影响,层云和对流云就有显著差别。而基于数值预报的背景场计算出的垂直速度往往偏小,体现不出中尺度天气系统的特征,而且往往因为与雷达观测资料在时间和空间位置上不匹配而没有多少应用价值,这一点随着数值预报能力的提高将会有所改善。另外,不同尺度天气系统的垂直速度往往相差不只一个量级,考虑到代表性误差,反演(或观测)的垂直速度的量级要与已经设定好的数值模式分辨率及其物理方案相匹配,否则便不能代表天气系统的特征。例如,把 γ 中尺度天气系统中观测到的 10 m/s 量级的垂直速度用到水平分辨率 10 km 的 β 中尺度模式中是不合适的,必须对资料进行预处理。因此,如何能获得代表不同尺度天气系统特征的垂直速度信息在未来较长的时间内仍将是值得研究的问题。

第7章　暴雨预报与模式验证

7.1　GRAPES 暴雨数值预报模式系统构成

在第 2—6 章所述的 GRAPES 暴雨模式、资料同化系统及雷电模式的基础上,建立了 GRAPES 暴雨数值预报模式系统。该系统包括三重嵌套的 GRAPES 高分辨率暴雨模式、带有雷达反射率和径向风资料同化的三维变分模式面同化系统 GRAPES_3DVAR 和 GRAPES 雷电模式,系统的结构框图如图 7.1。三重嵌套的分辨率分别为 15、5、2 km,为单向嵌套,模式最外围的边界条件和背景场由全球中期预报模式提供(如:TL639L60、NCEP_GFS),5 km 及 2 km 模式的初始场由最外围资料同化的结果插值得到,5 km 预报模式的边界条件由 15 km 模式预报结果提供,2 km 预报模式的边界条件由 5 km 预报结果提供。

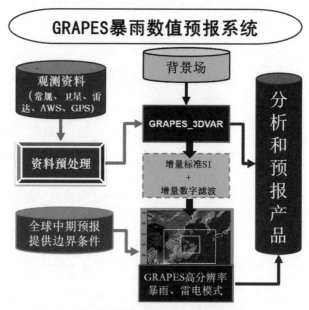

图 7.1　GRAPES 暴雨数值预报模式系统示意图

有关模式的具体技术细节及主要物理过程已经在第 2 章给出,表 7.1 概括了 GRAPES 高分辨非静力暴雨数值预报模式的主要技术特点。

表 7.1　GRAPES 高分辨非静力暴雨数值预报模式的主要技术特点

模式动力框架	模式物理过程
高精度保形正定的水物质平流方案－分段抛物线函数法＋积分单元格半拉格朗日	中国气象科学研究院混合相态云物理方案
有效地形：通过 RAYMOND 地形滤波去除模式大气不能合理响应的小尺度地形	NOAH 精细陆面过程
引入目标垂直速度抑制项消除个点暴雨现象	地形坡度、坡向对地表辐射的影响
带有地形处通量修正的单调四阶水平扩散方案	非局地边界层方案
张弛侧边界处理技术	次网格尺度地形重力波
	浅积云对流

7.2　水物质平流方案对暴雨数值预报的影响

　　平流计算的精度对数值天气预报结果有重要的影响。因此，一直是研究发展数值模式的重要内容。对于数值模式降水预报而言，如何提高模式中像水物质这样具有不连续分布和强梯度特点的大气物理参量的平流计算精度，是影响降水预报效果的重要因素之一。谢邵成（1991）、Yu（1994）与葛孝贞和郑爱军（1997）都曾将正定水汽输送算法引入数值模式中改善水汽平流计算当中出现负水汽的问题，使计算结果更加合理，提高对暴雨的模拟能力。梅雨强降水是中国汛期天气预报的重点，大气下层水汽水平梯度大是梅雨锋的主要特点之一。因此，对中国夏季降水的数值预报而言，研究高精度的水物质平流计算方案具有重要意义。在未来千米尺度数值预报模式中，水物质不连续、强梯度的问题更加明显，高精度的平流计算方案将会越来越重要。

　　如何在半拉格朗日模式中发展高阶精度的标量平流计算方案是提高半拉格朗日数值模式精度的重要课题，一直备受研究者的关注。中国气象局新一代数值预报模式 GRAPES 采用准单调半拉格朗日平流输送方案（QMSL，Quasi-Monotone Semi-Lagrangian scheme）处理水物质的平流计算。该方案本质上混合了高阶与低阶插值，并在低阶插值中加入修正项。这种处理在物理场足够光滑的区域保持高阶插值精度，但在物理量场不够光滑或梯度大的区域将插值转化为修正的低阶插值来近似，精度降低。如第 2 章所述，结合计算流体力学的研究新成果，针对 GRAPES 暴雨数值预报模式，研究了适合于半拉格朗日模式的高精度正定保形的物质平流方案（Piecewise Rational Function Method；PRM），并在 GRAPES 模式中加以实现（有关方案的介绍详见第 2 章的第 3 节）。高精度正定保形的水物质平流方案将很大程度上改进模式对诸如水汽、云水等水物质量的计算，进而将改进模式的降水预报。通过两种不同的水物质平流方案（PRM 和 QMSL）对 2005 年 7 月 GRAPES 逐日 24 h 降水预报进行的试验和分析，验证了 PRM 平流方案显著改进了 GRAPES 中尺度模式对强降水的预报（王明欢等，2011）。

7.2.1　试验方案

　　试验的初始场采用国家气象中心全球中期预报模式 T213L31 的 2005 年 7 月的逐日分析

场(2005 年 7 月 1—3 日数据缺失)。侧边界条件利用 T213L31 模式预报场每 6 h 更新一次。模式水平分辨率取 0.3°×0.3°,垂直方向 31 层,时间积分步长为 200 s。预报区域范围为(18.5°—41.3°N,98.5°—126.4°E),包含了长江中下游(YZ)、华南地区(HS),以及华北(HN)大部分地区、西北(WN)和西南(WS)部分地区。试验所选取的物理过程包括:NCEP−3 微物理方案、RRTM 长波辐射和 Dudhia 短波辐射方案、莫宁−奥布霍夫近地面层方案、热扩散 SLAB 陆面过程、MRF 边界层方案、Betts-Miller-Janjic 积云对流参数化方案。模式的水物质平流方案分别采用了 QMSL 方案和高精度正定保形的 PRM 方案(Xiao 和 Peng,2004),得到两组预报结果,并进行对比分析。

　　本试验用于与模式结果相比较的实况数据使用的是分辨率 1°×1°的 NCEP/NCAR 再分析资料,实况雨量数据和实况天气图是中央气象台发布的信息资料。

7.2.2　连续预报试验

　　(1)2005 年 7 月主要天气过程和强降水事件

　　2005 年汛期,中国天气具有极端天气事件多、局地强对流天气频繁、灾害重、地域差异大的特点(叶成志等,2006)。全国大部分地区降雨量接近常年同期或偏多(孙建华等,2006)。2005 年夏季中国东部的雨带主要在华南和黄淮地区,长江流域出现空梅,但长江流域受西风槽和登陆台风的影响,也出现了一些降雨过程。在长江和黄淮之间,大气的低层存在较强的水汽梯度(图 7.2)。

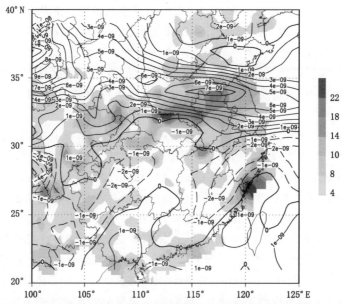

图 7.2　2005 年夏季月平均 24 h 观测累积降雨量(阴影,单位:mm)和
700 hPa 南北水汽梯度(等值线,$\partial q_v / \partial y$,单位:kg/(kg·m))

　　7 月主雨带位于长江和黄淮之间,最强的降雨发生在湖北和安徽;7 月另一个降水中心位于浙江和福建沿海地区,这是由于 2005 年第 5 号台风海棠登陆造成的。

　　(2)个例分析

　　2005 年 7 月 6—8 日长江流域出现了一次降水天气过程。从卫星云图和实况 500 hPa 高度场(图 7.3)可以看出,2005 年 7 月 7 和 8 日,宜昌以西及长江流域和黄河之间的地区(川东、黔北、陕南、鄂西、河南中南部、安徽中北部)受到西太平洋副热带高压外围西南气流影响,有发展旺盛的对流云团。

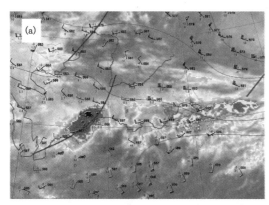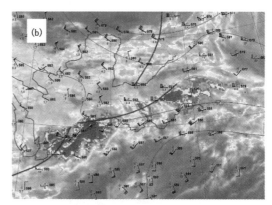

图 7.3　2005 年 7 月 7 日(a)和 8 日(b)08 时红外云图和 500 hPa 高度场
(单位:gpm)的叠加

　　这期间,长江流域上游及其北部地区受西太平洋副热带高压外围西南气流和中低层切变线的共同影响,出现局地性强降雨。6 日川东北的万源出现 100 mm 的大暴雨,鄂西北的老河口出现 200 mm 以上的特大暴雨,相邻的枣阳地区以及安徽的蚌埠、寿县和滁县都出现 100 mm 以上的大暴雨,7 日川东的宣汉出现 178 mm 的大暴雨,8 日安徽北部的凤台出现 158 mm 的大暴雨。针对这次降水过程,选择 6 日 08 时和 7 日 08 时起报的 24 h 降水预报结果进行分析。

　　6 日 08 时至 7 日 08 时的 24 h 降水主要分布在 $32°N$ 附近,西起四川,东至江苏,其中有 3 个不低于 100 mm 的强降水中心,分别位于四川、重庆、陕西交界处,以及安徽中北部、鄂西北与河南西南交界处(图 7.4a)。图 7.4b、7.4c 给出了模式模拟 6 日 08 时起报的 24 h 累积降水。同实况相比,两种平流方案都没有模拟出大暴雨($\geqslant$100 mm)和特大暴雨($\geqslant$200 mm)降水。但是对于暴雨($\geqslant$50 mm)的预报,QMSL 方案(图 7.4b)的模拟降水显著偏弱,范围偏小,没有捕捉到河南、安徽超过 50 mm 的暴雨,QMSL 方案对于长江流域下游地区预报不出暴雨以上量级的降水;比较而言,PRM 方案模拟的降雨量在黄淮以及江淮的东部地区可以超出QMSL 方案 10～30 mm,局部地区在 30 mm 以上(图 7.4d),且能捕捉到在陕西、河南、安徽、江苏大于 50 mm 的降水(图 7.4c),预报的大雨区范围较 QMSL 大,更接近实况。虽然 PRM没有预报出准确的大暴雨落区,但是却能反映暴雨的出现,且位置与实况接近。

　　进一步考察两种平流方案对模式网格尺度降水和次网格对流降水预报的影响(图 7.5 和图 7.6),可以看出,两种水物质平流方案预报的网格尺度降水和次网格对流降水在雨量和落区上都存在较明显差异。PRM 和 QMSL 在四川模拟出一个网格尺度降水中心,同时,PRM还模拟出一条从河南东南部、安徽北部到江苏中部中心雨量为 6 mm 的小雨区,但 QMSL 没有。这说明 PRM 一定程度上表现出了江淮流域层云降水和积云对流降水的混合特点,与观测事实有一定程度的吻合。对于次网格对流降水,两种平流方案模拟的 24 h 江淮地区的雨带走势相似,但 PRM 预报的雨带在南北方向上没有 QMSL 发散,而且 PRM 方案模拟的暴雨中心雨量和落区(31°—34°N,108°—114°E)更接近实况(湖北西北与河南西南交界的地区出现了特大暴雨,在(34°N,114°E)附近)。

　　另外,为了与卫星云图作比较,将模拟的 500 hPa 高度以上总水凝物(云水 q_c 和雨水 q_r)随高度积分(史月琴等,2008),得到云带分布,以 0.2 kg/m² 作为云区(图 7.7)。

　　在 7 日 08 时的云图(图 7.3b)中,有两个较明显的对流云团,一个位于川东重庆一带,呈西南—东北走向;另一个位于长江中下游地区,呈东西走向。PRM 和 QMSL 平流方案模拟结果的共同特点是:模拟云场也呈一西一东分布,但与实况相比,一个位置偏西,一个西北—东南走向,都有偏差。与 QMSL 方案模拟结果相比较,PRM 方案模拟的云带范围较大,强度较大,云带也较连续。

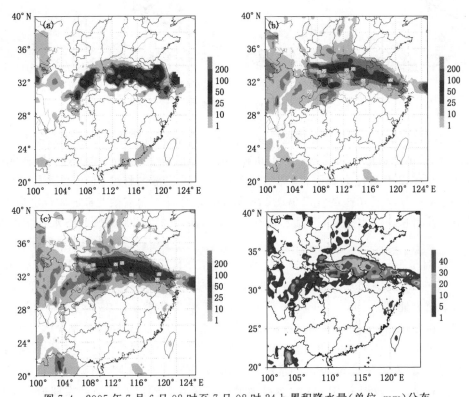

图 7.4　2005 年 7 月 6 日 08 时至 7 日 08 时 24 h 累积降水量(单位:mm)分布

(a. 实况,b. QMSL,c. PRM,d. PRM 与 QMSL 的雨量差值;b、c 图中给出实况 50 mm 的雨量等值线)

　　从 7 日 08 时到 8 日 08 时的模拟可以得到类似结果,PRM 方案对暴雨的模拟效果比 QMSL 更接近实况。

　　从以上个例的分析结果中可以看到 PRM 水物质平流方案对于模式降水预报有较为明显的优势,下面从月平均的统计情况考察两种平流方案对预报结果的不同影响。

　　(3)对月平均降水预报效果的统计分析

　　将 2005 年夏季 7 月的逐日 24 h 降水实况资料、QMSL 方案预报结果、PRM 方案预报结果分别进行月平均计算,评价平流方案对夏季降水的平均预报效果。

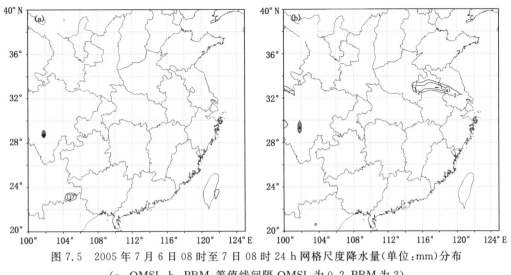

图 7.5　2005 年 7 月 6 日 08 时至 7 日 08 时 24 h 网格尺度降水量（单位：mm）分布
（a. QMSL，b. PRM；等值线间隔 QMSL 为 0.2，PRM 为 2）

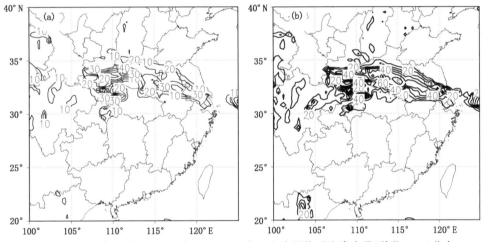

图 7.6　2005 年 7 月 6 日 08 时至 7 日 08 时 24 h 次网格对流降水量（单位：mm）分布
（a. QMSL，b. PRM；等值线间隔 10 mm）

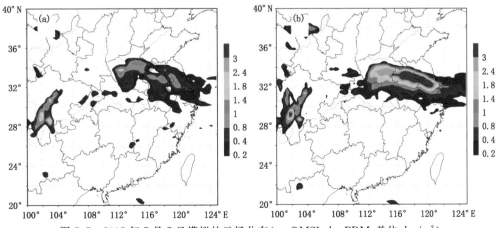

图 7.7　2005 年 7 月 7 日模拟的云场分布（a. QMSL，b. PRM；单位：kg/m²）

从 7 月的逐日 24 h 降雨量月平均实况(图 7.8a)可以看出,降水主要集中在黄淮流域。与 QMSL 方案对比,PRM 方案模拟的主要雨带降水有较大的提高(图 7.8b、c、d),在河南南部、安徽北部和浙江沿海增加了 15~20 mm 的雨量,但同时在某些地区存在预报偏大的问题。

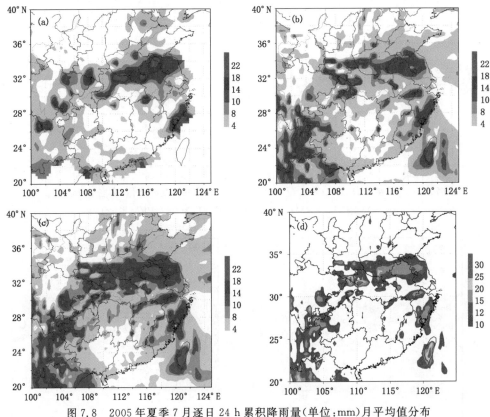

图 7.8　2005 年夏季 7 月逐日 24 h 累积降雨量(单位:mm)月平均值分布
(a. 实况,b. QMSL 方案,c. PRM 方案,d. PRM 与 QMSL 的雨量差值)

进一步统计了 7 月逐日 24 h 累积降水量大于 25、50、100 mm 的发生次数。图 7.9 中的数字标识说明,观测到三次以上大于 25 mm 的强降水主要发生黄淮地区、长江下游、江汉地区北部、鄂西南和湖南西北部、陕西的南部、四川东部、四川和贵州交界地区、云南南部、浙江东部沿海、两广南部沿海。从阴影区域可以看出,两种平流方案对于大雨以上量级的降水模拟与实况具有一定的近似。与观测的落区和频次相比,PRM 方案的模拟结果更接近实况大于 25 mm 的降水,尤其在黄淮流域。对大于 50 mm 的降水发生频次进行分析(图 7.10),QMSL 方案对黄淮地区的降水出现漏报情况比较多,但 PRM 仍能模拟出为数不多的几次暴雨过程。两个方案对 100 mm 以上的降水漏报较多(图略)。由于强降水发生的局地性,图 7.9 和 7.10 暴露出两个方案都有不同程度的漏报和空报问题,随着关心的降雨量级增大,这样的问题也越来越严重。比如在陕西、四川、重庆、湖北四省交界一带,以及云南地区,空报现象比较严重,这一方面可能与模式分辨率、初值有关,另一方面可能受地形影响较大。

从以上个例及月平均预报效果的统计结果来看,PRM 方案在强降水预报方面表现出一定的优势。进一步分析两种平流方案模拟的水汽场的输送特点,以期能够对造成不同降水预报的原因有所理解。图 7.11 分别给出采用 PRM(图 7.11a)和 QMSL(图 7.11b)平流方案时模式预报的月平均逐日 24 h 500 hPa 水汽场的平均变率 $\sqrt{\dfrac{1}{N}\sum\limits_{i=1}^{N}\left(q_{v_i}-\dfrac{1}{N}\sum\limits_{i=1}^{N}q_{v_i}\right)^2}$（$q_{v_i}$ 为第 i 天

的比湿，$N = 28$；单位：mm）。为了比较也给出了基于 NCEP 再分析资料的计算结果（图 7.11c）。可以看出，采用 PRM 方案时模式能够更加合理地模拟水汽场的变化特点和分布特征，这与 PRM 平流方案具有高精度且能够分辨平流场的小尺度变化特征的理论分析一致（Xiao 和 Peng，2004）。另外，对两种平流方案模拟的低层水汽场的南北梯度的分析表明，采用 PRM 方案时模拟的南北梯度大值区、梯度值和位置更接近基于 NCEP 再分析场的分析结果（图 7.2）。

因此，PRM 平流方案较 GRAPES 原来采用的准单调正定保形的平流方案能够更加合理地计算水物质的平流输送，尤其是对于夏季东亚大气下层水汽水平梯度大以及低层水汽的小尺度变率较大的特点能够很好地描写，这是采用 PRM 方案后能够改善降水预报的原因。

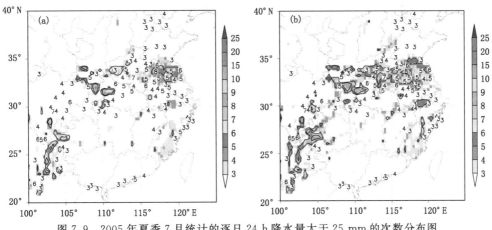

图 7.9　2005 年夏季 7 月统计的逐日 24 h 降水量大于 25 mm 的次数分布图
（数字填图为次数≥3 的观测；等值线分别表示不同方案统计次数为 5，8 和 25；
a. 阴影为 QMSL 方案，b. 阴影为 PRM 方案）

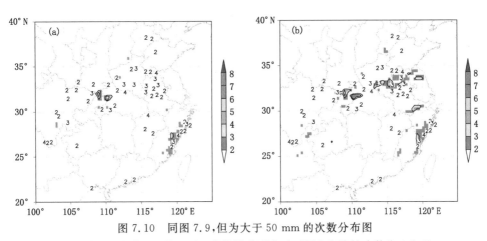

图 7.10　同图 7.9，但为大于 50 mm 的次数分布图
（数字填图为次数≥2 的观测。等值线分别表示不同方案统计次数为 3 和 5）

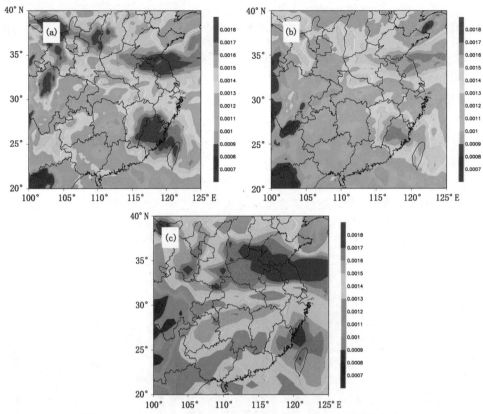

图 7.11　2005 年 7 月 500 hPa 水汽场相对于月平均的平均变率
（a. PRM 方案，b. QMSL 方案，c. NCEP 再分析场）

7.2.3　TS 评分检验

通过以上个例和月平均的逐日 24 h 降水预报的对比分析，对两种平流方案的效果可以有基本的了解。以下用业务数值预报中检验降水预报效果的 TS 评分（Threat Score）和偏差（Bias）进一步说明两种水物质平流方案对 24 h 降水预报的不同效果。

下面利用累加量级的检验（黄卓，2001），即分别对小雨（0.1～10 mm）、中雨（10～25 mm）、大雨（25～50 mm）、暴雨（50～100 mm）和大暴雨（＞100 mm）的预报情况进行检验。累加量级检验就是当对某一降水量级进行检验时，若预报和实况均为大于此量级的降水即为预报正确。

TS 评分和降水偏差的定义如下：

$$TS = \frac{NA}{NA + NB + NC} \tag{7.2.1}$$

$$B = \frac{NA + NB}{NA + NC} \tag{7.2.2}$$

上式中，NA、NB、NC、ND 的定义见表 7.2。

表 7.2　K 级降水的检验分类表

实况\预报	有	无
有	NA	NC
无	NB	ND

以下给出长江中下游流域(包含了长江中下游、黄淮、江南地区)、华南地区以及全区域的 TS 评分、偏差的比较,区域具体划分见图 7.12。

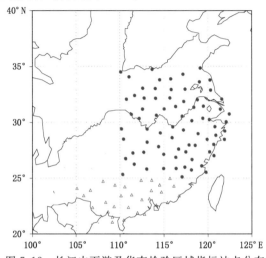

图 7.12　长江中下游及华南检验区域指标站点分布

(实心圆:长江中下游;三角形:华南)

图 7.13 是各累加量级降水预报的 TS 评分,图 7.14 是对应的偏差。对小雨以上量级的降水检验表明,无论在长江流域还是在华南地区或是全区域,PRM 方案和 QMSL 方案的月平均 TS 评分均差不多,在长江流域的偏差两者都大于 1,即空报大于漏报站点数,且 PRM 大于 QMSL。在华南和全区域的偏差两者都小于 1,但 PRM 比 QMSL 更接近与 1,即预报正确的站点数与实况相接近。

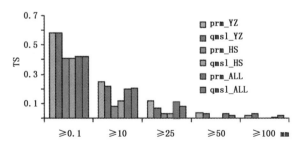

图 7.13　2005 年 7 月 24 h 降水预报在长江中下游和华南地区以及全区域的月平均 TS 评分

对中雨以上量级降水检验,长江流域 PRM 的月平均 TS 评分略高于 QMSL;在华南地区和全区域来讲,PRM 的 TS 略低于 QMSL。相应的偏差,在长江流域两方案的偏差均大于 1,PRM 更大;华南地区两者偏差均小于 1,PRM 比 QMSL 稍高一点;全区域的偏差均略大于 1,PRM 大于 QMSL。

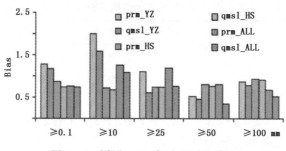

图 7.14　同图 7.13,但为月平均偏差

从 TS 评分和偏差图上分析大雨以上量级的降水检验,PRM 的 TS 评分在长江流域和全区域高于 QMSL,两者在华南的表现相当。从相应的偏差上,可以看出 PRM 在长江流域和全区域的偏差均大于 1,QMSL 小于 1,但 PRM 方案的预报偏差更接近 1;在华南地区两者的偏差非常接近,均小于 1。

在暴雨以上量级的降水预报检验中,PRM 的长江流域和全区域的月平均 TS 评分比QMSL 略高。两个方案对于华南地区暴雨以上量级的预报都不成功。从相应的偏差上,可以看出在长江流域和华南月平均偏差两个方案都小于 1,但 PRM 比 QMSL 更接近 1;PRM 全区域的偏差明显要高于 QMSL。

在大暴雨以上量级降水预报的检验中,长江流域和全区域 PRM 的 7 月月平均 TS 评分略小于 QMSL。华南地区,两个方案对 7 月的大暴雨以上量级的降水预报没有表现。从相应偏差上看,无论在长江流域还是华南或者全区域,PRM 和 QMSL 的偏差都小于 1,且 PRM 的偏差比 QMSL 更接近 1。在大雨和暴雨以上量级检验中,PRM 的 TS 评分高于 QMSL,对应的偏差也比 QMSL 更接近于 1,但在大暴雨以上量级检验中,虽然 PRM 月平均偏差比 QMSL 更接近于 1,但 TS 评分却稍显逊色。通过统计比较一个月累加大暴雨的 NA、NB、NC,PRM的空报站点数多于 QMSL,两方案预报正确站点数和漏报站点数均相当,均为预报正确的站点数很少,漏报站点数相对较多。因为大暴雨发生的局地性强,难以预报,全区域漏报站点数近 30 个,正确预报的站点数仅 1 个。从图 7.10 可以看出,与观测相比,两个方案漏报的几率都很大,PRM 方案在鄂西又比 QMSL 方案多预报出 2 次暴雨,虽然落区有一定程度的偏差,但是同时也说明 PRM 对大暴雨有一定程度反映,对大暴雨的捕捉比 QMSL 敏感。

综上所述,从 7 月月平均 TS 评分和月平均偏差来看,具有高精度保形正定及守恒特点的PRM 方案对于 24 h 降水预报,小雨预报的评分和 QMSL 水物质平流方案的预报结果相差不大,中雨预报 PRM 整体上要比 QMSL 略差,而对于大雨、暴雨和大暴雨的预报,PRM 方案显现出了一定的优势,平均效果好于 QMSL。

以上预报试验的模式分辨率取 30 km,由于 PRM 方案具有更好的处理大梯度、间断和不连续的能力,该方案应该在高分辨率的情况下更能显出其优势。因此,有待进一步在高分辨率模式中进行预报试验考察其对模式预报能力的改进程度。

7.2.4　结论

PRM 作为一种新的高精度正定保形的物质平流方案应用到 GRAPES 模式的水物质平流计算,利用 T213L31 分析场作为初始资料,进行了 2005 年夏季连续 1 个月(7 月)的 24 h 降水预报试验,并与 GRAPES 模式中原有的 QMSL 方案预报结果做了详细的对比。

通过细致的个例分析,整体上来说,PRM 对水汽(q_v)、云水(q_c)和雨水(q_r)的模拟其高值中心比 QMSL 要大。PRM 对网格尺度的降水比 QMSL 敏感。从降水预报的月平均比较和 TS 评分结果发现,QMSL 和 PRM 的模拟中都包含了一定的误差,预报的结果在很多方面存在着相似的地方,如:雨带的分布和走向。但是,与 QMSL 方案相比,PRM 对暴雨量级以上的降水预报能力更强。

连续 1 个月的后报试验表明,PRM 方案较好地改进了 GRAPES 中尺度模式降水预报总体降雨强度偏弱、强降雨中心漏报较严重的问题。

强降水事件的预报是一件非常困难的工作。PRM 作为一个高精度正定保形的水物质平流方案,具有提高模式对大到暴雨的预报能力的潜力。

7.3　不同复杂程度陆面过程对暴雨数值预报的影响

夏季发生在江淮流域的强降水是中国汛期重要的天气灾害。针对发生在江淮流域的强降水事件和直接引发强降水的中小尺度对流系统的研究已经有很多,并取得了诸多进展(陶诗言等,2004;赵思雄等,2004;邓华等,2008;闫敬华和薛纪善,2002)。但是对于强降水的预报仍然十分困难,因为对于引发暴雨等强降水的中小尺度对流系统的发生、发展的机理还认识不清。中小尺度对流系统的发生、发展受大尺度环境场及局地下垫面不均匀性强迫的共同影响,这两者对于对流系统发生、发展的相对贡献和相互作用这些基本问题目前还不能比较明确地回答。研究模式中不同复杂程度陆面过程对中国夏季降水数值预报的影响是理解下垫面非均匀强迫相对作用的一个方面,通过分析下垫面非均匀性对造成中国夏季强降水的中小尺度对流系统的启动和发展的影响,从理论和机理上为进一步提高暴雨等强降水的数值预报水平提供依据。

近年来国际上开展了很多有关下垫面非均匀性对激发深对流作用的研究(Wen,et al.,2000),在中尺度数值模拟和数值预报中也越来越强调精细尺度的陆气相互作用。对此,Piekle(2001)作了很好的回顾和评述,而中国这方面的研究还不多。最近,Chen 和 Dudhia(2001b)及 Trier 等(2004)用耦合的中尺度模式和陆面过程模式通过实际个例的模拟试验阐述了这种陆表状况的非均匀性对激发深对流的重要性,强调精细的模式土壤湿度初值对于模式精确地捕捉深对流激发的时间和地点的重要性。Holt 等(2006)探讨了陆气相互作用对一个中尺度对流发生、发展的作用,指出了中尺度数值模式中考虑复杂陆面过程的必要性及精细模式土壤湿度初值的重要影响。可以看到,以往只在气候问题的模拟研究中注意到陆面过程的重要性,但随着数值天气预报模式分辨率提高到云可分辨的尺度,下垫面非均匀性在陆面过程中的详细描述以及它和边界层的相互作用,对于模拟、预报中尺度对流系统所起的重要作用被越来越重视,这也是国际上中尺度数值模式研究中的发展趋势之一。

陆面是大气环流的下垫面之一,与大气边界层进行着动量、能量、水汽和其他物质的交换,地面向上的感热和潜热输送是大气的重要能量源汇。在数值模式中陆面模式提供地气之间的感热、潜热通量,并且作为下边界条件输送给大气模式。这些热量和水汽通量通过近地层、边界层物理过程向上传输,与模式中其他物理过程相互作用,包括云、辐射以及降水过程(Chen 和 Dudhia,2001a,2001b)。而陆地表面的土壤、植被和坡度的不均匀等自然特性使得陆地表面对动量、热量、水分等分布循环不均匀。这种下垫面的非均匀性通过改变局地地表水分、能量收支和波恩比,影响边界层的热力和动力结构,进而影响局地对流系统和降水的发生、发展。许多学者对这个问题做了很多研究(Piekle,2001;Clark 和 Arritt,1995;Avissar 和 Mahrer,1988;Segal 和 Arritt,1992;Rabin 和 Martin,1996;Rabin,*et al.*,1990;Chen 和 Avissar,1994a,1994b),而中国有关这方面的研究较少。

　　基于高分辨率 GRAPES 暴雨数值预报模式,研究不同复杂程度陆面过程对中国夏季降水数值预报的影响,探讨中小尺度对流发生、发展中陆气相互作用的可能影响(陈晓丽等,2011)。模拟采用 2 km 水平分辨率,且试验中采用美国 NASA 的全球陆面资料同化系统(Global Land Data Assimilation System;GLDAS)提供的土壤初始资料,比较不同土壤初始条件对对流启动的影响。

7.3.1　陆面过程对 2007 年淮河流域强降水数值预报的影响分析

　　(1)数值模式和试验设计

　　① 数值模式

　　在该数值试验中,GRAPES 暴雨数值预报模式采用三层单向嵌套系统,水平格距分别为16、6 和 2 km。最外围区域覆盖范围为 5000 km×3700 km(图 7.15)。试验采用 WSM-6 微物理方案,RRTM 长波和 Dudhia 短波辐射方案,基于莫宁—奥布霍夫相似理论的近地面层方案,以及 Kain-Fritch 对流参数化方案(2 km 分辨率模拟没有采用积云对流参数化方案),边界层方案采用 MRF 参数化方案(薛纪善等,2008;张人禾和沈学顺,2008)。由 T213 的 12 h 预报作初猜场,再利用同时刻的 GTS 资料同化生成分析场,作为预报初始场。用 16 km 分辨率的模拟结果作为 6 km 分辨率模拟的初、边界场,再用 6 km 分辨率模拟结果作为 2 km 分辨率模拟的初、边界场。2 km 的水平分辨率可以分辨有组织的边界层涡旋和较大尺度对流涡旋,对对流的发生、发展有较好的模拟能力。以下重点分析 2 km 分辨率区域的模拟情况。

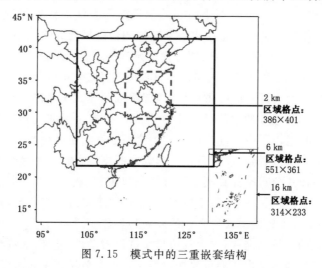

图 7.15　模式中的三重嵌套结构

　　② 试验设计

　　该试验的主要目的是探讨不同复杂程度陆面过程和不同土壤初始条件对对流启动和发展的影响以及中小尺度陆气相互作用的机理。为此,设计了三组敏感性试验(表 7.3)。Noah-gldas 和 Noah-t213 两组试验所用的陆面模式都是 Noah 陆面模式(详见第 2 章)。它包括了一个 4 层土壤(厚度分别为 0.1、0.3、0.6 和 1 m)模块和一层植被冠层模块,它不仅能够提供土壤温度的预报,还可以预报土壤湿度、地表径流等。这两组试验的差别在于使用的初始土壤资料不同,Noah-gldas 试验使用全球陆面资料同化系统的土壤初始资料条件(GLDAS, http://disc.gsfc.nasa.gov/),Noah-t213 使用 t213 提供的土壤温湿资料。GLDAS 土壤资料的分辨率比 t213 高,是每 3 h 一次的同化产品。另外一组称之为 Slab 试验,该试验所用陆面模式是只考虑了简单热扩散的 Slab 陆面过程模式。它的土壤分为 5 层,厚度分别为 1、2、4、8 和 16 cm,每层土壤均考虑向上、向下的热通量,并通过热平衡方程对每一层土壤的温度进行预报。其初始条件通过地表温度(由大尺度背景场,如 T213、NCEP 等提供)与土壤深层温度(NCAR 提供的气候平均值)经过简单的线性插值得到,并且该陆面过程模式没有土壤湿度的预报。另外,它没有植被的描述(Skamarock, et al.,2005)。

表 7.3　试验设计方案

试验名称	陆面模式	初始土壤条件
Noah-gldas	Noah 陆面模式	GLDAS 全球土壤同化
Noah-t213	Noah 陆面模式	T213 模式输出
Slab	Slab 陆面模式	无

③ 所用资料

模式初始场以国家气象中心提供的 T213 预报场(每日 4 个时次,分辨率 $0.5625° \times 0.5625°$)为背景场,通过 GRAPES 暴雨预报系统中的模式面三维变分同化系统同化 GTS 常规观测资料得到。另外,利用了 2007 年 7 月 1—9 日的 24 h 累计降水的站点观测数据,用以比较模式模拟的降水。同时,使用了中国气象科学研究院信息部资料室提供的 2007 年 7 月 8—9 日的雷达基数据。还利用 NCEP 逐日再分析资料对典型个例进行了天气学分析,其中用到的变量为 500 hPa 的高度场和 850 hPa 的 U、V 分量和垂直速度场。

④ 天气介绍

2007 年淮河流域发生了仅次于 1954 年的流域性大洪水。从 6 月 19 日到 7 月 26 日淮河流域出现持续性强降水过程,累计降水量超过 500 mm,淮河干流大部分地区降水超过 600 mm。这次持续性的降水大致可以分为三个阶段,6 月 19—28 日为第一阶段,6 月 29 日—7 月 10 日是第二阶段,7 月 11—26 日是第三阶段。其中第二阶段为主降水期,由于降水强度大,造成的影响也最为显著,致使 7 月 10 日 12 时 28 分王家坝开闸泄洪,蒙洼蓄洪区蓄洪(赵琳娜等,2007;赵思雄等,2007)。本试验主要研究发生在第二阶段的连续强降水过程,并对 7 月 8 日的一次对流启动过程进行详细分析。

(2)陆面过程对对流启动的影响

2007 年 7 月 8—9 日淮河流域发生大暴雨,在安徽和江苏省大部分地区 24 h 累计降水量超过 100 mm,其中安徽寿县、天长市和江苏泰州市地区 24 h 降水量均超过 180 mm,截至 9 日 08 时王家坝水位达 29.3 m(警戒水位:27.5 m)。这次强降水过程受大尺度大气环流的影响,但同时也伴随着局地对流发展的影响。针对这个典型个例,本研究设计了三组敏感性试验(表 7.3),来分析不同复杂程度的陆面过程以及不同土壤初始条件对对流发生发展的影响以及对流的启动过程。

　　① 对流启动

　　图 7.16 给出雷达反演和模拟的 2007 年 7 月 8 日发生在淮河中、上游地区的 12 h 降水量分布。从图中可以看出,当日降水主要集中在安徽中部地区,强降水中心在河南和安徽的交界并向东延伸,呈现一条东西方向的雨带。三组试验都比较合理地模拟出了降水量的空间分布。但可以看出 Slab 模拟的降水比其他两组试验明显偏弱,而采用 Noah 方案不同初始土壤条件的模拟结果差别比较小,只是强降水雨带位置有偏差(图 7.16c、d)。下面主要来分析这段时间发生在河南、安徽区域内的对流启动和发展过程,并详细分析陆面过程对对流启动过程的作用。

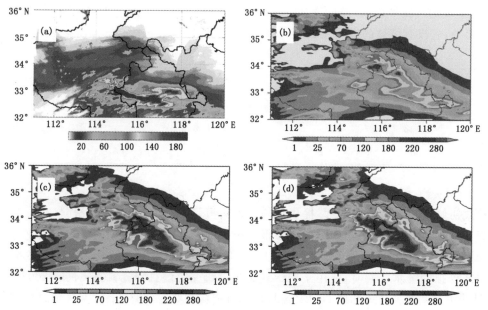

图 7.16　雷达反演(a)、Slab 模拟(b)、Noah-t213 模拟(c)、Noah-gldas 模拟(d)的 12 h 降水(单位:mm)

　　图 7.17 给出了三组敏感性试验模拟的对流启动、发展以及强盛时期的低层水平风场、水汽通量散度场和相应的降水情况。从图中我们可以看到,采用 Noah 陆面过程方案时(Noah-t213 与 Noah-gldas),对流启动早。在 04:00 UTC(图 7.17a、d、g),从低层(100 m)水平风场和水汽通量辐合场可以看出,Noah-t213 与 Noah-gldas 的低层水汽辐合运动都比 Slab 强,首先出现降水,而且辐合运动的大值中心正好对应降水开始发生区域,可以看出这次降水启动过程受局地水汽辐合上升运动的影响。Noah-T213 与 Noah-gldas 较为相似,但 Noah-gldas 在降水开始启动区域的西侧,也出现了水汽辐合的大值区,同时伴随降水的发生,从雷达反演的降水实况图中可以看出,Noah-gldas 的模拟结果更接近实况。到 04:30 UTC(图 7.17b、e、h),Noah-t213 与 Noah-gldas 中各个水汽辐合中心的雨团开始增强。而 Slab 此时在相应区域内并没有出现降水,这是由于 Slab 模拟的该区域内的水平风场并没有明显的辐合,而且低层的水汽辐合运动也比较弱。1.5 h 后(06:00 UTC,图 7.17c、f、i),Noah-t213 和 Noah-gldas 中局地水平风场和水汽辐合运动发展强盛,对应的降水区域范围增大,强度增强,并且表现出了一条明显的西北—东南向雨带。而 Slab 中降水才开始发展起来,并且水汽辐合运动仍然较弱。

　　② 不同陆面过程对边界层发展的影响

　　从图 7.17 可以看到,三组试验的模拟存在较明显的差异,这说明不同陆面过程对此次对

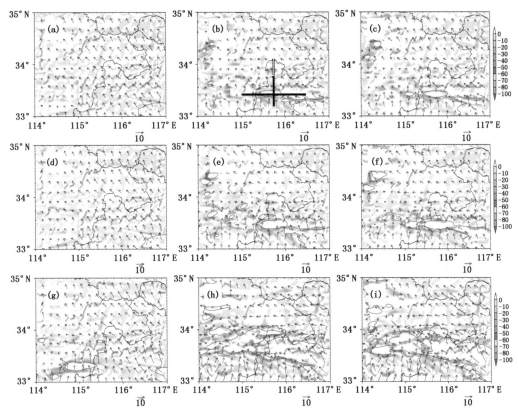

图 7.17　模拟的地面以上 100 m 高度上水平风(m/s),水汽通量散度(阴影区,单位 0.001 g/(kg・s))
和 1 h 降水大于 10 mm(红线)的情况(a、b、c 分别为 Slab 模拟的 04:00、04:30、06:00 UTC 各变量情
况;d、e、f 为相应时间的 Noah-t213 模拟情况;g、h、i 为 Noah-gldas 的结果)

流降水的产生有着重要的影响。图 7.18 是图 7.17d 中首先出现降水的区域平均(33.3°—
33.5°N,115.5°—115.8°E)的边界层温度、水汽和垂直速度的时间高度剖面。从图中可以看
到,两种不同陆面过程的差异非常明显,而使用同一个陆面过程但不同初始土壤资料的试验结
果比较相似。在 04:00 UTC 前,Noah-t213 和 Noah-gldas 低层大气较湿,其水汽含量明显比
Slab 高。而且随着太阳辐射的增强,Noah-t213 和 Noah-gldas 低层增温明显比 Slab 快,到
05:00 UTC,低层温度已经达到了 300 K,明显高于 Slab,这与地表感热通量输送快速增强有
关。从图 7.19a 中可以看出 03:00 UTC 之前 Noah 的地表感热输送比 Slab 大,这样会快速加
热低层大气,容易产生局地辐合上升运动,使得 Noah-t213 和 Noah-gldas 低层的垂直上升速
度明显比 Slab 强(图 7.18),从而有利于边界层厚度的加深(图 7.19d)。

　　04:00—07:00 UTC,Noah-t213 和 Noah-gldas 试验中低层垂直上升速度不断增强,这样
非常有利于低层水汽的向上输送。可以看出 Noah(Noah-t213 和 Noah-gldas)中水汽、温度以
及垂直速度的这种配置更有利于对流降水的发生。到了 08:00 UTC,Noah-t213 开始出现下
沉运动,对流发展受抑制,Noah-gldas 稍后也出现下沉运动。而在 Slab 中,低层上升运动一直
很弱,从低层往高层输送的水汽少,因而,Slab 高层相对较干,这不利于对流云团的形成,而且
开始出现下沉运动的时间比 Noah 早。

　　对应这种边界层结构的发展变化,相应的地表感热和潜热通量的变化又如何呢? 图 7.19

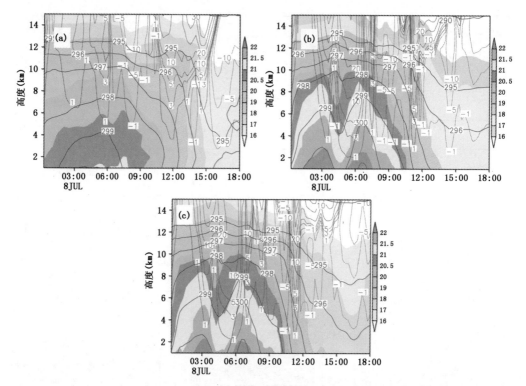

图 7.18　区域(33.3°—33.5°N,115.5°—115.8°E)平均的温度(红线,℃),比湿(阴影区,单位：g/kg,
图中比湿的值扩大了 1000 倍)和垂直速度(蓝线,单位:cm/s)的时间高度剖面图
(a. Slab,b. Noah-t213,c. Noah-gldas)

是在(33.3°—34°N,115°—116°E)区域内平均的边界层物理量随时间的演变。图 7.19a 是感热通量随时间的变化,可以看到在 03:00 UTC 之前,Noah-t213 和 Noah-gldas 的感热通量明显比 Slab 大,Noah-gldas 最大,这与图 7.18 中 Noah-t213 和 Noah-gldas 快速升温是一致的,同时边界层也快速发展,明显比 Slab 发展深厚,这是由于地表感热通量大,有利于边界层的快速发展。而 04:00 UTC 后,Noah-t213 和 Noah-gldas 中产生降水后,感热通量迅速减少,开始低于 Slab,对应的边界层开始变浅(低于 Slab)。而由于 Slab 开始降水的时间较晚,所以它的感热通量到 06:00 UTC 才开始明显地减少。

另外值得注意的是,如图 7.19b 所示,这段时间潜热通量的变化 Noah(Noah-t213 和 Noah-gldas)的地面潜热通量一直比 Slab 的大,这与图 7.18 中 Noah 低层明显比 Slab 偏湿是一致的,其原因在于 Noah 陆面过程较合理地考虑了土壤湿度的初值和演变,且 Noah 陆面模式明显地提高了地表感、潜热通量的计算合理性,而且更重要的是,它能正确地反映波恩比(Bowen ratio),而简单 Slab 模式计算的蒸发明显比观测小(Wen 和 Yu,2000)。由于 Noah 对地表通量的昼夜循环变化描述得更加合理,因此,它模拟的近地层温度和水汽更接近观测。如图 7.19a 所示,傍晚之后一直到夜里,Noah(Noah-t213 和 Noah-gldas)的感热通量都接近 0,而 Slab 明显减弱,变为负通量,这与不同方案对陆面的不同描述有着很大的关系。另外,从该区域对流有效位能随时间的变化(图 7.19c)可以看出,在对流启动(04:00 UTC)前,Noah(Noah-t213 和 Noah-gldas)试验所模拟的对流有效位能快速增长,明显比 Slab 大,说明了 Noah 试

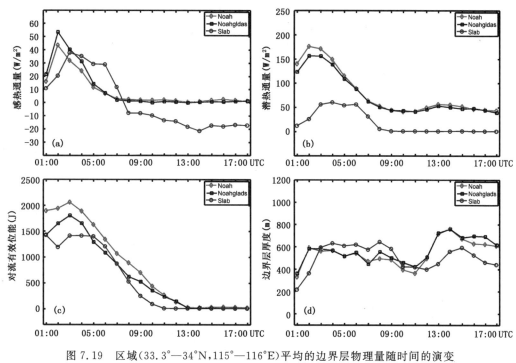

图 7.19　区域(33.3°—34°N,115°—116°E)平均的边界层物理量随时间的演变
(a. 感热,b. 潜热,c. 对流有效位能,d. 边界层厚度)

验中的大气环境相对不稳定,有利于对流的启动和发展。另外,在对流有效位能增加的同时,相对应的边界层厚度增加迅速,这与感热通量和潜热通量的快速增长是一致的。当感热和潜热累积达到一定程度后,大气环境会产生位势不稳定,对流有效位能增加,对流抑制能减少。降水发生后,地表温度降低,感热通量迅速减小,边界层厚度逐渐变薄。

③ 陆气相互作用对对流启动的影响

为了进一步理解陆气相互作用对对流启动的影响,分别沿着图 7.17d 中的 AB 和 CD 做垂直剖面,分析不同陆面过程以及不同初始土壤条件对对流启动的影响。图 7.20 是沿着图 7.17d 中 AB 的剖面。从图中可以看到,对应在图 7.17d 中对流首先启动的位置,即 115.5°E 附近区域出现了一个水平水汽辐合通量的大值区,而且 Noah-t213 和 Noah-gldas 明显比 Slab 强(图 7.20a、e、i),并表现出了较强的上升运动,这给降水的形成提供了水汽条件和动力条件。到 03:00 UTC(图 7.20b、f、j),由于潜热输送的增加,Noah-t213 和 Noah-gldas 的水汽辐合中心的水汽通量逐渐增加。而且随着太阳辐射的增强,感热通量快速增加,地表和近地层空气的加热会加强局地的水平气压梯度,这加强了低层风场的辐合,促进了垂直上升运动的发展,使得更多的水汽从低层向高层输送。而这些特征在 Slab 中并不明显。到 03:30 UTC,这些特征在 Noah-t213 和 Noah-gldas 中表现得更强。并且 Noah-t213 和 Noah-gldas 在 115.5°E 的地方由于低层向高层输送的水汽的累积,形成较大的对流云团,而 Slab 中还没有明显的水汽辐合和上升运动的发生(图 7.20c、g、k)。到 04:00 UTC(图 7.20d、h、l),Noah-t213 和 Noah-gldas 开始出现降水,并且其水汽辐合上升运动发展很强盛,对流云团发展也很强,而 Slab 此时仍然没有明显的特征出现。Noah-gldas 与 Noah-t213 发展相似,但在 03:00 UTC,Noah-gldas 在 115°E 的水汽辐合上升运动开始发展,04:00 UTC 明显比 Noah-t213 强,这与图 7.17h 中

Noah-gldas 在淮河上游地区发展起来的降水是一致的。

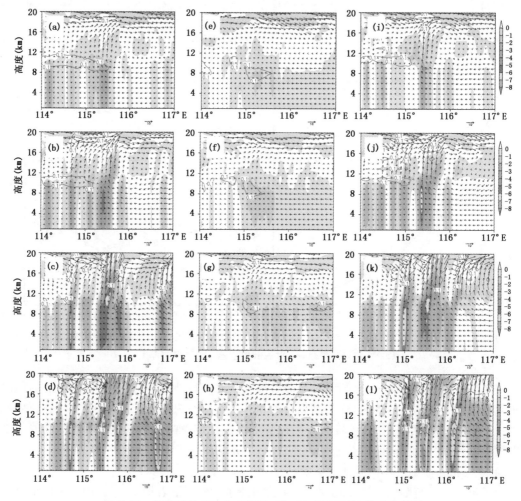

图 7.20   沿着图 7.17d 中 AB(33.3°—33.5°N 平均)的垂直剖面

（红线为云水 q_c，阴影区为水平水汽通量散度(0.001 g/(kg·s))，以及垂直风矢量场(m/s)(a、b、c、d 为 Noah-t213 模拟的 02:30、03:00、03:30 和 04:00 UTC 的情况，e、f、g、h 分别是 Slab 在相应时刻的模拟情况，i、j、k、l 为 Noah-gldas 的模拟情况)

　　垂直于雨带的剖面也表现出相似的特征（图略）。02:00 UTC，Noah-t213 和 Noah-gldas 的模拟结果表明，在 33.2°—33.4°N 低层存在一个较强的水平水汽通量的辐合，并且低层主要表现为南风，不断向辐合中心输送水汽，而辐合中心又对应强的垂直上升运动，这些都为对流的发展提供了良好的环境。而 Slab 中由于潜热通量的输送较弱，低层并没有显著的水平水汽通量辐合区。从所给出的每隔 30 min 的各个变量的发展过程可以看出，位于 33.2°—33.4°N 的水汽辐合上升运动使低层的水汽不断地向高层输送，有利于对流云团的形成，从而有利于对流降水的发生；而 Noah-t213 和 Noah-gldas 的发展过程相似，随着时间的推移，对流发展越来越强盛，强的辐合中心对应着上升运动，而两侧为下沉运动，形成了局地垂直环流，而它们的存在又加强了水汽的上升运动。而且，发展深厚的云区都对应着低层水平水汽通量辐合的大值区。而对应 Slab 的水汽辐合上升运动比较弱，没有云团的发展。到 04:00 UTC，Noah-t213

和 Noah-gldas 已经形成了降水,但 Slab 仍然没有明显的辐合上升运动以及云团的形成。

由以上的分析我们可以发现,不同的陆面过程对对流的启动和发展有着重要的影响。地表特征比较详细及合理描述陆气反馈的 Noah 陆面过程能够比较合理地模拟出局地对流的启动过程,但 Slab 模拟的明显偏弱。另外,通过 Noah-t213 与 Noah-gldas 的比较分析可以发现,不同的初始土壤条件对对流启动的影响较小,但是 Noah-gldas 能相对更加合理地模拟出对流降水的启动和分布位置。

④ 对流启动差异的原因探讨

以上分析了三组敏感性试验 Noah-t213、Noah-gldas 和 Slab 中对流启动和发展过程的差异,下面简单地介绍一下这三组试验中所使用的初始土壤条件。图 7.21 是 Noah-t213、Noah-gldas 初始的土壤温度、湿度以及 Slab 的初始土壤温度分布(Slab 没有土壤湿度)。首先,我们可以看到 Noah-t213 的土壤湿度分布比较均匀,而 Noah-gldas 的土壤湿度分布空间非均匀性较大。比如,在对流开始发生的区域,土壤湿度分布与周围明显不同,比周围要湿。而 T213 土壤湿度分布没有表现出这一特征。另外,从图 7.19 中我们看到该区域内的潜热通量 Noah-t213 最大,Noah-gldas 次之,Slab 最小,这可能与 Noah-t213 的土壤温度比 Noah-gldas 和 Slab 高有一定的关系。

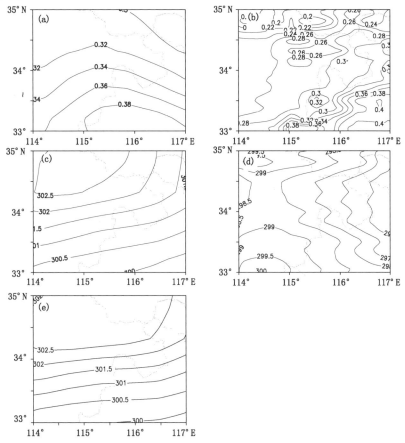

图 7.21　Noah-t213(a)、Noah-gldas(b)初始土壤湿度以及 Noah-t213(c)、Noah-gldas(d)、Slab(e) 初始土壤温度(指 2007 年 7 月 8 日 00:00 UTC)

两种不同复杂程度的陆面过程 Noah 和 Slab 的对流启动和发展过程存在显著的差异。Noah 比较合理地描述了对流的发生、发展过程,但 Slab 相对要弱一些。Noah-t213 和 Slab 这两组敏感性试验初始土壤温度基本是一样的,因此产生差异的根源主要在于两种陆面过程的不同。我们知道,由于地形、植被覆盖等性质的差异,地表受热通常是不均匀的。Slab 描述很简单,没有植被物理过程的描述,也就没有考虑植被反馈的作用,地表特征比较均一,因此它不能准确地表示局地环境条件的影响作用。而且 Noah 方案中关于感热和潜热通量的计算比较合理,而 Slab 方案的计算相对简单。另外,由于地表性质的非均匀性,使得感热和潜热的输送呈非均匀性,地表感热通量的不均匀分布使得近地面产生了局地风场的辐合,有利于对流的发生。因此,Noah 与 Slab 对流启动差异的一个主要原因是由于两种陆面过程对下垫面特征的描述不同所造成的。

（3）不同复杂程度陆面过程对连续强降水数值预报的影响

通过上述对 2007 年 7 月 8 日一次对流启动过程的分析,我们可以看到不同复杂程度陆面过程和初始土壤条件对对流性降水启动、发展有明显的影响,那么对连续强降水过程的模拟预报,其平均效果和影响程度如何,是一个值得关注的问题。

① 模拟结果和比较

以下主要从三重嵌套系统(16、6、2 km)来分析 GRAPES 暴雨模式对这次强降水过程的模拟结果,并且分析比较两种不同复杂程度的陆面过程(表 7.3 中 Noah-t213 和 Slab)对这次强降水模拟的差异。

图 7.22 给出了模式分辨率为 16 km 时模拟的 2007 年 7 月 1—9 日 9 d 平均的 24 h 累计降水量分布。从图 7.22a Noah 陆面过程的模拟结果可以看到,河南、安徽、江苏境内均出现了大于 20 mm 的降水,特别是安徽北部和江苏中部地区出现了一条东西向的强降水带,平均 24 h 累计降水量基本都超过 50 mm。青海、陕西南部、湖北北部等地也出现了大范围的大于 30 mm 的降水区。Slab 陆面过程(图 7.22b)的模拟结果基本与 Noah 相似,但模拟结果较 Noah 偏弱。虽然在中国东部地区也存在一条东西向的强降水带,但它只局限在江苏境内,安徽北部地区偏弱,而且雨带较 Noah 偏窄。

与观测相比,Noah 陆面模式模拟的结果更接近实况,模拟的安徽与江苏境内的东西向雨带,虽然其范围相对实况来说要大,强度偏强,但是相对于 Slab 的模拟结果来说,雨带的具体位置得到了更好的刻画。虽然两种陆面过程的模拟都没有很好地模拟出河南南部的强降水中心,但 Noah 相对来说更接近于实况。

模式分辨率为 6 km 的模拟结果也表现出了相似的特征(图略)。Noah 模拟的降水强度比 Slab 要强,位于安徽、江苏地区东西向的强降水雨带得到了较好的模拟。同时 6 km 模拟出了河南南部的强降水中心,比 16 km 模拟的效果好,而且 Noah 模拟的比 Slab 好,但模拟的安徽地区的雨带位置比 16 km 的偏北。

模式分辨率为 2 km 时的模拟结果(图 7.23)表明,高分辨率模拟结果较好地刻画了强降水分布情况,而且 Noah 的模拟结果与实况(图 7.23c)相比更为接近,但降水强度明显偏强,这也是高分辨率中尺度模式共同的问题。相对于实况强降水中心位置来说,在其北部和东部地区模拟都显著偏强。

在不同分辨率和不同的陆面过程下,模式都较好地模拟出淮河流域雨带的分布和范围,但是 Noah 陆面过程的模拟效果与实况更为接近。

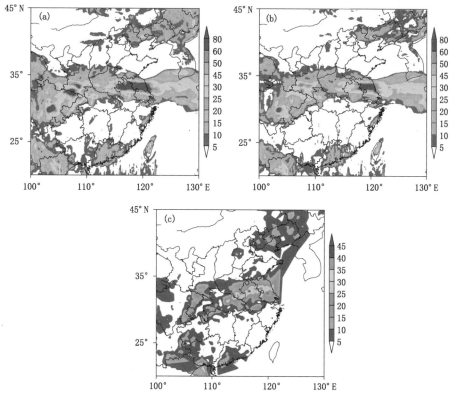

图 7.22　模式分辨率为 16 km 时模拟的 2007 年 7 月 1—9 日 9 d 平均的 24 h
累计降水量分布(单位:mm)(a. Noah，b. Slab，c. 观测)

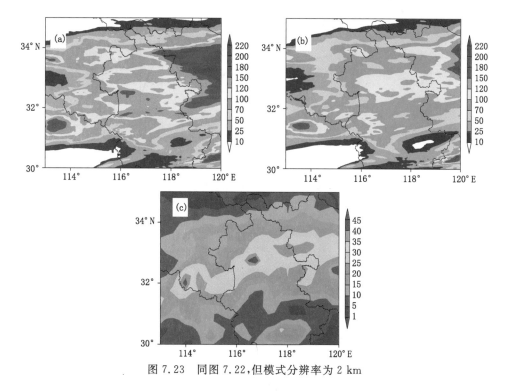

图 7.23　同图 7.22,但模式分辨率为 2 km

图 7.24 是不同模式分辨率下的区域平均的逐日降水量的变化情况。从观测可以看到,7月 8 日这一天的降水量是淮河流域这段时间里最强的,超过了 30 mm,其次是 7 月 4 日,也在 30 mm 左右。这段时间内,区域平均的逐日降水量最小都在 10 mm 以上。

从水平分辨率为 16 km (图 7.24a) 的模拟结果来看,两种陆面过程的模拟情况都比较的一致,与实况较为吻合。Noah 和 Slab 对 7 月 4 日降水的模拟都偏低,这是由于 7 月 4 日模拟的雨带偏西,使得这一天区域平均的降水强度相对实况偏弱。总体上,Noah 模拟结果比 Slab 大。随着模式分辨率的提高,模拟的降水量整体上偏强。6 km (图 7.24b) 分辨率的模拟结果表明,两种陆面过程对 7 月 1—9 日逐日降水的模拟基本偏强,特别在 7 月 2 和 8 日,模拟比实际的高了近 30 mm,而对其他几天的模拟,其降水变化和强度与实况都比较接近。当分辨率为 2 km (图 7.24c) 时,Noah 模拟的降水变化趋势与实况比较相似。总体上来说,Noah 和 Slab 都能比较好地模拟出了降水的强度及其变化趋势,而 Noah 模拟的降水比 Slab 强。随着模式分辨率的提高,模拟的降水强度明显偏强。

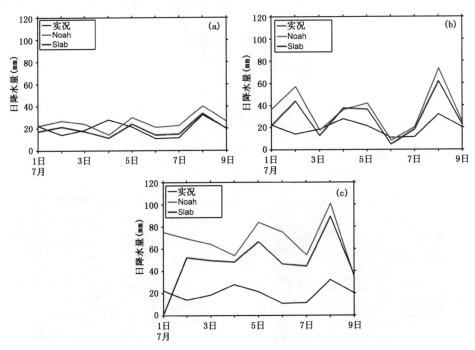

图 7.24　2007 年 7 月 1—9 日模式分辨率为 16 km(a)、6 km(b)、2 km(c),取 113°—120°E,
30°—35°N 区域内格点插值到站点后的平均的逐日降水量(单位:mm)的模拟结果

② TS 评分结果比较

以上从降水的空间分布特征和时间演变特征上来分析与比较了 GRAPES 暴雨模式的强降水预报对两种不同复杂程度陆面过程的敏感性。结果表明,Noah 陆面过程模拟的降水强度比 Slab 偏强,但是模拟的雨带位置,与实况相比,Noah 的结果更接近实况。

下面利用业务数值预报中用来检验降水预报效果的 TS 评分进一步说明这两种不同复杂程度的陆面过程对 24 h 降水预报的综合效果。利用淮河流域 231 个加密测站的降水资料进行检验。

研究区域仍选为(30°—35°N,113°—120°E),下面将给出这一区域模式不同分辨率下两种不同陆面过程所模拟降水的 TS 评分结果。图 7.25 给出了模式分辨率分别为 16、6 和 2 km 时,基于 Noah 和 Slab 两种陆面过程下在淮河流域所模拟的 2007 年 7 月 1—9 日平均的逐日小雨、中雨、大雨、暴雨和大暴雨的 TS 评分。从 16 km(图 7.25a)的 TS 评分结果可以看到, Noah 的 TS 评分高于 Slab 的结果。而且小雨的 TS 评分最高,超过 0.75,大暴雨的评分最低。中雨、大雨、暴雨的 TS 评分较高,分别在 0.5,0.3 和 0.2 左右。当模式分辨率为 6 km(图 7.25b)时,值得注意的是除了大暴雨外,其他级别降水的 TS 评分并没有提高,反而下降,这可能与 6 km 模拟的这一区域内的雨带位置较 16 km 的偏北有关,但整体上 Noah 的 TS 评分高于 Slab。另外,当模式分辨率精细化到 2 km(图 7.25c)时,五个级别降水的 TS 评分相对 16 km 的结果而言都有一定的提高,特别是大雨、暴雨和大暴雨,增加的幅度比较大,同时也可以看到,它明显地好于 6 km 的结果,而且 Noah 的评分总体上也高于 Slab。但由于 Noah 模拟的降水相对 Slab 来说偏强,偏差值相对 Slab 都偏大(图 7.26)。

　　从平均的 TS 评分来看,基于两种不同复杂程度陆面过程的 GRAPES 暴雨模式能够比较好地对 24 h 降水进行预报。2 km 的 TS 评分最高,16 km 次之,6 km 最低,这可能与 6 km 模拟的雨带位置存在较大的偏差有关,但总体上 Noah 的 TS 评分高于 Slab 的结果。

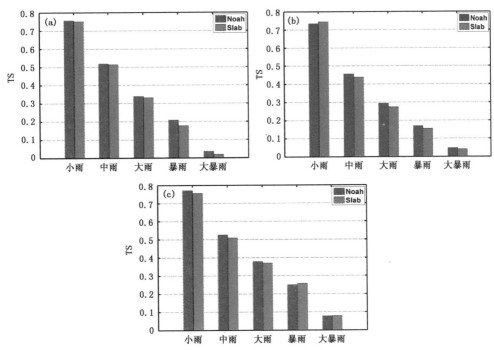

图 7.25　2007 年 7 月 1—9 日模式分辨率分别为 16 km(a)、6 km(b)、2 km(c)的 24h
降水量预报在淮河流域地区 9 d 平均的 TS 评分

(4)总结与讨论

① 针对 7 月 8 日一次强降水对流启动过程,模拟分析了两种不同复杂程度陆面过程Noah 和 Slab 以及不同土壤初始条件对对流系统的启动和发展过程中边界层结构发展变化的影响。结果表明对流的启动对陆面过程有较强的敏感性。Slab 模拟的对流比 Noah 延迟 1—2 h,而 Noah 相对更加合理地模拟出对流的启动。这跟 Noah 陆面模式能较合理地描写下垫面的反馈及对地表感热、潜热通量的计算合理性有关。而且在对流启动前,地表感热通量、潜热通量、对

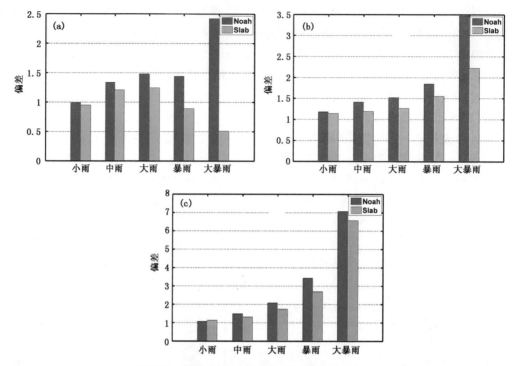

图 7.26　同图 7.25,但为平均的偏差(单位:mm)

流有效位能以及边界层厚度都表现出了一致的变化。局地感热输送的迅速增加,有利于激发局地的辐合上升运动,可以把水汽从低层输送到高层,同时使垂直上升运动增强,促进了边界层的发展,有利于对流的启动。GLDAS 初始土壤资料能更加合理地描述下垫面的非均匀性,有利于更加准确地模拟出对流降水的启动和分布位置。土壤的温、湿状况直接决定地表感热和潜热通量的分布。地表感热通量的分布,又影响边界层厚度的发展,进而对局地环流产生影响,改变边界层热动力结构的不稳定性,这直接影响对流启动的发生。

②通过对发生在 2007 年 7 月 1—9 日淮河流域的持续性强降水天气过程的模拟研究表明,不同复杂程度陆面过程对连续性强降水的数值预报有一定的影响。Noah 陆面模式明显提高了模式对强降水预报的能力,对降水强度和落区都有明显改进,雨区比 Slab 大,雨带和强降水中心的位置和实况更接近。随着模式分辨率的提高,模式对主要降水区的范围和强降雨带的位置描述地更为详细。但是,同时也应注意到随着模式分辨率的提高,模式模拟的 24 h 降水显著加强,并且明显强于实际观测值,这需要在今后的模式改进中加以注意。另外,模式很好地预报了该降水区域内逐日降水量的变化,与实际观测比较一致,基本上都能准确地预报出该区域内 24 h 的降水量大小,在个别时段模拟偏强,例如对 7 月 8 日的强降水带的模拟,不同分辨率的模拟都偏高。24 h 累计降水的 TS 评分结果表明模式对小雨的预报能力最强,其 TS 评分都在 0.75 以上。随着降水级别的升高,其 TS 评分逐渐降低。2 km 分辨率模拟结果的 TS 评分明显地高于 16 km 的结果,特别是大雨、暴雨和大暴雨。总体上来说,Noah 的 TS 评分高于 Slab 的结果。

随着数值天气预报模式分辨率的不断提高,模式预报非常需要使用更加精细和准确的陆面过程描述以及准确的初始土壤温度和湿度条件,尤其是对流启动的预报。另外,由于不同天气背景下的对流启动机制是不一样的,在以后的工作中,我们需要更多的个例来进一步分析陆面过程对对流发生、发展的影响。

7.3.2　不同复杂程度陆面过程对一次局地热对流降水数值预报的影响

7.3.1 节介绍了 GRAPES 暴雨模式对连续强降水事件的模拟及预报对不同复杂程度陆面过程的敏感性,所选的连续强降水事件有着较强的天气尺度强迫。为进一步考察陆面过程对局地发展的对流降水系统的预报模拟影响,选取了 2003 年 8 月上旬发生在中国江西省的一次局地发展的强对流降水过程进行数值模拟试验。试验设计与 7.3.1 节相同,水平格距分别为 16、6 和 2 km,只是模式覆盖区域有所变化,最外围区域覆盖范围分别为 5000 km×3700 km(即东西方向 314 个点,南北 233 个点)。模式初始场的生成参见 7.3.1 节。

设计了两组数值试验,分别为对应两种陆面过程模式的 Noah 和 Slab 试验。为了排除初始条件对本试验的干扰,我们采取了相同的初始土壤条件。本试验使用的初始土壤条件是由全球陆面资料同化系统(GLDAS)提供的土壤温、湿度资料。由于 SLAB 陆面过程中的初始土壤温度是由地表温度和土壤深层的温度经过简单的线性插值得到的,在积分前,本试验用 GL-DAS 的初始土壤温度来替代 SLAB 中插值得到的初始温度。

2003 年 8 月 2 日中国江西地区发生了一次强降水过程。从大尺度大气环流场(图 7.27)来看,588 dagpm 脊线已西伸到中国四川地区,北方的冷空气在华北地区沿着副热带高压北侧转向西北太平洋地区,这正是中国的华北雨季。而江西等地正好处于副热带高压中心的控制下,没有天气系统的扰动发生,说明此次对流性降水受大尺度天气强迫的影响较弱,主要是由于局地热对流发展起来的,这样就可以比较容易地分析不同复杂程度的陆面过程对对流系统启动的影响。

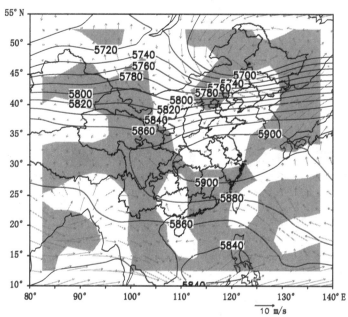

图 7.27　2003 年 8 月 2 日 500 hPa 高度场(等值线,单位:gpm)、850 hPa 水平风场
(箭头,单位:m/s)和 850 hPa 水汽通量散度(阴影区,单位 g/(kg・s))

(1)模拟结果

图 7.28 是 24 h 累积降水实况和 GRAPES 模拟的 2003 年 8 月 2—3 日 00—06 时江西省的降水分布。从实况图上可以看到当天降水主要集中在江西省的东北部地区，即图中用方框表示的区域，该区域内 24 h 降水量最大达到 23.5 mm，并且这一雨带呈东北—西南向。Noah 陆面方案（下面都简称为"Noah"）比较合理地模拟出了该区域内这一雨带的基本特征，雨带的位置以及降水的强度与实况都较为接近。但 Slab 陆面方案（下面都简称为"Slab"）的模拟

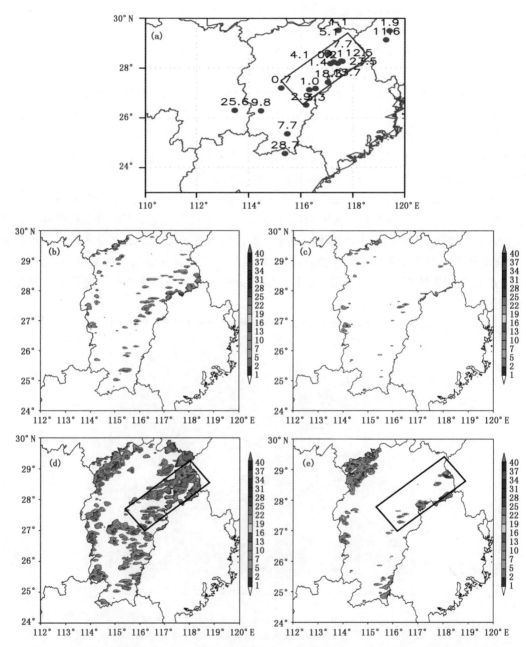

图 7.28　分别为观测 24 h(a)、Noah 模拟的 6 h(b)、Slab 模拟的 6 h(c)、Noah 模拟的 12 h(d)、Slab 模拟的 12 h(e)降水量(单位:mm)。(图 a 引自李昀英在 2008 年 9 月南方暴雨研讨会报告)

结果相对较差,它并没有模拟出这一雨带的基本特征。这就给我们提出了一个问题,为什么不同陆面模式的模拟结果差别这么大?陆面过程又是如何影响对流性降水的发生和发展的?接下来我们主要集中来考察该区域内的对流的启动和发展过程,并详细分析陆面过程对对流启动过程的作用。

① 对流启动

2008 年 8 月 2—3 日发生在该区域的强降水受大尺度系统的影响较弱,主要是由局地热对流作用产生的(李昀英等,2008)。首先来看一下产生这次强降水的对流启动过程。图 7.29给出了 Noah 与 Slab 陆面方案在 8 月 2 日北京时 10 时 30 分到 15 时这段时间的低层风场(200m)、水汽通量散度场以及降水量随时间变化的分布情况。可以看到:

采用 Noah 陆面过程方案时,对流启动的早。由图 7.29a 可见,低层水平风场在江西和福建省交界处表现为辐合区,而且水平水汽通量表现出强的辐合,有利于对流降水的产生。从图中可以看到,降水首先在辐合运动的大值中心出现,说明这次降水与局地水汽辐合上升运动有直接关系。紧接着对流沿着东北—西南向 2 h 后发展增强(图 7.29b),而且 Noah 明显比 Slab强(图 7.29e),局地的水汽辐合大值中心都对应降水发生的地方。同时 Noah 在江西东北部地区开始出现水平场的局地辐合和水汽通量辐合大值中心,相应也开始有降水发生,而 Slab中没有。2 h 后(图 7.29c),这个地方 Noah 模拟的局地水平风场和水汽辐合运动发展强盛,对应的降水也发展增强,出现一条明显的东北—西南向雨带(CD),与观测中发生强降水的地区一致(图 7.28a),而 Slab 中这条雨带没有发展起来(图 7.29f)。

边界层的发展对对流降水的产生有着重要的影响。图 7.30 是对流降水发生前 10—12时(降水主要在 12 时 45 分发展起来,图 7.29b)的边界层厚度的发展以及相应的对流有效位能的变化。从图 7.30a 和 d 可以看到,在对流降水发生前的 0.5 h,江西与福建交界处,Noah的边界层厚度明显比 Slab 深厚,并且在 Noah 试验中,在两省交界处北侧,有一明显的边界层厚度发展区域,而 Slab 并没有很好地体现。对流有效位能的变化与边界层厚度的变化一致,Noah 明显地比 Slab 强,这也部分解释了 Noah 降水启动比 Slab 早的原因。Findell 和 Eltahir(2003)指出地表感热通量是影响边界层发展的一个重要因子。从图 7.31 可以看出,对流启动前 2 h 平均的地表感热通量在对流启动区域,Noah 明显强于 Slab。Noah 陆面方案中感热通量的大值区由地表向大气释放热量而加热大气,有利于边界层厚度的增厚,促进了对流的发展。另外,在该区域的北侧,感热通量 Noah 也明显强于 Slab,这也是后来在北侧发展的强降水雨带的位置。

北京时 12 时 45 分前后(图 7.29b、e),Noah 试验结果表明江西与福建交界的对流降水已发展到强盛时期,出现了不连续的对流雨团,而且雨团位置伴随着低层风场辐合,使得其周围的水汽向雨团中心输送。但此时,Slab 方案模拟该区域的对流降水刚开始启动。可以看出,它在该区域的边界层较前 1 h 也发展变厚(图 7.30e),但对流有效位能仍然比 Noah 低。另外,Noah 模拟中该区域北侧的边界层厚度(图 7.30b)明显比 Slab 厚,对流有效位能也比它大,之后该区域北侧也出现了强的水平水汽通量辐合以及强的水平风场辐合,并且有对流降水产生。但是这些特征在 Slab 模拟中都没表现出来。

2 h 后(图 7.29c、f),江西与福建交界处的强降水带开始消失,但其北侧的降水已发展得较为强盛,而且每个雨团都伴随着强的水汽辐合中心,但是,这一强降水带在 Slab 中并没有表现出来。这也与之前边界层厚度的发展变化一致(图 7.30c、f),北侧区域边界层厚度 Noah 发

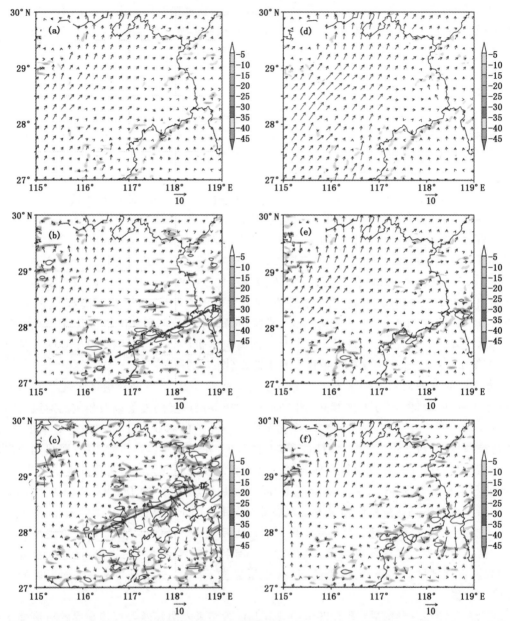

图 7.29　Noah 和 Slab 陆面过程模式模拟的低层(模式层第 3 层)水平风(箭头,单位:m/s),水汽通量散度(阴影区,单位:s⁻¹)和 1 h 大于 5 mm(红线)的降水(a、b、c 分别为 Noah 模拟的 02:30、04:45、07:00 UTC 各变量情况,d、e、f 为相应时间的 Slab 模拟情况)

展得明显深厚,对流有效位能的大值区比 Slab 要大。

　　从 Noah 和 Slab 结果来看,对于热对流性降水,Noah 模拟的对流降水启动时间比 Slab 要早,而且 Noah 对雨带的模拟更加合理。对流启动前的地表感热通量是影响边界层发展的一个主要因子,它是通过怎样的过程来影响的,以及两种陆面方案结果为什么会存在这么大的差异,这些都是我们所要关注的重点问题。

　　② 不同陆面过程对边界层发展的影响

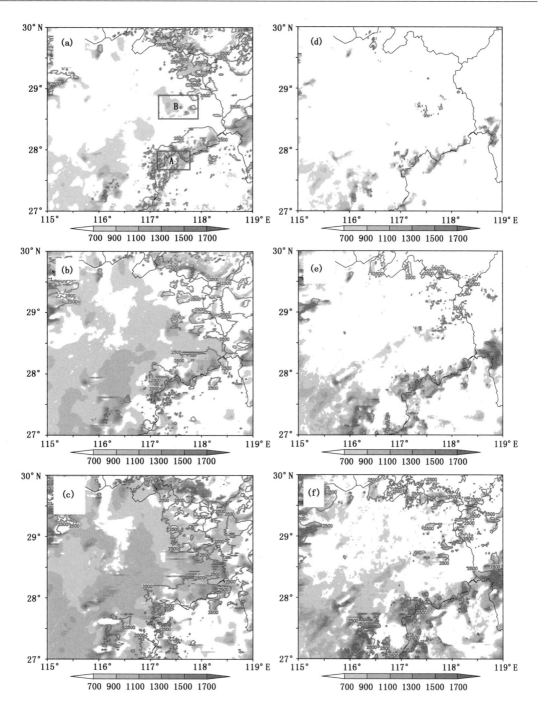

图 7.30　Noah 和 Slab 模式模拟的对流启动前和启动过程中边界层厚度(阴影区,单位:m)和对流有
效位能(等值线,单位:W/m²)的分布(Noah 模式:a. 02:00 UTC,b. 03:00 UTC,c. 04:00 UTC,;
Slab 模式:d. 02:00 UTC,e. 03:00 UTC,f. 04:00 UTC)

　　强对流区域与边界层感热通量的大值区和边界层厚度的深厚区是一致的,我们再来分析
不同陆面过程方案在最先对流启动发展处的边界层垂直结构的发展变化。图 7.32 给出了图
7.30a 中 A 区域平均的温度、水汽和垂直速度随时间的变化。从图中可以发现,夜间,Noah 的

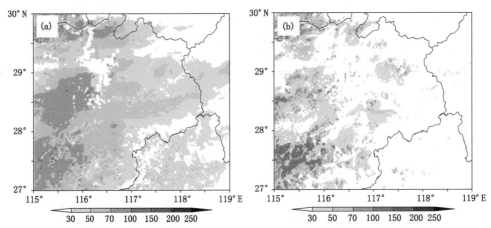

图 7.31　模式模拟的 8:00—10:00 两小时平均的感热通量分布(a. Noah, b. Slab)(单位:W/m²)

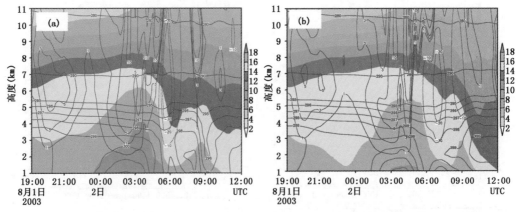

图 7.32　A区域(图 7.30a 中所示,117.3°—117.8°E, 27.7°—28°N)平均的温度(℃,红线),
比湿(g/kg,阴影区)和垂直速度(cm/s,蓝线)随时间和高度的变化 (a. Noah, b. Slab)

低层大气温度比 Slab 高,并且大气中水汽含量也比较大,低层的垂直速度稍大些。8 月 2 日清晨,随着太阳辐射的增加,Noah 近地面气温增温的时间比 Slab 增温时间要早。从图中看出,Noah 方案模拟 08 时就开始升温了,而 Slab 延迟了 1.5 h,09 时 30 分左右近地面气温才开始升温。造成这种结果的直接原因是,在这段时间,Noah 的感热通量一直比 Slab 大(图 7.34a)。但随着对流降水的产生,地表冷却,感热通量会减少。因此,图 7.34a 中 10 时之后 Slab 的感热通量反而大于 Noah。因为 Slab 降水发生时间比 Noah 晚,强度也较 Noah 弱。另外,从夜间到第二天中午,Noah 的低层大气水汽含量一直比 Slab 高,特别是 08 时以后,水汽含量明显大于 Slab,并且此时低层垂直速度也明显大。正是由于这样的配置,使得低层的水汽被上升运动带动向上输送。那么,为什么 Noah 模拟的低层大气比 Slab 湿,图 7.34b 可以解释。从图中可以看出,Noah 模拟的局地潜热通量比 Slab 大,而且这期间一直是 Noah 模拟比 Slab 大。Noah 从 07 时潜热通量开始迅速增大,而且表现出明显的优势,这使得 Noah 模拟的低层大气比 Slab 湿 (图 7.34b)。并且在 10 时之前,Noah 对流有效位能快速增长,对流抑制能减弱(图 7.34d),使得大气不稳定度比 Slab 大,而且图 7.34a 中 Noah 的感热通量比 Slab 大,与之对应的 Noah 边界层发展比 Slab 深厚(图 7.34c)。到 13 时前后,Noah 开始出现下沉运动,大气中水汽含量开始减少,降水减弱,但 Slab 的结果要稍晚些。

由于对流启动前,随着太阳辐射的增强,风场的辐合也在迅速增强(图 7.29)。低层辐合的增强,必然导致周围水汽向中心集聚(图 7.29),再加上地表的蒸发,当大气低层的热量和水汽的集聚达到一定程度时,就会产生大气环境的位势不稳定(李昀英等,2008),此时对流有效位能迅速增长,而对流抑制能迅速减弱(图 7.34d),边界层也快速增长(图 7.34c)。在这样强烈的位势不稳定环境中,容易促进边界层垂直环流的产生。因为 Noah 陆面模式明显提高了计算地表感、潜热通量计算的合理性,并且它能正确地反映波恩比,而简单的 Slab 模式计算的蒸发明显偏低。另外,Noah 对地表通量的昼夜循环变化描述得更加合理,它模拟的近地层温度和水汽更接近观测(Chen 和 Dudhia,2001b)。因此,Noah 模拟能够更加合理地描述这次对流的启动过程。

图 7.33 是图 7.30a 中的 B 区域平均的边界层温度、水汽和垂直速度的时间高度剖面。从前面的分析我们知道,Noah 在该区域于 13 时前后对流开始启动,在 15 时前后形成了一条强降水雨带,与实际观测比较接近(图 7.28a),而 Slab 并没有降水出现。

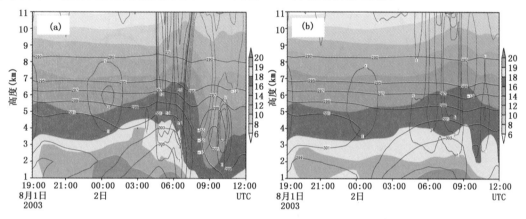

图 7.33 同图 7.32,但为图 7.30a 中 B 区

从图 7.33 中可以看到,夜间,Noah 近地面的温度明显比 Slab 高,而且第 2 天 08 时,Noah 近地面温度已经达到了 303 K,而 Slab 只有 299 K,这可能是由于 Slab 夜间稳定边界层较强,会抑制第 2 天边界层的发展,也会使得第 2 天的温度偏低(Findell 和 Eltahir,2003;Segal, et al.,1995)。随着太阳辐射的增强,Noah 陆面方案近地面温度迅速增加,到对流启动时(13 时前后),近地面温度超过 307 K,而 Slab 的温度明显偏低。相对应的地表感热通量在对流启动前,Noah 一直比 Slab 大,而且在 11 时之前,感热通量急剧增加(图 7.35a)。低层大气热量的增加同样使得大气环境不稳定,即对流有效位能增加,对流抑制能减少(图 7.35d),容易促使边界层的发展(图 7.35c),并且在对流发生前,Noah 边界层发展的比较深厚,而 Slab 较浅。另外,Noah 相对 Slab 来说,低层大气偏湿。还有一个更重要的特征是在 12-13 时,低层大气的垂直上升速度 Noah 明显地大于 Slab 的结果,这为对流的发生提供了一定的动力条件,使得低层的水汽不断向高层输送,为降水的产生提供了物质条件。同时,对流启动前,Noah 潜热通量明显比 Slab 大,它的主要作用是向大气输送水汽,增加大气的可降水量。至 14 时前后,Noah 的上升运动很强,而 Slab 相对较弱。到 15 时前后,Noah 垂直速度减弱,表现为强的下沉运动,而 Slab 基本没有什么变化,仍表现为很弱的上升运动。另外相应地,在图 7.35 中可以看出 13 时降水发生以后,Noah 在该区域的感热通量、边界层厚度与对流有效位能都开始减弱,

逐渐开始小于 Slab,这是由于 Slab 没有降水产生的原因。

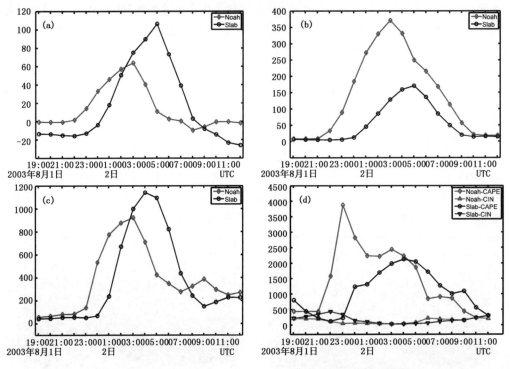

图 7.34　A 区域(图 7.30a 中)平均的 Noah 和 Slab 模拟的边界层变量随时间的演变

(a. 感热,b. 潜热,c. 边界层厚度,d. 对流有效位能和对流抑制能:单位:W/m²)

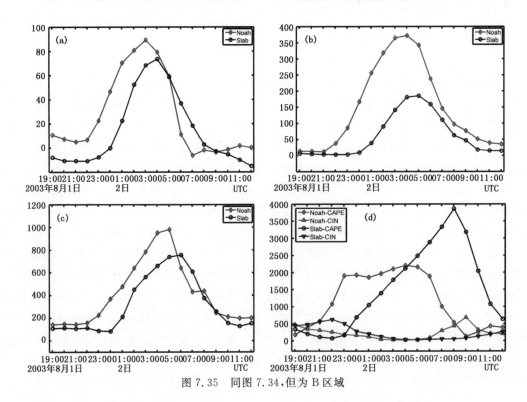

图 7.35　同图 7.34,但为 B 区域

从对以上两个区域的对流降水启动过程的分析来看,不同陆面过程对局地发展的对流产生的影响是非常显著的。由于 Noah 陆面过程能够比较合理地描述地表特征,对陆气通量的计算比较合理。在对流启动前,Noah 模拟的感热通量增加迅速,使得迅速加热大气。局地感热输送的逐渐增加,有利于激发局地的辐合上升运动,可以把水汽从低层输送到高层;此外,潜热输送也逐渐增加,二者呈一致的变化。当感热和潜热的累积达到一定程度后,大气环境会产生位势不稳定,对流有效位能增加,对流抑制能减少。降水发生后,地表温度降低,感热通量迅速减小,边界层厚度逐渐变薄。总之,热对流降水的发生主要是由于对流启动前感热和潜热共同作用的结果。

(3) 陆气相互作用对对流启动的影响

为了进一步理解陆气相互作用对对流启动的影响作用,不同陆面过程方案对对流启动过程的影响还需要我们来进一步探讨。分别沿着图 7.29b、c 中的 AB、CD 雨带做垂直剖面,分别分析对流启动前、启动时以及启动后的边界层内的水汽输送与对流云团形成的关系。

图 7.36 是两种陆面方案沿雨带 AB 所做的剖面情况。可以看到,在对流发生前(图7.36a、d,北京时 09 时 15 分),对应在图 7.29a 中对流首先开始启动的位置(27.8°N,117.8°E附近),Noah 和 Slab 都表现出有水平水汽通量的辐合,但 Noah 明显比 Slab 辐合强,而且伴随着明显的上升运动,这给降水的形成提供了有利的水汽条件和动力条件。2 h 后,之前的水平水汽辐合有所加强,Noah 中该区域的东北和西南方向都出现了较强的对流区域,水汽通量的辐合明显强于 Slab。对流的发生,大气低层必然对应有辐合运动。随着太阳辐射的增强,地表升温很快,通过感热不断地向大气传输热量(图 7.34a)。低层热空气上升,导致周围空气的补偿性辐合,即风场的辐合,风速相应加大。在风场的辐合中心都对应有水平水汽通量的辐合,并且中心强的上升运动带动水汽向上输送,而且高层辐散运动起着"泵"的作用,加强了低层水汽的向上输送。正是因为 Noah 强的水汽向上输送,给云团的形成提供了充足的水汽来源。但由于 Slab 低层的水汽辐合较弱,而且感热通量较低,上升运动较弱,使得向上输送的水汽较少,还不足以形成云团(图 7.36e)。到了 12 时 15 分(北京时)(图 7.36c、f),在 Noah 中,沿 AB 雨带的对流雨团发展强盛。低层风场的辐合运动明显比之前时刻强,低层水汽通量辐合中心也明显加强,而且其对应的高层上空也出现了水汽通量辐合大值区,并且对流云团发展很强盛。低层风场辐合的加强和高层的辐散使得水汽通量辐合高值中心的上升运动明显增强,而且辐合中心的两侧出现了明显的下沉运动,形成了明显的局地垂直环流,这些环流的形成进一步加强了低层水汽向上输送。另外,可以发现云团发展深厚的区域都对应着低层水汽通量辐合的高值区。与 Noah 相比,Slab 模拟明显要弱一些。低层的风场辐合与相应的水汽输送都较弱,使得向高空的水汽输送较少,不利于对流云团的形成。

由图 7.28a 的降水实况图上可以看到,在 28°N 以北地区存在一个强降水中心,降水量最大值达到了 23.5mm。Noah 陆面方案比较合理地模拟出了这一强降水雨带,而且强降水中心的位置也得到了较好的模拟。但是 Slab 陆面方案模拟得相对比较差,这一雨带并没有被模拟出来。图 7.37 为 10—15 时沿着雨带 CD 的垂直剖面结构。雨带上的降水发生在午后时期,但对流从早上就开始发展了。在 10 时 45 分(北京时),Noah 模拟的结果(图 7.37a)表明,在这一时刻,在(28.6°N,117.5°E)和(28.8°N,118°E)之间低层存在一个较强的水平水汽通量的辐合中心,低层主要表现为西南风。由于该区域此时地表感热通量强(图 7.35a),不断向大气输送热量而加热大气,使得局地风场辐合上升,垂直运动加强,而周围的风场也出现了补偿性

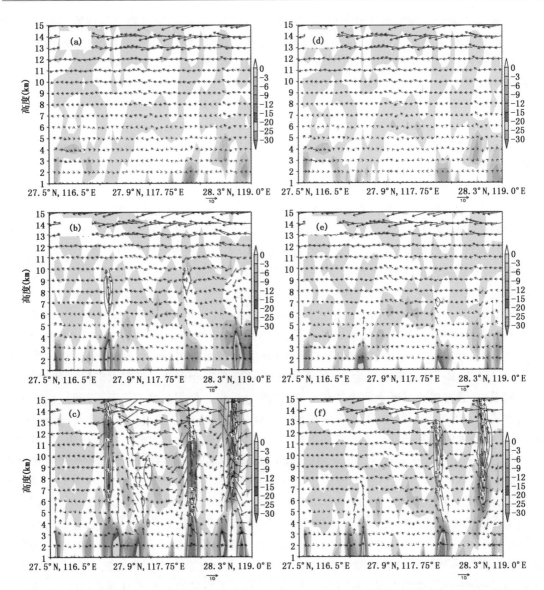

图 7.36　沿着图 7.29b 中 AB 雨带(116.5°E,27.5°N°—119°E,28.3°N)云水(红线,单位:g/kg)、水平
水汽通量散度(阴影区,单位:s⁻¹)以及垂直风矢量场(箭头,单位:m/s)的垂直剖面（a、b、c 为 Noah
模拟的 01:15、03:15 和 04:15 UTC 的情况,d、e、f 分别是 Slab 在相应时刻的模拟情况)

的辐合,使得低层辐合的水汽不断地往高层输送。这些都为对流的发展提供了良好的环境。
而且从图中可以看出,Noah 和 Slab 存在一个显著的差异,Noah 的垂直上升运动明显比 Slab
强。这是由于地表感热通量 Noah 明显比 Slab 大(图 7.35a)。因此,Slab 向低层大气输送的
热量偏少,使得垂直上升运动偏弱,向上输送的水汽少。到了 12 时 15 分,Noah 方案(图
7.37b)中在 10 时 45 分的强水汽辐合中心并没有继续增强,而其两侧的感热通量大值区(图
7.31a)出现了强的水汽辐合中心,并且辐合中心对应有强的垂直上升运动,两侧出现下沉运
动,低层风场表现为向中心的辐合运动,从而形成了局地垂直环流。垂直环流的形成又加强了
低层的水汽向高层输送,使得高层的水汽不断地累积,促进了对流云团的生成。从图中可以看

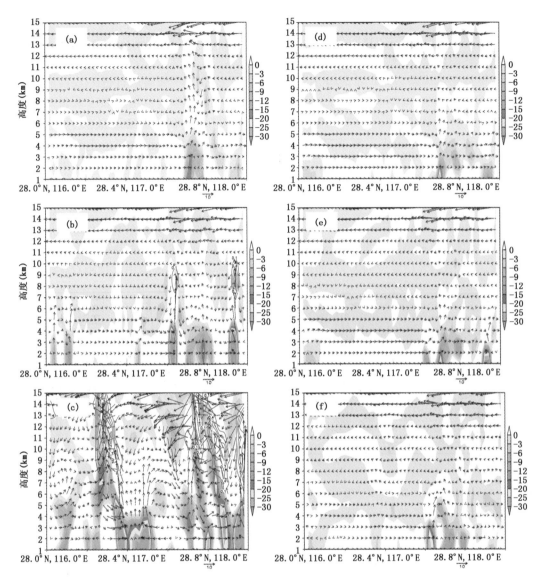

图 7.37　沿图 7.29c 中 CD 雨带(116°E,28°N—118.5°E,29°N)的云水(红线,单位:g/kg)、水平水汽
通量散度(阴影区,单位:s⁻¹)以及垂直风矢量场(箭头,单位:m/s)的垂直剖面(a、b、c 为 Noah 模拟
的 02:45、04:15 和 07:15 UTC 的情况,d、e、f 分别是 Slab 在相应时刻的模拟情况)

出,两个低层水汽通量的大值区上空已经对应有对流云团的形成。而 Slab 的模拟(图 7.37e)
与 Noah 存在显著的差异。可以看到,之前的低层水汽辐合中心仍然存在,但没有发展起来。
并且在其东北方向,与 Noah 类似,出现了另一个辐合中心,但明显比 Noah 的要弱。Slab 在
该雨带上没有发展起来的一个主要原因可能是由于该区域内的感热通量和潜热通量较小,虽
然低层出现了水汽的辐合,但由于缺乏动力条件,不能将低层的水汽往高层输送。图 7.37c 为
Noah 中 CD 雨带达到强盛时期的垂直剖面结构。我们可以看到,该时刻的局地垂直环流很
强,而且低层水汽在该垂直环流的作用下不断地往高层输送,使得中高层的水汽不断累积,并
且形成了强的水汽大值区,有利于对流云团的形成,从而产生降水。每个对流云团的形成都对

应着低层或者中高层强的水汽通量辐合中心和强的上升运动。而 Slab 的结果(图 7.37f)与 Noah 相反,与前一时刻相比,该时刻反而减弱了。低层在逐渐变干,而且风场减弱,水汽无法往高层输送。因此,Slab 中并没有降水的形成。

为了更清楚地认识 Noah 与 Slab 之间的差异,对它们的环流场进行进一步的分析。图 7.38a 是对流发展强盛时 Noah 和 Slab 的水平水汽通量散度、垂直速度场和云水量的差异沿着 CD 雨带的剖面,图 7.38b 为 CD 雨带对流发生前(图 7.37a)的感热通量和边界层厚度的变化。可以看到,Noah 与 Slab 的垂直环流场差异非常显著,出现了强的局地垂直环流。从图 7.38b 可以看到,沿着 CD 雨带,Noah 的感热通量明显大于 Slab,而且在差异显著的区域基本上都对应强的垂直上升运动(图 7.38a),使得低层的水汽向上输送,增加了高层的水汽含量,有利于对流云团的形成。另外,从图 7.38b 可以看到,沿着 CD 雨带,Noah 与 Slab 的感热通量和边界层厚度的变化比较一致,在 Noah 感热通量比 Slab 大的区域,其相应的边界层厚度比 Slab 深厚,而且感热通量差异显著的区域,边界层厚度差异也较大。这表明地表感热通量的分布差异,会影响边界层发展的差异,而边界层厚度的差异又可以改变中尺度垂直环流。

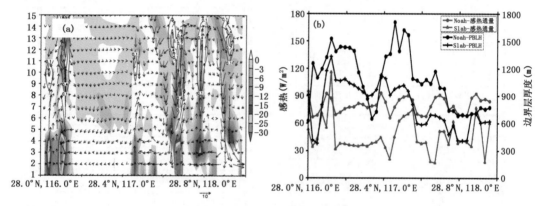

图 7.38　(a)沿 CD 雨带的 Noah 与 Slab 的垂直剖面差异场(05:15 UTC),(b)沿 CD 的边界层厚度
(黑线,02:00 UTC)和感热通量(红线,02:00 UTC 前 2 h 的平均值)的分布

(4) 两种陆面过程对流启动差异的原因探讨

以上分析了两种不同复杂程度的陆面过程 Noah 和 Slab 的对流启动和发展过程,我们可以发现它们的差异非常显著。Noah 比较合理地描述了对流的发生、发展过程,但 Slab 相对要弱一些。Noah 的初始土壤温、湿条件是由 GLDAS 资料给出的,它可以某种程度较合理地反映出某个时间当地土壤温、湿的实际状况。而 Slab 陆面过程的初始土壤温度是由地表温度与深层土壤温度经过简单的线性插值得到的,并且它没有湿度的预报。为了排除由于初始土壤条件不同而引起两种陆面过程对流启动的差异,在试验中,我们将 Slab 经过插值得到的初始土壤温度用 GLDAS 资料来代替(图 7.39)。经过这样的处理后,可以知道对流启动、发展过程中的差异主要是由于两种陆面过程的差异所引起的。

Noah LSM 包括土壤模块和一层植被冠层的植被模块,不仅能够提供土壤温度的预报,还可以预报土壤湿度、地表径流等。Slab LSM 描述很简单,如:土壤湿度被定义为土地利用的函数,仅有夏季和冬季的值,不能反映相应近期的降水和土壤湿度;陆地使用分辨率比较粗糙;而且没有植被和径流过程。Noah 与 Slab 最主要的一个差别是 Noah 有详细的描述地表植被特征的模块,而 Slab 没有植被的描述,这也说明了 Slab 中没有考虑植被反馈的作用,地表特

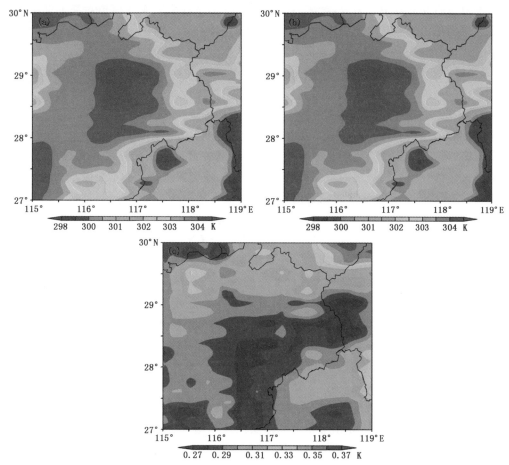

图 7.39　Noah 初始(2003 年 8 月 1 日 18:00 UTC)土壤温度(a)，Slab 初始土壤温度(b)，
Noah 初始土壤湿度(c)分布

土壤温度的单位为 K，土壤湿度的单位为体积含水比率(%)

征比较均一。另外，Noah 方案中关于感热和潜热通量的计算是比较合理的，而 Slab 方案的计算比较简单。由于地表性质的非均匀性使得感热和潜热的输送呈非均匀性，地表感热通量的分布不均匀使得近地面产生了风场的辐合，有利于对流的发生。因此，Noah 与 Slab 对流启动差异的一个主要原因是由于两者对下垫面非均匀性描述的不同。

（5）总结与讨论

本节分析研究了发生在中国夏季的一个典型的局地对流降水的启动和发展过程，并通过详细分析 Noah 和 Slab 陆面模式对这次对流系统的启动和发展过程中边界层结构发展变化的影响，探讨了不同复杂程度陆面过程对对流启动、发展的影响，以及中尺度陆气相互作用的机理。

模拟结果表明，局地对流的启动和发展对陆面过程有很强的敏感性。Noah 陆面过程更加合理地模拟出了对流降水的启动和分布位置。两个陆面过程在预报对流启动和边界层结构演变过程中表现的差异，都与两者地表感热和潜热通量分布的差异表现一致。地表感热通量分布的梯度，使边界层厚度分布产生梯度，有利于改变中尺度局地环流，这有点类似"内地的海陆风"效应(Trier，*et al.*，2004)，中尺度局地环流又会加强边界层热动力结构的不稳定性，这直接影响对流启动的发生。另外,造成 Noah 与 Slab 两个陆面方案在模拟对流启动的差异的一个主要原因是由于两者对下垫面非均匀性描述的不同。

7.4　雷达资料同化和数值预报试验

7.4.1　引言

梅雨锋(或江淮切变线)暴雨是中国夏季长江中下游地区的主要降水系统之一,以前往往把梅雨锋仅作为一个天气尺度的系统来研究,近年来,随着探测技术的不断进步和观测资料的不断增加,越来越多的人开始注意到梅雨锋上多尺度天气系统的相互作用(赵思雄等,2004)。尽管单个中尺度雨团具有空间和时间尺度都比较小的特点,但由于多个雨团相继地产生,从而形成了持续性的强降水,造成洪涝灾害的重要原因之一就是多个中尺度雨团接连不断地在天气尺度的锋面系统上发生、发展和消亡。在夏季高温、高湿的天气背景下,这种中尺度系统具有突发性、多发性和致灾性,它们和天气尺度系统发生相互作用,并相互影响。中尺度暴雨过程预报的难点在于我们对它的形成和发展机理的了解还不够,以往常规的观测网络很难获取它的实时的三维观测资料,即使我们有了较高分辨率的数值模式,但由于没有足够的中尺度观测信息作为模式预报的初始信息,同样很难做出较准确的暴雨预报。常规观测网的资料除了降水记录以外,很难获得全面的中尺度暴雨结构和演变方面的信息,而新一代多普勒雷达网的建设则大大弥补了这一方面的不足,尽管也有一定的缺陷(一般只能探测已经形成的降水、存在大范围连续的无观测区和需要进行复杂的资料处理等),但相对于常规资料来讲,江淮流域相对密集的雷达网,基本上能够探测和跟踪到发生在梅雨锋上的中尺度对流系统(MCS, Mesoscale Convective System)。

梅雨锋上的中尺度降水系统与局地发生的 γ 中尺度的强对流系统不同,局地的强对流系统如冰雹、龙卷、飑线等,主要是在一定的天气形势下,由局地小环境的突然强烈变化引起,发生特别突然,天气变化特别剧烈,时间和空间尺度也特别小。梅雨锋上的中尺度降水系统则是依赖于梅雨锋这一天气尺度系统的,梅雨锋上一般会同时存在 1 至几个 β 中尺度的对流系统,在每个 β 中尺度的对流系统上通过雷达反射率因子还可以分辨出几个更小的 γ 中尺度的较强的对流单体,这些中尺度系统的强度要比前文提到的局地强对流系统弱得多,垂直速度相差也可达一个量级,但由于会有多个对流单体持续发生,因此,往往造成较大的累积降水量。

鉴于梅雨锋降水系统的多尺度特点和中国新一代多普勒测雨雷达在长江中下游地区的布网情况,本节选取了 2007 年 7 月上旬梅雨期间的一次淮河暴雨过程进行了同化雷达资料与否的数值模拟对比实验。中国的新一代雷达网在淮河流域的布网间隔直线距离 300~500 km,就 600 hPa 高度左右的二维拼图来讲基本能做到全覆盖,但就 10 km 以下的三维空间来讲,由于雷达静锥区的存在和地球曲率的影响以及雷达探测能力随距离增加而下降、距离折叠和速度模糊等原因,空间三维拼图会存在大范围的资料不连续区。而梅雨锋降水一般是一个绵延几百至上千千米以上的雨带,南北宽度约两百千米,对流发展的垂直高度一般在 7~8 km,特别强的可超过 10 km。因此,单个雷达往往只能观测到雨带上的个别单体,很难完整地探测到整条雨带,必须同时使用多部雷达同一时刻的观测资料才能将雨带描述完整。根据前面提到的雷达拼图情况和雷达资料的分辨率,对于梅雨锋雨带自身的发展演变,由于雷达资料的代表性问题,所能提供的信息有限,故较多地依赖于天气尺度的背景场;对于水平尺度 20 km 以下的 γ 中尺度的对流系统,由于其生命史太短、雷达观测资料自身的缺陷以及模式水平分辨率等原因,也无法较好地模拟;因此,试验的重点将放在对雨带上 β 中尺度对流系统发展演变的模拟上。更详细内容可参考刘红亚等(2010)。

7.4.2　对流参数化和云分辨模式

云降水过程中水成物相变释放或吸收热量、水凝物的负荷以及对流输送、云与辐射相互作用等都会对大气动力、热力过程产生重大影响。云中水凝物的含量可达 10 g/kg,它们悬浮于空气中对空气产生的重力拖曳相应的加速度可达 0.1 m/s²,相当于 3 K 温度差产生的浮力。云中的凝结潜热与饱和湿空气的升速成正比,1 m/s 的升速对空气的加热可达 0.001~0.005 K/s。已有工作表明,在台风等热带天气系统的发展中潜热起着决定性的作用,在中高纬度气旋的发展中潜热也起着重要作用,特别是暴雨系统中,云中潜热和水凝物总量要比一般天气系统中大得多。模拟结果发现,考虑潜热反馈时的上升速度是没有潜热反馈时的好几倍,若再忽略水凝物的负荷影响,最大垂直速度甚至大一个量级以上,可见云中的微物理过程和垂直运动是相互影响、紧密相连的(陈德辉等,2004)。

随着计算能力的不断提高,模式中的云物理过程已经由最初次网格的积云参数化方案发展成云分辨模式(Cloud-resolving Model),模式的水平分辨率也由上百千米提高到几千米甚至几百米。对于水平格距如此小的情况,可直接用云分辨模式描述各种云体,对流参数化方案就不再需要了。而对于 3~20 km 的水平格距,Molinari 和 Dudek (1986)指出参数化方案更不成熟,一般同时采用云分辨模式和参数化两种方法,如果网格尺度强迫较强,而对流不稳定又较弱,云分辨模式仍是较好的选择。

中尺度大气模式有两个关键问题需要解决,一是模式结果的检验,二是中尺度初始场的获取。中尺度大气模式能否在缺乏相应高分辨率的中尺度天气系统的初始条件下计算出正确的中尺度气象场?这是中尺度大气模式发展的一个关键问题。一方面,正确的中尺度地形资料有助于模式产生出正确的大气中尺度结构,另一方面,模式本身包含有中尺度大气运动规律,因此模式在比较均匀的初始场条件下随着模式的不断运行也能计算出中尺度天气结构,但由于缺乏实测中尺度初始场,计算得出的中尺度结构在四维时空分布上能否同实际一致是没有保证的。从大量的数值模拟结果来看,尽管可以模拟出同实际比较一致的中尺度结构,但它们发生的时间和地点只有相对意义而无法供预报参考。因此,从预报的角度来讲,获取并应用实际观测的中尺度初始场是十分重要的,对超短时和临近预报更是如此。而雷达等遥感资料恰恰可以部分地获取这些观测信息,再配以一定的同化技术的处理,为中尺度观测资料在提高中尺度数值预报水平方面的应用开辟了道路。

7.4.3　个例选择、模式设置和雷达资料的预处理

2007 年 7 月 7—9 日在淮河流域连续 3 d 出现暴雨,为 2007 年淮河流域降水最强的时段,其中安徽寿县 7 月 8 日的降水量达 262 mm,为该次过程日降水量最大值,安徽阜阳站的日降水量也超过了 200 mm。由雷达反射率因子可以发现,在这次降水过程中存在着多个中尺度系统的相继发生、发展、移动和消亡,每个系统的生命史约几个小时,之所以难以在数值模式中正确地描述这些中尺度系统的发生与变化,除了对这些中尺度扰动的发生、发展过程尚未完全

了解外,更主要的原因则是缺乏中尺度观测资料。因此,作为重要的一步,是要通过更加详实的观测资料,揭露和确认这些中尺度系统的一些重要的基本事实。特别是风场资料,因为对中尺度系统而言,风场扰动相对于气压场而言更为重要,风场可以提供更多中尺度系统的信息,尤其是辐合对流中心。对这次过程的特征分析参见赵思雄等(2007)。

2007年7月8日00:00—06:00 UTC为这次降水过程雨强较大的一个时段,中尺度对流十分活跃,由雷达反射率因子可见,在东西长约1000 km、宽约200 km的雨带上存在多个水平尺度几十至一百多千米的强对流中心。淮河中上游有5个站6 h累积降雨量超过100 mm,最大降水发生在安徽省长丰县达146 mm(图7.40a)。本节利用8日00:00 UTC南京(NJ)、徐州(UZ)、盐城(YH)、南通(NT)、合肥(HF)、阜阳(FY)、郑州(ZZ)、驻马店(ZM)、南阳(NY)和三门峡(SF)共10部新一代多普勒雷达经稀疏化后的7535个点上的径向风和反射率因子资料,采用GRAPES三维变分同化系统和中尺度模式对6 h降水进行了模拟试验。模式格点为401×301×32,水平格距为0.03°×0.03°,模式区域中心点位于(32.5°N,117°E),模式层顶位于28538 m,垂直方向采用不等距分层(图7.40b)。显式微物理方案选NCEP-3简冰方案;不用积云参数化方案;积分时间步长取20 s,预报时效6 h。其他参数设置如下:长波辐射为RRTM方案,短波辐射方案为Dudhia方案,边界层方案为MRF方案,地表方案为简单的SLAB热扩散方案。采用国家气象中心业务数值预报系统(T213)的分析场和预报场分别为数值模拟提供背景场和侧边界。

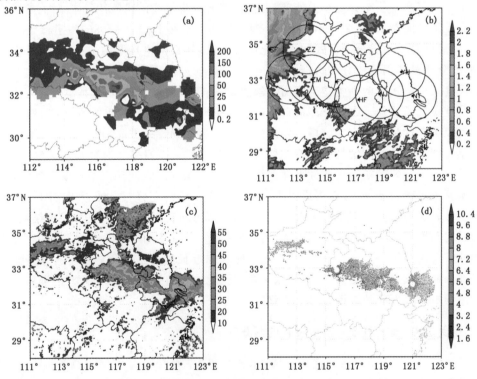

图7.40　降水实况、模式区域和所用雷达资料

(a. 06:00 UTC 6 h累积降水实况,单位:mm;b. 模式区域地形高度,单位:km,·表示雷达站位置,○表示最大不模糊距离;c. 00:00 UTC 4 km高度上雷达反射率因子拼图,单位:dBz;d. 稀疏化后的00:00 UTC雷达资料水平位置及所在高度,单位:km)

中国新一代 SA、SB 型号的 S 波段多普勒测雨雷达采用 VCP21 体扫方式时获取的资料垂直方向上有 9 个仰角,分别在 0.5°、1.5°、2.4°、3.4°、4.3°、6.0°、9.9°、14.6°、19.5°附近,每个仰角层上约每隔 1°一条径向数据,每层共约 360 条径向数据。反射率因子的径向分辨率(库长)为 1 km,多普勒速度的径向分辨率为 250 m,最大不模糊距离约 146 km,最大不模糊速度约 26 m/s。因此,鉴于分析和模拟主要针对水平尺度为几十千米的 β 中尺度的对流系统,需要对雷达的原始体扫资料进行稀疏化处理和一定的质量控制。本节在雷达天线海拔高度以上 1～10 km,径向 20 km 至最大不模糊距离之间,根据仰角从低到高每条径向分别每 32、32、32、32、32、32、24、16、12 个库长取一个多普勒速度资料,并判断径向速度的绝对值是否大于 2 m/s,同时判断此点是否存在回波强度大于 20 dBz 的反射率因子,只有同时满足以上条件的资料点才被选取。为了防止出现速度模糊的资料,在 3DVAR 中对多普勒径向速度信息向量的绝对值大于 15 m/s 的资料进行退模糊后再重新计算更新向量,若仍然大于 15 m/s,则将该资料丢弃。这样就在一定程度上剔除了地物回波等存在严重问题的资料,稀疏化后雷达资料的水平分辨率约 8 km,仍能较好地辨别出 β 中尺度(20～200 km)的天气系统(图 7.40c、d)。

由图 7.40 可见,10 部雷达基本覆盖了整个降水回波区域,但由于雷达静锥区的存在和地球曲率的影响,在雷达正上空和边界层还存在较大范围的无观测区,这对后来的预报可能会产生一定的影响。稀疏化后的雷达资料也能较好地分辨出雨带上水平尺度为几十千米的 β 中尺度的强对流区,杂波大大减少,但还不能完全去除。

7.4.4　三维变分同化结果

(1) 不同观测(反演)资料同化结果对比分析

为了考察在实际个例中同化径向风和反演的垂直速度的不同结果,对上述暴雨个例设计了一组同化试验(表 7.4),同化时将三维变分同化控制变量的水平影响半径设为 80 km。

表 7.4　同化试验方案设计

试验方案	同化变量	是否考虑里查森方程中的加热项和地形
Expt 1	v_r	否
Expt 2	w, q_r	是
Expt 3	v_r, w	否
Expt 4	v_r, w	是
Expt 5	v_r, w, q_r	是

Expt 1 用来考察单独同化径向风资料的效果,并且不考虑径向风观测算子中的垂直运动项的影响。Expt 2 用来考察同化由雷达反射率因子反演出的雨水混合比和垂直速度的效果,同化时考虑了地形强迫和加热的影响。Expt 3 用来考察联合同化径向风和垂直速度的情况,但没有考虑地形和加热项。Expt 4 与 Expt 3 的差别在于同化时考虑了地形和加热,用来考察地形和加热对同化结果的影响。Expt 5 考虑了各种影响因素和观测(反演)资料,用来考察同化雷达资料的综合效果。

图 7.41 给出了背景场和不同方案同化雷达资料后 850 hPa 的流场和 600 hPa 的散度场,以考察同化对水平风场的影响。

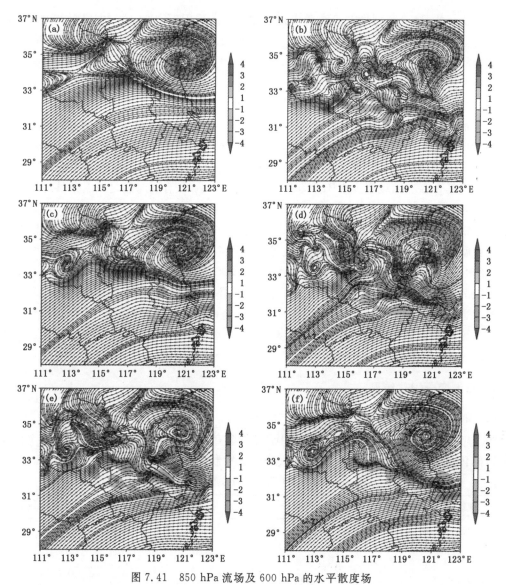

图 7.41　850 hPa 流场及 600 hPa 的水平散度场

（阴影为散度场,单位：×10⁻⁴s⁻¹;a. 背景场, b. Expt 1, c. Expt 2, d. Expt 3, e. Expt 4, f. Expt 5)

由图 7.41 可见,背景场的流场十分平滑,尽管包含有 α 中尺度的天气系统,但与雷达回波区相对应的区域并没有明显的切变线或低涡系统,水平散度也很小(图 7.41a)。在不考虑径向风观测算子中的垂直运动项的情况下单独同化径向风以后,850 hPa 与雷达回波区域对应的区域出现了一条明显的水平风辐合线,600 hPa 出现了较强的水平散度,雷达回波区以辐合为主,南北两边为辐散区(图 7.41b)。仅同化垂直速度和雨水混合比而不同化径向风的情况下,低层流场和散度场虽然也发生了一些变化,但变化幅度并不十分明显,说明垂直速度主要反映了较小尺度的对流运动,对水平风的影响是比较小的,因此,水平流场的改变也相对较小(图 7.41c)。不考虑地形坡度和里查森方程中的加热项的情况下联合同化径向风和垂直速度,得到较强的水平风切变线和散度场,强度比单独同化径向风弱,比单独同化垂直速度强(图 7.41d)。考虑地形强迫和里查森方程中的加热项影响的情况下,得到的低层风的水平切变和水平散度场比不考虑地形和加热时的情况要强一些(图 7.41e)。采用完整的里查森方程和完整的径向风观测算子来联合同化各观测(反演)资料的情况下,在沿着雷达回波走向 850 hPa 上为一条明显的水平风切变线,600 hPa 为明显的负散度,即辐合带,但强度除了比不同化径向速度的情况强外,比其他试验的结果都要弱些(图 7.41f)。

通过以上分析可见,同化径向风对水平风场的改变较大,而同化反演出的垂直速度对水平风场的改变相对较小,这与径向风主要包含了风的水平信息是一致的。垂直速度通过里查森方程这一观测算子来影响水平风场,要保持各种变量之间的相互协调,对水平风场虽然有一定影响,但相对较小,其主要影响在于改善背景场中的垂直运动。考虑地形强迫和加热使得同化垂直速度对水平风场(特别是底层)的改变有所增大。

(2) 不同水平相关半径对同化结果的影响

大尺度天气系统水平尺度在 10^6 m 以上,观测资料的间隔也多在 10^5 m 以上,背景场的水平相关半径的设置多在 500 km 左右,既要照顾到相关半径内资料的数量,又要考虑到天气系统的物理模型。中尺度天气系统的水平尺度从几十到几百千米,雷达资料的平均分辨率可达到 5 km 左右,因为采用天气尺度系统常用的统计方法来获取中尺度系统的背景场误差结构模型仍存在诸多困难,本节采用前文所述的 3DVAR 常用的构造相关模型的方式来构造背景场误差协方差矩阵。考虑到观测资料的密度和中尺度天气系统的尺度,水平相关半径的设置也必须和中尺度系统的物理模型相符。实际中尺度天气系统的水平尺度变化范围相对较大,同是 β 中尺度的系统,其最大水平尺度可达最小水平尺度的 10 倍,而且,对于同一系统,处于不同的发展阶段时其水平范围也可能相差数倍。因此,需要对水平相关半径的影响进行考察,以根据预报时刻的天气系统来设置合理的水平相关半径。考虑到 β 中尺度天气系统的水平范围主要分布在几十千米到一百多千米,下面分别将水平相关尺度设为 30、50 和 80 km 来同化雷达资料,结果见图 7.42。

将图 7.42 与观测的雷达反射率因子图像(图 7.40c)相比可见,水平相关尺度取 30 和 50 km 同化后的结果与观测比较一致;水平相关尺度取 80 km 以上时,同化得到的雨水混合比中心位置与观测的雷达回波区位置出现了较大的偏离,中尺度结构也越来越不明显。将图 7.42d 与图 7.41f 进行比较也可发现,水平相关尺度取为 50 km 同化后的 850 hPa 流场和 600 hPa 水平散度场表现出更明显的中尺度结构,强度也更强。看来,将水平相关尺度设在 30~50 km 对 β 中尺度的资料同化来讲比较合理,当然还要兼顾到网格的分辨率和观测资料的疏密程度及观测资料的代表性,不同的气象要素其水平相关尺度可能也不一定相同。

(3) 同化雷达观测(反演)资料后背景场的改变

图 7.43 给出了水平相关尺度取为 50 km 等压面上各物理量的背景场和同化雷达资料(径向风、反射率因子和垂直速度)后的增量场。

由图 7.43 可见,背景场中几乎不包含 β 中尺度天气系统的信息,各物理量在淮河流域均比较平滑,没有云水、雨水和垂直速度的信息。同化雷达资料以后,各物理量场均显示与雷达回波区对应的区域出现了明显的 β 中尺度的对流系统,雷达回波区一线为辐合上升区,并存在多个 β 中尺度的强对流中心(图 7.42d),500 hPa 水平风速的增量超过 10 m/s,最大值甚至接近 30 m/s(图 7.43f)。位势高度的增量较小,仅为几位势米(图 7.43a),这可能和中尺度系统不满足准地转关系有关,一些诊断关系采用了静力平衡近似可能也有一定影响。温度的增量较大,最大增量接近 1 K(图 7.43b),诊断方法和垂直插值方法可能也会对结果带来一定的影

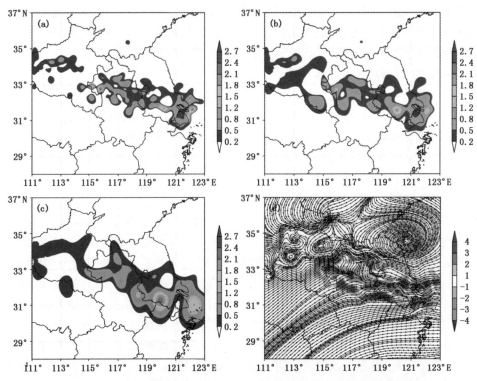

图 7.42　不同水平相关尺度时 500 hPa 雨水混合比（g/kg）的同化结果
（a. 30km，b. 50km，c. 80km）以及（d）50 km 时 850 hPa 流场和
600 hPa 水平散度场（阴影，单位：×10⁻⁴s⁻¹）

响。调整到饱和状态的水汽增量约在 1.0～5.0 g/kg，说明背景场中与雷达回波区对应区域
的水汽远未达到饱和，多数地方的相对湿度在 80% 以下（图 7.43c）。因为背景场中没有云水
和雨水，同化后雨水混合比增量达 1.0 g/kg（图 7.42b），云水混合比由诊断得到，增量最大值
设为 1.0 g/kg（图 7.43d），可能还存在一定误差。垂直速度分析增量最大值达到 1.0 m/s 以
上，能体现 β 中尺度天气系统的特征（图 7.43e），雷达回波区基本调整为上升区，南北两侧无
回波区为对应的下沉气流，以保持大气质量的连续，上升气流中心与雷达强回波区相对应。各
物理量的增量的水平分布特征与雷达观测的中尺度水平特征基本匹配。

　　图 7.44 给出了同化雷达资料后各物理量的增量场沿 32.5°N 的垂直剖面，以考察各增量
场的垂直结构。由图 7.44 可见，同化雷达资料以后，位势高度的增量在高层和低层呈现出基
本相反的位相（图 7.44a）。温度增量高值区主要发生在中低层，高层变化幅度较小（图
7.44b）。上升区的水汽被调整为饱和，对改善背景场中的湿度有重要影响（图 7.44c）。云水
由诊断得到，只有在上升速度和雨水含量达到一定的阈值区才进行诊断，但由于构造的垂直速
度相对较小，模式垂直分层较稀疏，因此云水的诊断结果存在一定的误差，因此，本节限定云水
最大含量为 1.0 g/kg（图 7.44d）。雨水增量在 1.0 g/kg 左右（图 7.44e），基本等于观测（反
演）值。垂直速度增量的大值区主要分布在中高层，与强盛的 β 中尺度对流系统发展旺盛、高
度较高是一致的，并伴有相应的下沉区（图 7.44f）。

　　总而言之，同化雷达资料后得到的分析场，相当于在原来比较平滑的背景场上叠加了中尺

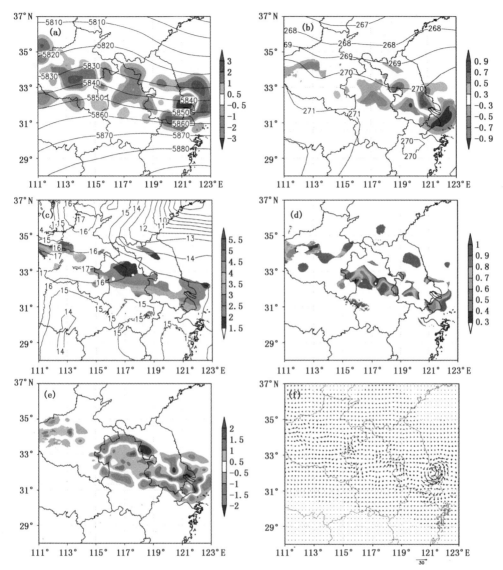

图 7.43　各物理量的背景场(等值线)和同化雷达资料后的增量场(阴影)
(a. 500 hPa 位势高度(gpm)，b. 500 hPa 温度(K)，c. 850 hPa 水汽混合比(g/kg)，
d. 600 hPa 云水混合比(g/kg)，e. 500 hPa 垂直速度(m/s)，f. 500 hPa 风矢量增量场(m/s))

度结构，此中尺度系统的水平和垂直结构都与雷达观测资料一致，各物理量之间相互协调。

7.4.5　数值模拟实验

为了考察同化不同雷达资料对短时降水预报结果的影响，本节设计了一组数值模拟试验(表 7.5，水平影响半径均为 50 km)。

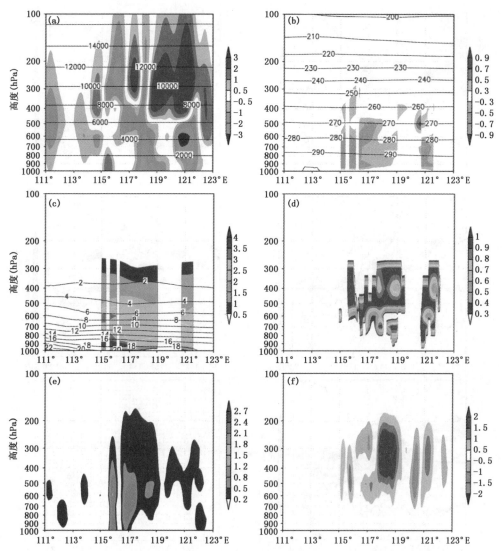

图 7.44　各物理量的背景场（等值线）和增量场（阴影）沿 32.5°N 的垂直剖面
（a.位势高度（gpm），b.温度（K），c.水汽混合比（g/kg），d.云水混合比（g/kg），
e.雨水混合比（g/kg），f.垂直速度（m/s））

表 7.5　试验方案设计

试验方案	同化变量	回波区水汽是否饱和
Expt 1	对照试验	否
Expt 2		是
Expt 3	v_r	是
Expt 4	v_r, w, q_r	是

　　Expt 1 为对照试验,用来做对比用。Expt 2 仅令回波区的水汽饱和,对其他物理量不做改变,用来考察水汽对对流系统的触发和维持的影响。Expt 3 考察回波区饱和的情况下仅同化径向风资料对预报的影响。Expt 4 用来考察回波区饱和的情况下联合同化径向风和雷达反射率因子反演的雨水和垂直速度对预报结果的影响。图 7.45 给出了模式运行 1 h 后各试验方案 500 hPa 的雨水混合比以及相应时刻 4 km 高度上的雷达反射率因子观测实况。

　　(1) 对照试验

　　Expt 1 为对照试验,以 T213 分析场为初始场,不同化雷达资料,直接进行数值预报。由图 7.43 和图 7.44 可见,背景场中并没有明显的对流结构,相对湿度多在 80% 以下,远未达到饱和,也不包含云水、雨水、垂直速度信息。并且淮河流域多为平原,地形平坦,因此,模式的起转现象严重,在与实测雨带相对应的区域内,对照试验 1 h 预报没有雨水出现(图 7.45a),6 h 内也没有预报出降水(图略)。

　　(2) 水汽的影响

　　鉴于背景场中的水汽距离饱和水汽相差较远,而水汽条件是降水过程中其他微物理量(垂直运动、各种水凝物)赖以存在的基础,因为在不饱和的水汽场中加入的微物理量是无法维持下去的(刘红亚等,2007b)。Expt 2 仅将背景场中与雷达回波对应区域的水汽设为饱和,其他方面设置与 Expt 1 相同。模拟结果显示水汽饱和对降水的触发和维持都有重要作用,预报一开始饱和区便有降水发生(图 7.45b),随后在背景场环境气流和中尺度模式的作用下发展、演变和移动,强劲发展的对流结构也会对环境场产生反馈作用,通过凝结潜热释放,维持对流发展,降水一直持续了整个预报时段(6 h)。但初始阶段对流结构发生的位置和强度分布与雷达观测(图 7.45e)并不一致,对流一般发生在饱和区的边缘,并且主要在南部较暖的一侧。

　　(3) 仅同化径向风的影响

　　Expt 3 仅同化雷达径向风资料,并忽略径向风观测算子中垂直运动项的影响,但将与雷达回波区对应区域的水汽设为饱和。从 1 h 预报结果来看(图 7.45c),500 hPa 雨水混合比的分布结构与 Expt 2 基本一致,但强对流中心的位置和强度仍比不同化径向风资料更接近实况,说明对流一旦触发以后,在对流的发展阶段潜热加热将居于支配地位,动力的重要性将相对减弱,但仍起到重要作用。因径向风资料中主要包含了中尺度水平风场的信息,对背景场中的水平辐合辐散进行调整,使得预报初始阶段水平风场辐合区上升导致水汽抬升凝结,促进对流发展。

　　(4) 同时同化雨水、垂直速度和径向风

　　Expt 4 是联合同化雨水、垂直速度和径向速度的情况,从 500 hPa 雨水混合比 1 h 预报结果来看(图 7.45d),对流的强度比单独同化径向风资料要强许多,水平结构也与实际雷达观测比较接近。因为同化垂直速度以后,初始场中增加了 β 中尺度较强的垂直速度信息,并与初始时刻雷达观测的强回波区相对应,较强的上升速度导致饱和水汽大量抬升凝结,释放潜热,对流快速发展。同化反射率因子使得初始场中增加了雨水和诊断得到的云水信息,对对流的发展也有一定的影响。但在西部山区,由于边界的影响再加上地形陡峭,较强的垂直运动导致对流发展过于旺盛,与实况差别较大,这点需要引起注意。模拟的 6 h 累积降水量(图 7.45f)雨带走向与观测基本一致,10 mm 和 25 mm 等雨量线涵盖的区域与观测实况也基本吻合。但模拟的大于 50 mm 的降水范围与实况差别较大,主要原因在于模拟的降雨云团是不停移动的,对新生对流雨团的模拟还存在较大欠缺,而实际观测在雨带上游不断有降水云团的新生并向下

游移动,从而使得上游地区强降水不断累积,以至于产生了超过 100 mm、甚至达到 150 mm 的
6 h 累积降水量,下文中还将对此作进一步的分析。

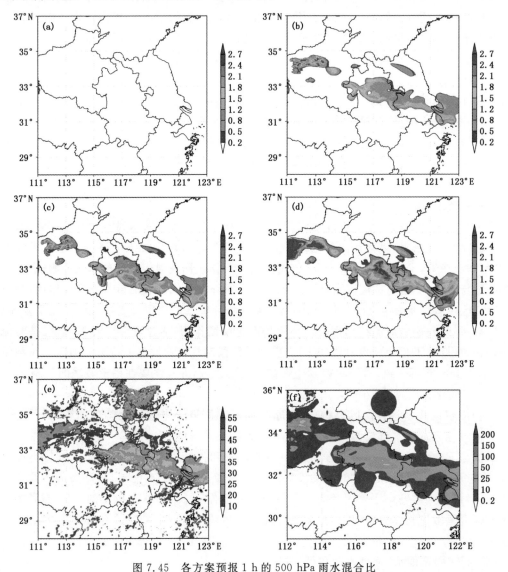

图 7.45　各方案预报 1 h 的 500 hPa 雨水混合比

(a. Expt 1, b. Expt 2, c. Expt 3, d. Expt 4,单位:g/kg)、同时刻 4 km 高度雷达
回波实况(e,单位:dBz)以及 Expt 4 模拟的 6 h 累积降水量(f,单位:mm))

　　由图 7.45 可见,饱和水汽是中尺度对流结构触发和维持的基本前提,没有饱和的水汽条
件,云微物理量和较强的垂直速度就失去了赖以维持和演变的基础。因此,若背景场中对流区
水汽远未达到饱和,则应对其进行调整,以利于对流的维持和发展。饱和水汽在中尺度地形和
中尺度模式物理机制的作用下可以触发对流和降水,但中尺度结构与观测还存在一定的差别。
仅同化雷达径向风资料对中尺度对流结构的触发和演变有一定的改善作用。同时同化由反射
率因子导出的雨水和垂直速度以及径向风资料,对模式初始阶段中尺度降水系统的结构和演
变都有重大改善,但在模式边界和地形陡峭的地方可能会产生对流发展过于旺盛的现象。

7.4.6　对流结构和降水演变过程

由以上分析可见,联合同化雨水、垂直速度和径向速度后(Expt 4),较好地启动了中尺度对流降水,模拟的 6 h 雨带走向也与实况十分一致,但在降水强度和位置上与实际情况还存在一定的偏差,为了进一步说明其原因,下面将分析降雨过程和对流结构的演变过程。图 7.46 给出了预报时段内 2 h 以后雷达观测的 4 km 高度上的组合反射率因子图像以及模拟的 500 hPa 上的雨水混合比,时间间隔为 1 h。

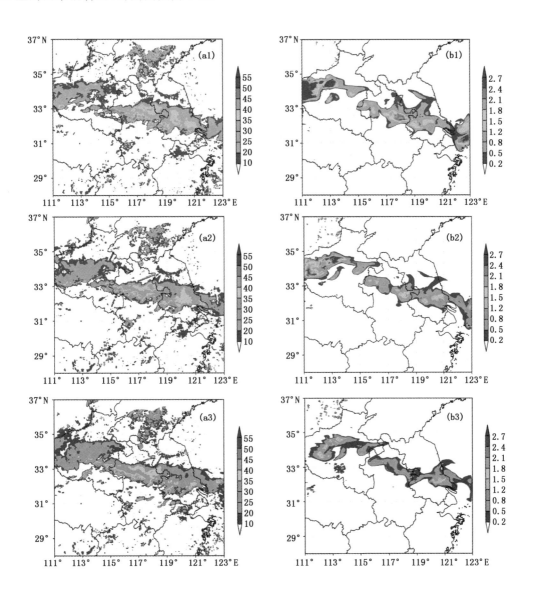

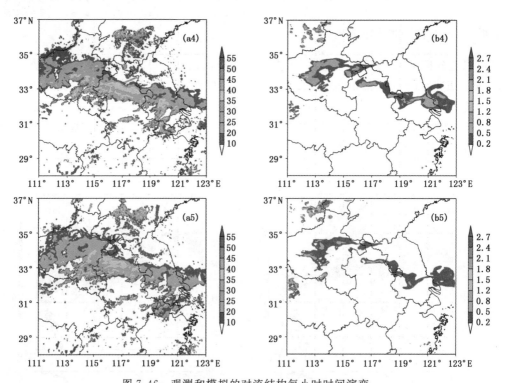

图 7.46　观测和模拟的对流结构每小时时间演变

（a1−a5：02−06 时 4 km 高度雷达反射率因子，单位：dBz；b1−b5：Expt 4 模拟
的 02−06 时 500 hPa 雨水混合比，单位：g/kg）

（1）对流结构的时间演变

由图 7.46 可见，同化雷达资料可以分辨出水平尺度为几十千米的对流结构，并且初始场中的对流信息随着模式的运行基本得到了保持，模拟的中尺度对流结构的走向和演变与雷达观测实况基本一致但范围略窄，整个雨带由几个强度不等的对流单体组成，强降水雨团随时间逐渐向下游移动，经历了发展消亡的过程。结合前面的同化结果来看，由于初始场中降水区上游阜阳以西尚未出现较强回波，因此上游的水汽场和中尺度风场由于缺少观测资料而没有得到调整，上游水汽供应不足，并且由于雷达周围 20 km 范围内没有观测资料，从而对预报结果有一定影响，而实际上在初始时刻阜阳附近恰是强对流中心，而且后来不断有新的对流单体在此处生成并向下游移动，使得 118°E 以西的 6 h 累积降水量比模拟结果大得多。随着预报时间的延长，初始的对流单体在环境风场的驱使下不断向下游平流，并伴随着加强、减弱或消亡。较强的对流单体基本持续了整个预报时段，但预报开始 3 h 后强度已开始减弱，较弱的对流单体的生命史约 2 h。从雷达实况图上可以看出，预报 3 h 以后，在主回波带的周围有一些零散的、范围较小但较强的雷达回波，这些回波将造成局地短时的较强降水，但数值模式对这些新生的对流系统的预报能力尚显不足。

（2）降水过程的时间演变

图 7.47 给出了观测和模拟的 6 h 预报时段内逐时的累积降水量。

由图 7.47 可见，实况 1 h 累积降水量与雷达反射率因子强度有较好的对应关系，特别是 35 dBz 以上的对流回波。5 mm/h 的强降雨中心基本与 35 dBz 的回波强度相对应，最大雨强超过 20 mm/h,甚至达到 30 mm/h,其对应回波强度应当超过 50 dBz(本节雷达拼图采用平均值方法,强回波偏弱)。数值模拟结果也基本上能达到同样的强度,在强降水时段雨强也可达到 20 mm/h,但由于雨团的移动,与实况相比最大雨强偏弱。预报 3 h 以后,模拟的降水逐渐减弱,而实况降水则由于新生对流单体的加入,仍保持了相当的降水强度。因为 1 h 累积降水量反映的是一个时段内多个雨团的累积降雨量,对单个雨团产生降水的强度的区分并不细致,

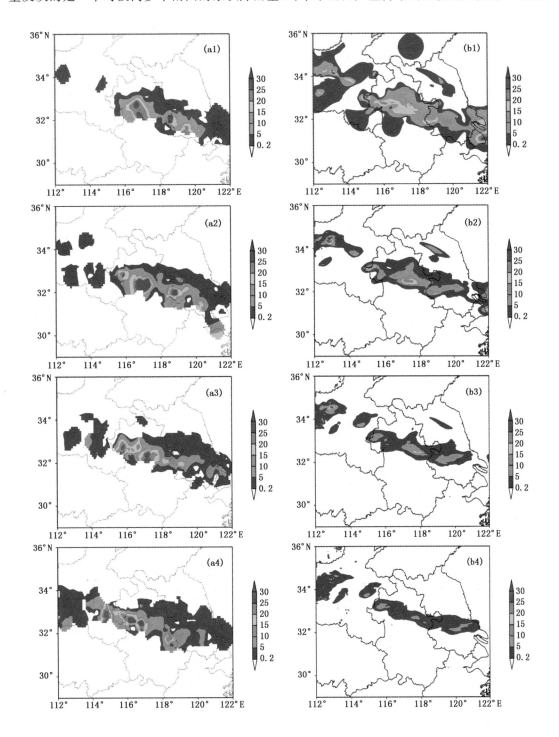

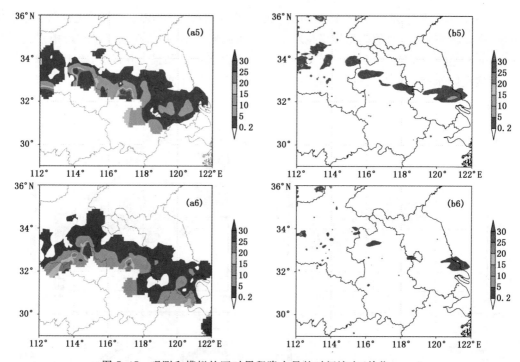

图 7.47　观测和模拟的逐时累积降水量的时间演变(单位：mm)
(a1—a6：01—06 时降水实况；b1—b6：Expt 4 模拟的 01—06 时逐时累积降水量)

而雷达反射率因子反映的是某个时刻的雨团强度,更能反映出雨团的强度演变和移动情况,但两者均能反映出较短时间内强雨团的分布情况。

　　总体而言,由于测雨雷达观测是一种不完全观测,只有已经发生降水的区域才有观测资料,并且中尺度对流系统一般初生期辐合上升等动力因子起重要作用,发展成熟期潜热释放等热力作用相对重要。因此,同化雷达资料对已有的对流单体的演变预报是比较好的,对新生对流单体的预报还需要进一步研究。梅雨锋或切变线为中尺度系统提供了有利的天气尺度环境场,边界层和地形中尺度强迫对对流的触发起着重要作用,对流发生后导致的水汽凝结释放潜热则对对流系统的发展演变起着重要作用。老的对流单体发展东移后,新的对流单体不断在原来中尺度对流产生区域的附近产生,造成了持续不断的强降水,表面上看来好像是原来的对流结构长时间维持、稳定少动,但通过高时空分辨率的雷达回波和数值模拟结果来看实际上是在不断上演着新老更替。但至于为何在这一地区不停地有新的对流单体产生,这应当与天气尺度背景有关,从 850 hPa 图上可以看出在 105°～110°E 存在一条明显的水平气流辐合线(图 7.48)。

　　由图 7.48 可见,阜阳上游(105°～115°E,23°～33°N),8 日 00 时就存在一定强度的涡度和风切变辐合线,并不断发展加强,至 8 日 06 时已形成了一个低涡 B。上游虽然存在天气尺度的水汽输送,但由于预报开始时刻尚未形成降雨,因而缺少中尺度水汽和风场的观测资料,可能对模拟结果产生了重要影响。

　　(3) 预报 2 h 时的对流结构

　　图 7.49 给出了对流发展比较旺盛时刻,即预报 2 h 时,沿 118°E 的垂直剖面图。可以看出,对流发展最旺盛时单体南北方向的尺度 50～150 km,中心最大上升速度超过 1.0 m/s,位

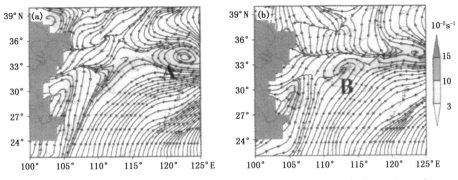

图 7.48　NCEP 资料分析的 850 hPa 流场和涡度场(a. 8 日 00 时；b. 8 日 06 时；
浅色阴影为涡度，深色阴影表示地形高度大于 1500 m，引自：赵思雄等，2007)

于 500 hPa 附近，另外，在 300~200 hPa 还有一个较强的上升中心，并与下沉区相间分布。雨水含量的垂直分布与上升速度相对应，在最大上升速度中心的中上部雨水含量达到最大，500~400 hPa 最大值接近 3.0 g/kg。云水含量中心也有两个，一个在中层，与最大上升区相对应，约 500 hPa 附近，云水含量可达 0.5 g/kg，主要由于强劲的抬升凝结作用形成云滴，还来不及进一步长大成雨滴的原因。对流结构的顶部，300~200 hPa 也有一个高云分布中心，但云水含量并不大，主要是高层的外流气流引起的水凝物的扩散，含水量在 0.1 g/kg 左右。水汽含量在对流区明显增大，大约比环境场水汽含量高出 2.0 g/kg 左右，由于环境场中水汽含量较低。因此，在过渡区可以看出比较明显的折角。此时的对流结构可造成超过 20 mm/h 的降水强度，β 中尺度的特征十分明显，若某一地区一直维持这种强度的对流结构，则 6 h 的累积降水可达到 150 mm 左右，与实际观测的最大累积降水量相当。

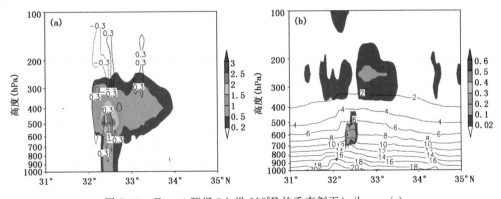

图 7.49　Expt 4 预报 2 h 沿 118°E 的垂直剖面(g/kg, m/s)
(a. 雨水(阴影)和垂直速度(等值线)，b. 云水(阴影)和水汽(等值线))

7.4.7　小　结

本节通过一个暴雨个例考察了 GRAPES_3DVAR 中尺度资料同化系统同化多普勒雷达径向速度以及由反射率因子导出的垂直速度、雨水混合比对预报结果的影响，通过试验可以发现：

（1）对中尺度对流系统的发生、发展来讲，环境场中的水汽条件是十分重要的，在较干的环境条件下,对流降水的触发和维持是很困难的,即使初始场中包含对流结构信息,在较干的环境场中这些信息也难以维持下去。即使动力场具有较强的上升和辐合、辐散,若上升导致的对流凝结释放潜热达不到一定的强度,则动力场无法长时间维持下去,很快就会消亡。只有凝结潜热达到一定的强度,加热大气,在浮力的作用下,上升速度才能维持在一定的水平,动力场和热力场相互支持,对流结构便可维持较长时间。

(2) 将初始场中与雷达回波对应的区域设为饱和的情况下单独同化多普勒雷达径向风资料也可以增加初始场中中小尺度的信息,特别是水平风场的辐合、辐散,在一定程度上改善预报开始阶段的对流结构和降水。

(3) 联合同化多普勒雷达径向速度和由反射率因子导出的垂直速度、雨水混合比并令上升区饱和的情况下,可以在较大程度上改善初始场中的对流结构和 6h 内的降水预报,对 β 中尺度天气系统的生消过程和三维结构的模拟结果与实况相比也比较一致。采用不同的云物理方案和不同的模式配置所模拟出的对流系统的结构和强度可能会有相当大的差别,对了解对流系统的发展演变过程和考察云方案的特点有一定意义,这方面的工作还需要进行研究。

(4) 背景场的好坏对同化和预报结果会有很大的影响,它将为加入的中小尺度系统提供赖以生存和发展的大尺度天气背景,特别是风场和水汽场,是中尺度系统的移动和发生、发展及生命史的决定性因素。由于 β 中尺度天气系统的水平尺度比天气尺度系统小很多,同化系统中背景误差协方差的水平影响半径等参数也相差很大,因此应当先对探空等天气尺度的观测资料进行同化,然后再对雷达资料等中尺度资料做一次中尺度资料同化。

(5)雷达无法对大气中的水汽进行观测,只能探测到超过一定大小的粒子,因此,与无回波区对应的背景场中的水汽无法进行调整,而地面自动站资料和边界层风廓线雷达资料含有中尺度对流系统的发展潜势信息,可以在一定程度上弥补雷达资料的这一缺陷。

第 8 章　GRAPES 中尺度逐时同化预报循环系统

8.1　中尺度逐时同化预报循环系统概述

随着数值预报新技术、计算机应用技术和探测新技术的发展,近几年来,中国数值天气预报取得了长足的进步,但与其他国家先进的数值预报系统相比,仍然存在着一定的差距,其中较主要的原因之一是新型观测资料引入及其应用的经验还很欠缺,特别是许多卫星、雷达资料的应用能力不足,造成模式初值质量不高,从而影响了预报水平。开发中尺度逐时同化预报循环系统,不仅可以引入更多高时间、空间分辨的观测信息来改善预报初值,提供尽可能准确的预报初值,而且也可以利用最新的观测资料快速更新初值,及时制作预报,为短时临近预报服务。预报系统有效制作短时临近预报,一方面要在高频循环同化预报中能够有效地抑制虚假扰动的增长,另一方面要尽可能缩短模式的起转时间。基于上述考虑,以 GRAPES 暴雨模式及其三维变分(GRAPES_3DVAR)作为核心模块,建立逐时循环同化预报,以及每 3 h 间隔的滚动预报系统。各种观测资料通过三维变分进入系统,云分析的结果,如云水、雨水等可以通过张弛逼近技术进入模式。分析增量通过增量插值的方法订正模式面上的预报场,减少来回垂直插值带来的误差,同时启动增量数字滤波器滤除虚假高频波,而加入云水和雨水张弛逼近模块则是为了提升模式短时效的预报效果,为短时临近预报提供支持。

8.2　中尺度逐时同化预报循环系统介绍

8.2.1　中尺度逐时同化预报循环系统组成

GRAPES 暴雨中尺度逐时同化预报循环系统,由其外区驱动预报模式(水平分辨 0.18°),逐时循环同化预报子系统和快速更新滚动预报模式等组成。快速更新滚动预报模式,水平分辨率为 0.03°,高分辨模式每天实现 8 次滚动预报,预报时效为 24 h,输出暴雨精细预报产品,同时结合雷达外推,实现短时临近预报。预报循环系统的总体构成如图 8.1 所示。

8.2.2　逐时同化预报循环系统技术方案

暴雨中尺度逐时同化预报循环系统主要由 GRAPES 暴雨模式,GRAPES_3DVAR,增量数字滤波,水物质张弛逼近和单变量分析(递归滤波客观分析)等组成。如第 2 章所述,GRAPES 暴雨中尺度数值预报模式为非静力平衡模式,水平方向采用等距的经一纬网格点和 Arakawa-C 格式,垂直采用高度地形追随坐标,时间离散采用半隐式半拉格朗方案,垂直方向采用 Charney-Phillips 跳层设计。模式主要物理方案包括 SAS(Simplified Arakawa Schu-

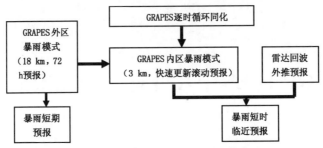

图 8.1　中尺度逐时同化预报循环系统构图

bert)积云对流参数化、NCEP 简冰微物理方案、SLAB 陆面过程、RRTM 长波辐射等。GRAPES_3DVAR 为模式面分析(详见第 4 章),包含常规、雷达 VAD、雷达径向风、云迹风、飞机报、ATOVS 等分析模块,资料预处理包括资料控制、资料筛选,台风重定位和 TC-BO-GUS 等。

　　运行流程主要有逐时循环同化预报和滚动预报。观测资料,如卫星探测及其反演,雷达径向风、VAD 风、飞机探测、地面、船舶观测和探空等资料,可以通过三维变分进入系统。云分析的结果,如 LAPS 云分析则通过张弛逼近技术直接进入模式。变分分析得到一个相对于上一次模式 1 h 预报场的分析增量,分析增量通过增量插值的方法订正模式面上的预报场,启动增量数字滤波器滤除虚假高频波,然后进入下一循环(图 8.2)。

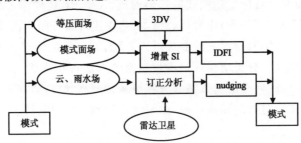

图 8.2　逐时循环同化及云、雨水订正分析示意图

8.2.3　数字滤波方案介绍

　　采用 Lynch 和 Huang(1992)提出的一种由离散 Fourier 函数与 Lanczos 函数窗构造的数字滤波器。标准化后的滤波器参数如图 8.3 所示。图 8.3a 告诉我们,权重系数是一个偶函数,这给我们的具体计算过程带来了方便。经过标准化处理,图 8.3b 中的频率响应函数在频率为零时等于 1,符合理想滤波器的要求。

　　考虑一组时间离散序列 $\{X_n\}$,数字滤波器可以理解为从 $-T_M$ 到 T_M 积分的时间加权平均:

$$Y = \sum_{n=-T_M}^{T_M} h_n X_n$$

　　这里已经考虑了权重系数 h_n 是偶函数,Y 就是模式的初始值。对模式面每个格点进行滤波就可以得到初始场。逐时同化预报循环系统采用增量数字滤波,如图 8.4 所示。

　　以一次广州暴雨为个例,讨论数字滤波的效果。这次暴雨过程中高空 500 hPa 有一南支

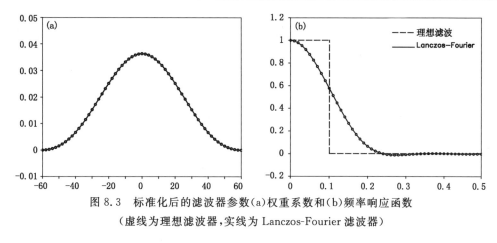

图 8.3　标准化后的滤波器参数(a)权重系数和(b)频率响应函数

（虚线为理想滤波器，实线为 Lanczos-Fourier 滤波器）

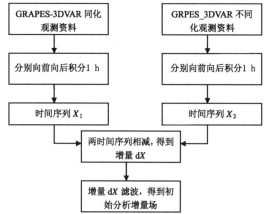

图 8.4　CHAF 系统增量滤波流程图

槽从孟加拉湾东北部西移，横扫两广上空，低空 700 hPa 上辐合线从粤东一直向东北伸展到湖南，南北气流交汇明显。局部地区 3 h 降水量超过 100 mm。系统同化探空、地面测站以及船舶资料得到增量场。设计以下对比试验：(1)用背景场直接积分 12 h；(2)用滤波后的初始场积分 12 h；(3)用没有滤波的初始场积分 12 h。

　　讨论高频波的变化。从图 8.5a 中我们可以看到，初始 Π 倾向很大，说明通过三维变分后的初始场包含的"快波"与背景场相比，增加了 2 倍多，并且前 2 小时 Π 倾向表现出振幅大、频率高的强扰动，这些扰动并不是由单一的地形作用产生的。积分 2 h 左右，扰动得到抑制，模式中各物理量达到平衡状态。采用数字滤波方案后，初始的"快波"明显减少，量级与背景场相当，积分前 2 个小时内没有见到 Π 倾向出现高频波动，取而代之的是周期较长，振幅较小的变化，说明滤波器有效地滤去了初始场中的大部分高频波。

8.2.4　云雨水张弛逼近方案介绍

　　模式初始场大气的非气态水物质含量(云水、雨水等信息)对 0—6 h 的临近预报影响很大。为了提高模式预报的可参考性，研究试验对华南区域 14 部雷达资料进行云雨水的反演，通过张弛逼近技术订正模式大气中的云雨水信息，以改善模式的临近降水预报效果。以下简要介绍雷达云水雨水反演技术、张弛逼近技术及其应用效果。

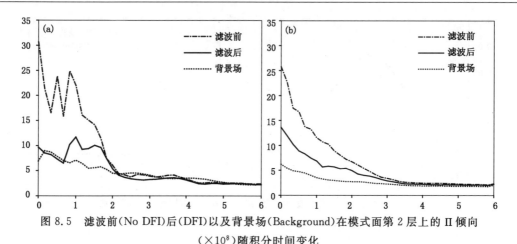

图 8.5　滤波前(No DFI)后(DFI)以及背景场(Background)在模式面第 2 层上的 Π 倾向

（×10⁸）随积分时间变化

（a.陡峭地形区域,b.整个模式区域）

（1）由雷达反射率因子反演暖云中雨水

从模式预报场或探空资料获取气压 p、温度 T 后,由状态方程(8.2.1)计算空气密度 ρ,再利用 $Z-q_r$ 关系方程(8.2.2),由雷达反射率因子 Z 值反演出雨水混合比 q_r,计算雨水的方程可进一步改写为式(8.2.3)。

$$p = \rho R T \tag{8.2.1}$$
$$Z = 43.1 + 17.5 \lg(\rho q_r) \tag{8.2.2}$$
$$q_r = 10^{(Z-43.1)/17.5} / \rho \tag{8.2.3}$$

方程式中,气压单位为 Pa,温度单位为 K,空气密度单位为 kg/m³,雷达反射率因子单位为 dBz,雨水混合比单位为 g/kg。R 为空气气体常数,干空气气体常数 $R_d = 287.05$ J/(kg·K)。

（2）张弛逼近方案

张弛逼近方法就是模式积分的同化时段 δt 内,在预报方程中增加一个线性强迫项,该项与模式预报值和实况值之差成正比,其作用是使模式预报逐渐向观测逼近。

$$W^t = W_m^t + \alpha \times (W_o^t - W_m^t) \tag{8.2.4}$$

式中,W_m^t 为模式积分第 t 步的预报值;W_o^t 为同时刻的观测值(或反演值);$\alpha > 0$,为张弛逼近系数,其取值视实际情况而定,本文中取为时间步长 dt 与同化时段 δt 的比值;W^t 为经张弛逼近调整后的第 t 步预报值。

以下给出一个例子,说明张弛逼近云雨水的效果。如图 8.6b 所示,考虑了雷达反演的云水雨水资料后,较好地预报出了珠三角地区的降水系统,尽管在强度上比实况低,但系统的走向、结构与实况相符。此外。还很好地模拟出了北部的回波及强度,西部的回波带和强度也有所改善,与实况接近。从两个对比预报试验的反射率差值分布(图 8.6c)可看到:正值反射率分布从粤东北到沿海一线,其结构、走向与实况的雷达回波较为相似,且很好地与 1 h 实况降水中心对应(图 8.6e)。这意味着张弛逼近雷达云水雨水后,不仅改善西部的回波结构和落区,更重要的是成功地模拟出珠三角地区的回波带结构和落区,显示出张弛逼近云雨水后有利于模式在短时间内预报出中小尺度系统的分布、落区,对业务预报具有参考作用。

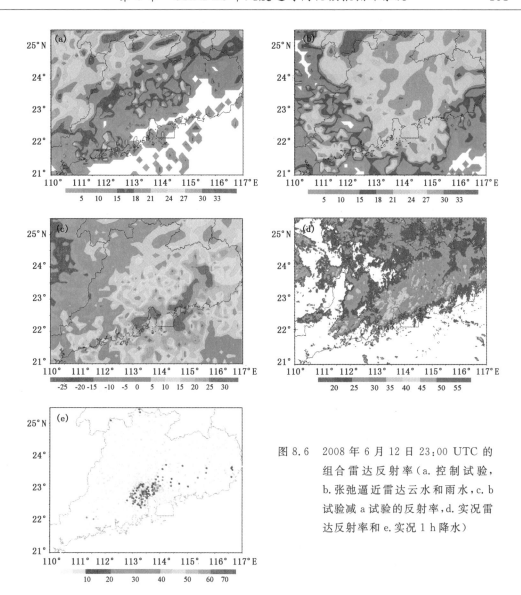

图 8.6　2008 年 6 月 12 日 23：00 UTC 的
组合雷达反射率（a. 控制试验，
b. 张弛逼近雷达云水和雨水，c. b
试验减 a 试验的反射率，d. 实况雷
达反射率和 e. 实况 1 h 降水）

8.2.5　增量垂直插值方案

增量插值是指在同化周期内使用分析增量即分析场与背景场的差进行分析变量和模式变量之间的转换，目的是为了避免在来回插值过程中的垂直插值误差。由于 GRAPES 模式所使用的预报变量与目前的分析变量有很大的差异，模式以气压作为预报变量，分析以位势高度作为分析变量。因此，背景场从模式面到分析面后再到模式面的插值，不仅包含垂直插值，也包含变量转换，而后者是一个非线性过程，因此对于质量场的增量插值必须要作新的考虑。下面是增量垂直插值的主要步骤：

（1）利用模式面的背景场 Π_b、温度场 T_b 和等压面的高度增量 $\mathrm{d}h_a(p)$ 求出高度面的气压增量 $\mathrm{d}p_a(h)$，即

$$\Pi_b、T_b、\mathrm{d}h_a(p) \rightarrow \mathrm{d}p_a(h);$$

（2）利用等高面的气压计算中间气压变量 Π_a；

（3）计算等压面的位温增量 $\mathrm{d}T_a(p) \rightarrow \mathrm{d}\theta_a(p)$；

（4）利用等压面的风增量、湿度增量和位温增量插值出模式面的风增量、湿度增量和位温增量；

（5）计算模式面的风、湿度和位温和计算参考大气的 $\overline{\Pi}$ 和参考大气的位温 $\overline{\theta}$；

（6）计算扰动 pi 和扰动位温 Π_a、$\overline{\Pi} \rightarrow \Pi_a'$；$\overline{\theta}$、$\Pi_a'$、$\overline{\Pi}$、$q_a(h) \rightarrow q_a'$；计算位温 θ_a'、$\overline{\theta} \rightarrow \theta_a$。

8.3　实时运行及结果分析

实时运行流程如图 8.7 所示。系统采用逐时循环同化和每 3 h 间隔的滚动预报相联接。滚动预报模式，水平分辨率 3 km，每次预报时效为 24 h。在三维变分中同化所能获取的逐时观测资料，主要包括：每小时间隔的飞机资料，雷达 VAD 和径向风资料，3 h 间隔的地面、船舶资料、12 h 间隔的探空资料。另外，在张弛逼近中 LAPS 提供的云分析资料，主要用来订正模式的三维云雨水。

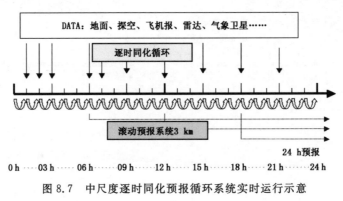

图 8.7　中尺度逐时同化预报循环系统实时运行示意

8.3.1　逐时循环同化分析

以下给出逐时循环同化分析系统的性能测试试验。

（1）空转试验

空转试验的目的是测试逐时循环同化分析系统是否有虚假的扰动产生。系统逐时循环，预报 1 h 后同化，接着下一循环，同化时不加入任何观测，即分析增量为 0。逐时循环一段时间（如 72 个小时循环），然后与模式直接预报进行对比，结果表明两者基本一致，无论是形势场预报，还是降水预报基本是一致的（图 8.8）。这说明逐时循环同化分析系统没有因为预报不断被打断、多次来回插值等过程后而产生明显的虚假扰动。

（2）同化试验

系统逐时循环，在同化或张弛逼近中引入实际观测资料，逐时修正预报场。如开展常规观测同化测试、飞机探测同化测试、雷达径向风同化测试、雷达回波张弛逼近测试、云迹风资料同化测试和综合运行测试等。下面针对几种常用资料检查系统同化资料的效果。

①常规地面资料

利用逐时循环同化分析系统同化每 3 h 的常规地面观测资料，以获得模式预报的初始

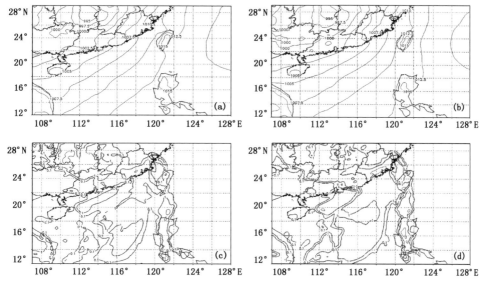

图 8.8 逐时循环同化分析系统空转 24 h 预报气压(a)、累积降水(c)与
模式直接预报(b.气压;d.降水)

场,并将之与控制试验(未同化地面观测)进行比较,表明地面资料可以很好地改善地面及低层的形势场,如台风系统影响时(图 8.9)及时引入地面观测资料可以很好地修正地面气压场,减少模式预报中由于初值的不准确引起较大的预报偏离。地面资料的应用对模式 24 h 降水的预报(包括降水的强度和落区)也有改进作用(图略)。

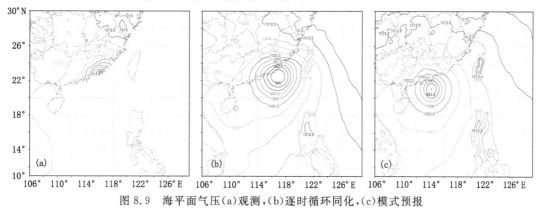

图 8.9 海平面气压(a)观测,(b)逐时循环同化,(c)模式预报

②雷达径向风

利用逐时循环同化分析系统同化雷达探测到的大气风场信息径向风 V_{SR} 和视风速 V_{SN} 两个量。试验的结果表明,同化雷达资料对初始风场有明显的调整。但对形势、降水预报改进不显著。6 h、24 h 降水小雨的 TS 评分增高,但中雨评分略低(图 8.10)。对雨区和范围的预报较好,但仍然比实况偏弱。要用好雷达资料来改善短时临近预报,需进一步对雷达资料做好质量控制、同化方法进行研究、试验。

③飞机报和云迹风

飞机报和云迹风资料可以很好地弥补探空资料空间分布过疏的不足。飞机报由于起飞和

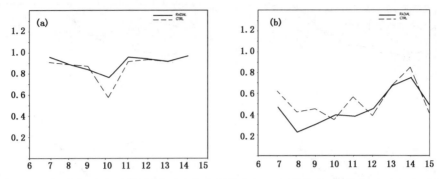

图 8.10　有(实线)、无(虚线)同化雷达径向风的降水 24 h 预报 TS 评分小雨(a)和中雨(b)

降落过程低层风局地差异较大,云迹风由于云区时空变化、图像处理、计算识别等阶段可能存在错误和误差,因而都需要作一定预处理。经过时间优先和空间稀疏化的原则对飞机报资料进行筛选,保留下来的资料不仅保留了原有风场的特征,还避免了低层风场较乱的问题(图 8.11)。云迹风资料根据连续性原理与误差分析进行筛选。初步的试验表明,飞机报和云迹风资料的同化分析有利于获取中小尺度系统信息。

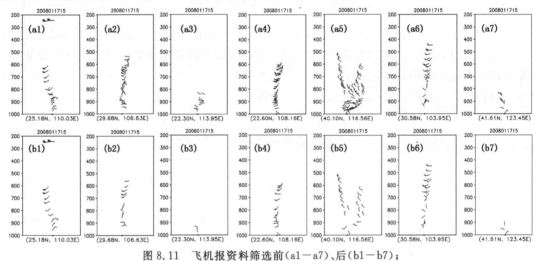

图 8.11　飞机报资料筛选前(a1－a7)、后(b1－b7);

(1.桂林,2.重庆,3.香港,4.南京,5.张家口,6.成都,7.丹东)

　　飞机报同化试验表明,飞机报逐时循环同化后得到的初始场,其模拟结果不仅能够模拟出主要的降水区域(图 8.12),而且降水强度与实况更加吻合,比未加入飞机报的控制试验结果的准确率有明显的提高。

　　云迹风同化试验表明,加入经质量控制的逐时云迹风资料,通过逐时循环同化,可以提高分析场中风压场及水汽场的质量,而且在暴雨预报试验中可以更好地预报暴雨落区及雨强。

　　④ 雷达 VAD

　　利用雷达资料反演 VAD 风廓线,同化雷达站点的 VAD 风廓线可以弥补探空资料空间间距过大的缺陷。将反演的阳江站上空风场与探空站进行比较,反演的雷达 VAD 风与探空基本一致(图 8.13)。利用逐时循环同化系统逐小时同化反演所得的雷达 VAD 资料,可以很好地修正系统分析所得的风场,对比图 8.13c 和 d 可以发现,未同化雷达 VAD 时广州、韶关、阳

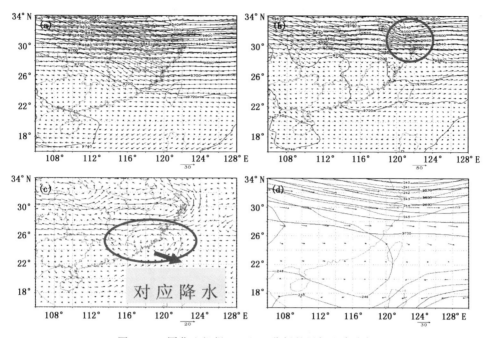

图 8.12　同化飞机报 300 hPa 分析的风场和高度场

(a.试验 1,b.试验 2,c.风场差值(试验 2-试验 1),d. NCEP 实况)

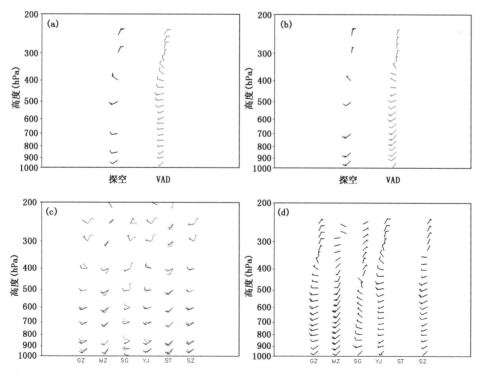

图 8.13　阳江站探空(黑色)与反演 VAD 风(绿色)(a、b)及有无逐时同化 VAD 各雷达站
的预报风场(c,黑色-无逐时同化,绿色-有逐时同化)和实况风场(d)

江、深圳等站风场的预报与实况有偏差(特别风向),逐时同化雷达 VAD 之后对上述各站风场的预报有一定改善。

⑤ 台风报

台风期间,逐时循环同化分析系统可以及时、有效地引入台风定位信息。根据台风中心位置、台风强度及 8 级风半径构造台风模型(TC—Bogus),应用 GRAPES—3DVAR 变分系统同化台风 Bogus 资料。由图 8.14 可以看到逐时同化分析系统引入了台风"珊瑚"(0601)观测信息后,其分析场中的台风路径(红色)与观测(黑色)非常一致。系统可以很好地捕捉、更新台风发展动态,对短时临近预报有较好的作用。

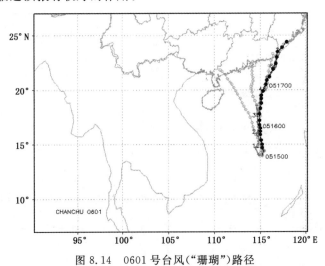

图 8.14　0601 号台风("珊瑚")路径

(黑色—实况;红色—循环同化分析;绿色—不同起报时刻模式预报)

⑥ 批量试验及综合分析

以上对单个资料的同化试验都显示了显著或一定程度地改进了模式的预报。加入各种观测的逐时循环同化预报场比空转的循环同化预报场更接近实况,特别是有强烈天气系统时,效果更明显,如台风登陆试验中发现,逐时加入观测,不仅台风的位置、强度,而且降水预报都有明显地改善。

从 2008 年 6 月 1—30 日运行逐时同化分析系统,每 3 h 同化探空、常规地面观测、船舶、飞机报等观测资料,逐小时张弛逼近雷达反演的云雨水资料,如有台风定位信息,系统即时同化。将系统分析的形势场与实况比较,二者有很好的一致性(图 8.15g、h,其中数值为实况,等值线为逐时循环同化分析)。分别选取沿海站汕头与内陆站清远为代表,比较 6 月 1—30 日 500 和 850 hPa 上模式探空(即逐时循环同化所得分析,绿色曲线)与观测(红色曲线,图 8.15a—f),可以看到逐时同化系统分析得到探空站点高度与湿度的数值与变化趋势都与实况基本一致(连平、阳江、百色等站的结果类似)。对 6 月每天逐 3 h 的分析场(时间系列为 240 个资料)与 NCEP 对应时段资料求空间相关,分析所得的高、中、低层高度形势与 NCEP 资料有很高的空间相关,分析区域内相关系数基本大于 0.9,超过 99% 的信度检验,但表现出低层不如高层,西部不如东部的特点。中低层(850 和 500 hPa)水汽分析场与 NCEP 的空间相关也较高,陆上区域相关系数基本都大于 0.7。

(3)进行加密探空资料的同化试验

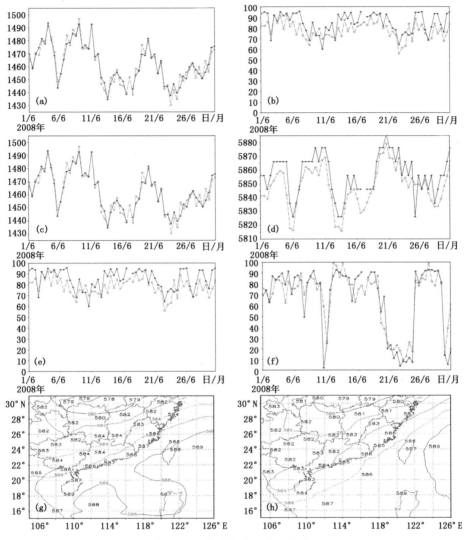

图 8.15　模式探空与观测比较

（a. 汕头站 850 hPa 高度，b. 汕头站 850 hPa 相对湿度，c. 清远站 850 hPa 高度，d. 清远站 500 hPa 高度，e. 清远站 850 hPa 相对湿度，f. 清远站 500 hPa 相对温度（红色－观测，绿色－模式）g、h 分别为 2008 年 1 月 10 日和 00 时 1 月 28 日 00：00 UTC 500 hPa 高度）

华南暴雨试验期间，对汛期探空进行了加密观测。利用逐时循环同化系统对加密探空资料进行同化，分析加密探空对汛期暴雨预报的影响。选取 2008 年 6 月 4—6 日华南暴雨过程为例设计试验方案（表 8.1）。

表 8.1　循环同化分析－预报系统试验方案

试验个例	循环同化分析同化子系统		滚动预报子系统	
	敏感试验	控制试验	敏感试验	控制试验
2008 年 6 月 5 日	同化 00：00、06：00、12：00、18：00 探空资料	同化 00：00、12：00 探空资料	5 日 00：00 积分，预报 24 h	

* 表中时次为协调世界时（下文中若未加说明，均为世界时）

　　加密探空的循环同化分析结果表明,同化了4次探空资料后500 hPa水汽的均方根误差比控制试验有所减小(图8.16),表明06:00 UTC和18:00 UTC探空资料的同化修正了水汽信息,使之接近于实况;高度场则差异不大。图8.17给出各试验5日00:00 UTC垂直各层次水汽和高度同化前后的均方根误差,同化后各层次水汽的均方根误差基本小于控制试验,各层次水汽状况与实况更为接近,而位势高度则没有明显差别。图中的均方根误差为所在层次全部站点均方根误差平均值。图8.18给出6月4—5日实况与循环同化分析系统的单站(阳江站)500和850 hPa相对湿度与高度时间变化曲线。之所以选取阳江站加以比较,是因为此次降水过程主要在粤西地区。由图可知,试验分析得到的阳江站上空相对湿度与高度在数值和变化趋势上都比控制试验更接近实况。从同化循环同化分析变量的时间序列、垂直各层次、所有站点的统计平均、特定站点几个方面进行比较,表明加密探空的同化分析有利于提高分析场的质量。

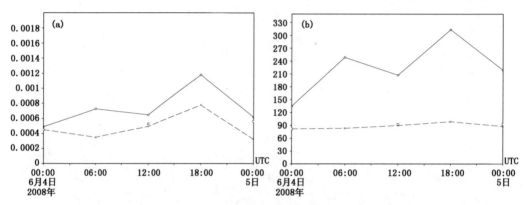

图8.16　2008年6月4—5日循环同化分析系统的均方根误差

(a)500 hPa水汽(单位：kg/kg);(b)200 hPa高度场(单位：gpm)。

其中:"●"为敏感试验同化后(虚线),"□"为控制试验同化后,"○"为同化前(实线)

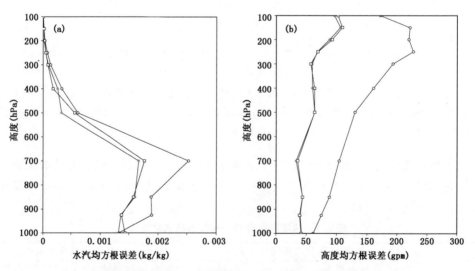

图8.17　2008年6月5日00:00 UTC循环同化分析系统垂直各层次均方根误差

(a.水汽(单位：kg/kg),b.高度场(单位：gpm);其中"●"为敏感试验同化后,

"□"为控制试验同化后,"○"为同化前)

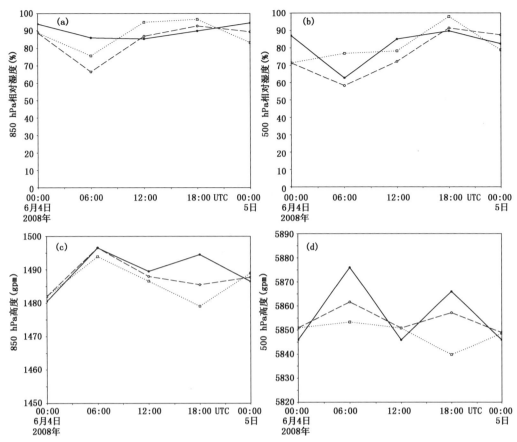

图 8.18　2008 年 6 月 4—5 日循环同化分析系统单站(阳江站)时间变化曲线
(a. 850 hPa 相对湿度;b. 500 hPa 相对湿度;c. 850 hPa 高度场,d. 500 hPa
高度场(单位:gpm);(其中"•"为实况,"○"敏感试验,"□"为控制试验)

由图 8.19 可以看到,在有探空观测的地区,加密探空试验的风场都与观测一致,广东南部气旋性环流的位置和形势也与观测十分接近(图 8.19b、d;图 8.19d 即为加密的探空站点分布);而控制试验(图 8.19a)中该气旋性环流的位置偏东,故两试验在粤西地区形成很强的气旋性偏差环流(如图 8.19c),说明加密探空资料可以很好地修正风场形势与影响的天气系统信息。18:00 UTC 的形势分析也得到相同结论。

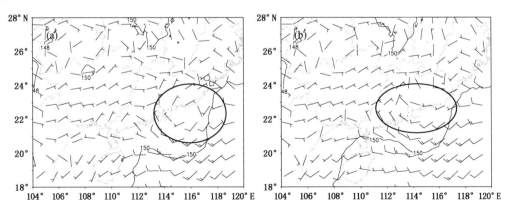

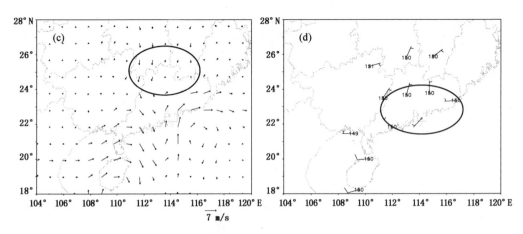

图 8.19　2008 年 6 月 4 日 06 时 850 hPa 环流形势

(a.控制试验,b.敏感试验,c.差值环流,d.实况(单位:10 gpm))

　　以敏感试验和控制试验所得分析场作为模式初始场分别进行模式预报,结果表明,加密探空资料的同化可以改善模式大气水汽分布信息从而改善 24 h 降水预报。选取几个暴雨个例进行试验,得到类似的结论,同化加密探空资料所得初始场可以提高模式 24 h 降水预报 TS 评分。

　　(4) 2008 和 2009 年汛期试验与分析

　　2008 和 2009 年汛期进行了逐时循环同化系统的连续试验,6 月 1—30 日每日逐 3 h(或 1 h,台风期间有逐时台风定位信息)同化观测资料, 00 时(世界时)进行 24 h 预报。图 8.20 为逐次预报 500 hPa 高度场距平相关、均方根误差、24 h 降水 TS 评分、24 h 降水预报效率。

　　各次预报 500 hPa 距平相关基本在 0.98 以上, 24 h 降水预报的雨区和范围也基本与实况一致,台风期间距平相关有所降低、均方根误差有所增大,表明台风期间系统性能有所降低。

8.3.2　滚动预报结果分析

　　为考察逐时循环同化系统中 GRAPES 暴雨模式 3 km 分辨率的连续预报效果,2009 年汛期进行了连续预报试验。模式预报区域,从(109°—118.24°E,从 19°—26.98°N),时间积分步长为 90 s。模式的侧边界用 GRAPES 18 km 模式的预报场做单向嵌套,每 3 h 启动,一天 8 个时次,每次预报实效为 24 h,模式初始场采用每 3 h 循环同化分析场,初始场中的地面要素包括地表温度、2 m 温度及海平面气压等采取递归滤波的方法进行订正,并采取张弛逼近的方法用 LAPS 分析的云水、雨水订正模式的云、雨水。

　　连续预报试验从 6 月 1—30 日,每天 00 时启动,预报 24 h,进行了几种不同的试验。其中,模式冷启动表示模式的初始场中云、雨水为 0,模式热启动表示初始场中订正了模式的云、雨水;同化分析场分为加 LAPS 的同化场和不加 LAPS 的同化场,分别表示在 GRAPES_3DVAR 中同时同化 LAPS 分析场和观测资料以及只同化观测资料。

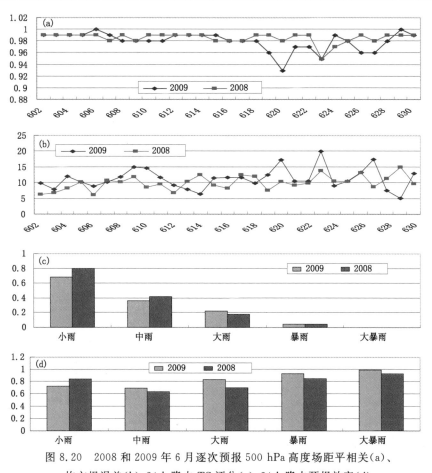

图 8.20　2008 和 2009 年 6 月逐次预报 500 hPa 高度场距平相关(a)、
均方根误差(b)、24 h 降水 TS 评分(c)、24 h 降水预报效率(d)

表 8.2　几种试验方案

试验	方案	启动方式
控制试验	模式初始场无同化分析场	模式冷启动
敏感试验 1	模式初始场无同化分析场	模式热启动
敏感试验 2	模式初始场为不加 LAPS 的同化分析场	模式冷启动
敏感试验 3	模式初始场为不加 LAPS 的同化分析场	模式热启动
敏感试验 4	模式初始场为加 LAPS 的同化分析场	模式冷启动
敏感试验 5	模式初始场为加 LAPS 的同化分析场	模式热启动

　　在模式区域范围内,这 5 种方案对预报的 24 h 降水分别做了 TS 评分,如图 8.21 所示,5 种方案对小雨的评分都在 0.8 左右,控制试验、敏感试验 2 和敏感试验 4 评分略高,中雨的评分大致都在 0.4 左右,敏感试验 1 的评分略高,大雨的评分中敏感试验 4 的评分略高。从整体评分来看,模式云、雨水的订正对中雨的预报效果有所改善,而同化场的改善不是太明显。

　　从具体的个例来看,云、雨水的订正及同化对模式的预报还是有一定的改善作用。具体个例选取 2009 年 6 月 11 日广东出现局地强降水和 6 月 20 日的"莲花"台风。首先给出 6 月 11

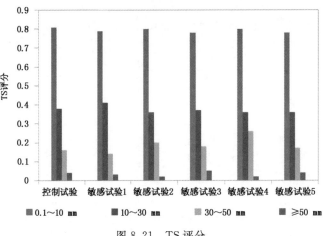

图 8.21　TS 评分

日模式积分 1 h 的降水量。敏感性试验中,积分 1 h 后,模式降水量增加最明显,预报的强降水中心落区基本与观测吻合,且降水量与观测也基本接近(图 8.22),但是在广东西北部的降水范围偏大。因此,可以说云雨水的订正及同化对临近预报有一定的帮助。

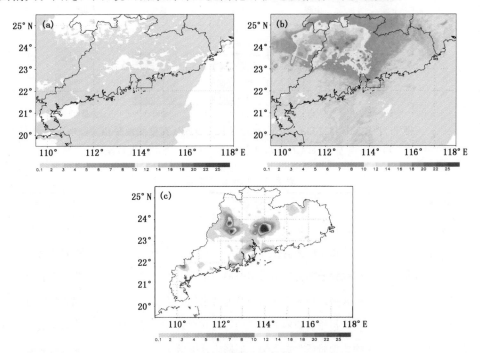

图 8.22　1 h 降水(a)控制实验、(b)敏感试验 1 和 (c)观测

　　另外,通过"莲花"台风个例,进一步给出同化场的作用。图 8.23a、b、c 分别给出的是敏感试验 1、敏感试验 3 及敏感试验 5 预报的 24 h 降水及海平面气压场。对比分析发现,模式初始场采用循环同化分析场后,模式预报的台风中心位置(20.55°N,117.67°E)及强度(988 hPa)较不加循环同化场的位置(20.47°N,117.82°E)及强度(996 hPa)有较大的改善,与实况的中心位置(20.7°N,117.6°E)及强度(985 hPa)更为接近。同时也比较了三者的形势场(图略),同样,

采用循环同化场作初始场时形势场的预报效果改进显著。

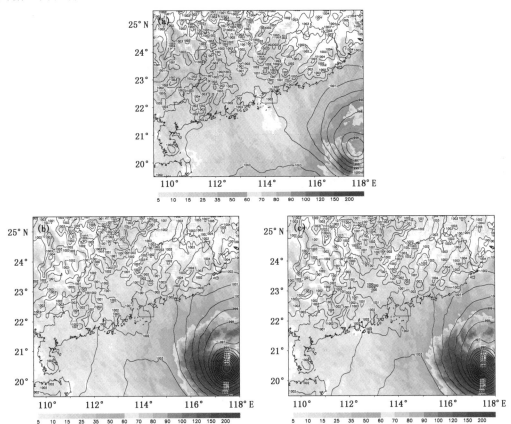

图 8.23　24 h 预报的海平面气压(等值线)和降水(阴影)(a)敏感试验 1、
(b)敏感试验 3 和 (c)敏感试验 5

比较敏感试验 3 和试验 5 的模式预报结果,初始场采用加入 LAPS 云分析的同化分析场后,模式预报的降水及形势场与不用 LAPS 云分析的结果相似,但台风周围的降水范围及降水量略为偏小,中心强度略为偏弱,需要进一步讨论 LAPS 分析场对 GRAPES 暴雨模式预报的作用。

第9章　GRAPES暴雨临近预报系统

考虑到目前暴雨预报模式的实际性能及临近预报的需求,针对华南前汛期降水的特点,发展了相应的暴雨短时临近预报技术,可为实际业务的暴雨短时临近预报提供有用的参考工具。

一般认为华南的前汛期降水由锋面降水和夏季风降水两个时段组成。锋面降水时段,环流形势表现为由冬季向夏季过渡的特征,华南高空受较为平直的副热带西风急流影响,大气层结较为稳定。南海夏季风爆发后,由于副高东撤退出南海地区,南半球越赤道气流的水汽输送与孟加拉湾地区的水汽输送可直接影响华南地区,区域内对流发展旺盛,造成在受夏季风影响时段,降水多表现为对流性质,分布不均匀,局地特征明显,因此针对前汛期不同时段及不同降水性质发展相应的暴雨短时临近预报技术有其必要性。

本技术的发展主要是针对前汛期以冷空气侵入或锋面降水为主要特征的暴雨过程。在这种情况下降水的落区多以锋面带状分布形式表现出来,因此预报降水分布模态及其未来短时间内的移动和变化是本技术发展的关键。

9.1　主要技术特征

暴雨短时临近预报技术的发展主要基于以下的技术路线:以某一整点时刻实际观测到的雷达回波为实际外推出发点,利用暴雨模式预报风场和降水场的输出,以每30 min为间隔,结合应用具有面积守恒的正定雷达回波外推技术和递归滤波融合分析技术,分别实现降水量0—2小时和2—5小时的短时临近预报,并最终向模式预报平滑过渡。

9.1.1　雷达回波外推技术

由于预报着眼点是未来几个小时降水模态的变化和移动,广泛用于现今临近预报系统的线性外推方案并不完全适用。在线性外推方案中(多基于雷达TREC风的分析),用于外推的风矢量是通过求取最大相关系数或最小绝对误差在两个连续的反射率场中寻找的最佳匹配矩形区域而得到,反映的是雷达回波过去的移动特征,从而也限制了这种回波外推方案只能满足于未来1 h左右的应用。

本方案采用GRAPES暴雨模式(内区模式约3 km分辨率)每30 min的风场输出来外推雷达回波未来的位置变化。由于外推所用风场是模式预报的,有可能在更长的时间段上反映出回波未来的实际移动变化趋势,从某种程度上延长了一般短时临近预报方法的时间限制。而且由于预报的风场相对于雷达回波来说是由外部源(GRAPES暴雨模式内区模式)得到的,对于降水的预报来说也可能更具代表性。

降水分布模态及其未来短时间内的移动和变化趋势是我们关注的重点,因此在利用模式风场对回波进行外推预报时,为了消除由此可能带来的回波虚假增长和减弱的预报,消除了风场的辐散风分量,仅利用风场的旋转风分量对回波进行外推,有利于保证在外推过程中保持回波面积的守恒。

回波的平流外推选取了 Bott(1993)发展的一个四阶单调及正定的平流方案,该平流方案可以较好地保证回波面积的守恒,已被证明所产生的数值耗散小,而且计算速度快。根据计算稳定性的需求(时间步长与风场最大风速和网格距大小有关),本方案在外推过程中使用的时间步长定为 10 s,30 min 的外推需要 180 个时间步,需要计算时间约 40 s。

对于 0—2 小时的临近预报,采用以上的方法,我们分别给出回波强度及降水率每 30 min 间隔的外推预报。2 h 之后每 30 min 的回波强度外推被转换成降水率,并作为观测资料,应用递归滤波方法与模式降水进行融合。

9.1.2　递归滤波分析

递归滤波在本技术发展中主要用于第 2—5 小时降水的预报,应用于雷达回波外推降水与模式降水的融合分析。

递归滤波是经验线性插值类的客观分析方法,属于逐步订正方法的一种,也即观测数据用于订正背景场时都是通过逐步提高资料质量控制的严格程度、逐步缩小影响半径来完成的。但与一般的逐步订正法不同,递归滤波具有局地可变尺度的特征,可根据观测资料的质量和数量决定局地可变尺度,使分析背景场在严格的质量控制下,逐步逼近观测场。在我们所发展的临近预报方法中,采用以外推方法得到的降水率(由外推的雷达反射率通过 $Z-I$ 关系转换得到)作为观测资料,以模式预报降水量作为背景场,通过递归滤波方法对两种资料进行融合分析。其主要目的是通过对一些分析基本参数的变化取值,反映出观测资料和背景场资料在分析过程中所占权重的不同,以期在随后不同时次预报中得到较为连续变化的降水分布图像。

递归滤波的基本算法具体可以参见相关文献,这里仅作简单介绍并对具体实现过程中一些参数的取法进行说明。

递归滤波是针对网格的一种平滑,其一维基本算子可写成

$$A_i' = (1-\alpha)A_i + \alpha A_{i-1}' \qquad 0 < \alpha < 1 \qquad (9.1.1)$$

式(9.1.1)可被应用于一行"输入"的数据 A_i,这里 i 是沿该行的格点标识。"输出"的数据 A_i' 在式(9.1.1)的例子中随着 i 的逐步增大被表示为"向前"的平滑,平滑参数 $\beta=(1-\alpha)$ 控制着滤波的空间尺度。应用式(9.1.1)进行的向前滤波偏差可用如式(9.1.2)的"伴随滤波"器予以消除。

$$A_i' = (1-\alpha)(A_i + \alpha A_{i-1} + \cdots + \alpha^j A_{i-j} + \cdots) \qquad (9.1.2)$$

式(9.1.1)可被扩展应用于有限的 2 维区域。

递归滤波中的一个重要概念是特征尺度。若网格距为 δ,特征尺度 R 被定义和表示为

$$R^2 = 2L(\lambda\delta)^2 \qquad (9.1.3)$$

R 与平滑参数有关,关系表达式为

$$R^2 = 2L\alpha\delta^2/(1-\alpha)^2 \qquad (9.1.4)$$

其中,L 和 δ 均为常数,而 R 在分析中是变化的,由分析步决定,平滑参数 β 则由(9.1.4)式反算得到。对初始步,所有格点的特征尺度均取为初始特征尺度 R_0,这是一个可调的参数,之后各步的特征尺度(进而也是平滑参数)则根据周围资料的质量和密度在每个格点均各不相同,这也反映了递归滤波分析的基本特征。

　　具体实现时,递归滤波需要根据应用情况给定一些参数的取值,关键的参数有网格距的大小 δ、平滑度 f、初始特征尺度 R_0、初始容忍度 T_0 等。另一个可以指定的是观测资料的信度估值(取值 $0\sim1$,与观测资料的权重有关),该值的指定对于事前已对观测资料信度有所认识的应用来说十分有用。简单地说,观测资料信度所起的作用相当于最优插值法(OI)中的观测或背景误差协方差。我们正是利用了这一点,通过在不同分析时次中指定观测资料的信度估值,反映出观测资料和背景场资料所占权重的不同,得出从雷达回波外推向模式预报过渡的较为连续的降水变化分布预报图。

　　前面已指出,$0\sim2$ h 的降水,我们直接采用了由雷达回波外推并通过 $Z-I$ 关系转换得到的降水率进行预报,2 h 以后的第 1 小时,取观测资料(也即雷达回波外推得到的降水率)信度为 1,第 2 小时信度取为 0.75,第 3 小时取为 0.3,再往后,降水的预报完全由模式预报决定。

9.2　数据输入

　　整个预报流程需要输入的数据包括雷达探测资料和模式预报的风场及降水量场资料。本方案的制定主要针对珠三角地区前汛期暴雨的临近预报。

9.2.1　雷达资料

　　雷达资料采用的是广东省由 6 部多普勒雷达组成的拼图资料,该资料目前可由华南中尺度观测试验平台提供。这里主要应用的是由该探测网 6 部雷达组成的位于 4 km 高度的拼图资料,水平分辨率为 1 km,该高度上的雷达拼图资料已全面覆盖了珠三角地区。雷达探测提供的回波反射率及平流外推得到的回波反射率通过 $Z-I$ 关系被转换成降水率,用于降水的预报。

　　应用雷达反射率与地面观测雨量的统计关系可以确定 $Z-I$ 关系($Z=aI^b$)中的 a、b 系数。应用实时的降水资料动态地调整 a、b 系数可以更符合实际把雷达反射率转换为降水率,在本系统中 $Z-I$ 的转换关系见表 9.1。

表 9.1　组合 $Z-I$ 关系(回波强度与降水率的关系)

回波强度(dBz)	a	b
$00\sim15$	345.31	1.72
$15\sim20$	264.49	1.67
$20\sim25$	296.94	1.71
$25\sim30$	334.94	1.73
$30\sim35$	370.58	1.73
$35\sim40$	410.87	1.71
$40\sim45$	450.06	1.69
$45\sim50$	508.41	1.73
$50\sim55$	569.52	1.81
$55\sim60$	641.02	2.01
$60\sim65$	743.89	2.28
$65\sim70$	807.66	2.37
70 以上	836.67	2.34

9.2.2　模式预报资料

　　模式资料选取的是 GRAPES 暴雨模式内区 3 km 分辨率的预报,而且为了增进对暴雨的预报能力,加强了对各种资料的同化应用。如新加入的云、雨水的张弛逼近方案,可在某种程度上增强模式对于短时降水的预报能力。该内区模式由外区模式(水平分辨 0.18°)驱动,可实现逐时循环同化和快速更新的滚动预报,目前该内区模式每天实现 8 次滚动预报,预报时效为 24 h,可 30 min 输出暴雨预报的精细产品。

　　本方案选取的是该模式输出的风场资料和降水量场资料,风场资料目前选用的是 700 hPa 上的资料(主要考虑雷达拼图资料选取的高度)。

9.3　具体实现步骤

　　短时临近预报系统的建立对时间有更高的要求,为此根据本方案的技术特征对具体实现步骤进行了合理设计。

　　(1)本方案设计为整时运行。首先读取开始进行临近预报时刻(也即外推起始时刻)的雷达拼图反射率资料。

　　(2)其次根据起始时刻选择相应的可用的模式输出(从模式每 3 h 进行的 24 h 预报中,就最近起报时次选取),读取该时刻及随后每半小时 700 hPa 的风场及降水量场(5 h 共计 11 个时次)。

　　(3)消除风场的辐散风分量,并把得到的旋转风从原模式网格(0.03°)水平插值到雷达回波资料的网格中(0.01°)。

　　(4)应用旋转风资料,采用 Bott 的四阶单调正定平流方案对雷达回波进行外推。每 30 min 更新一次风场资料,直至第 5 h。

　　(5)0~2 h,应用 $Z-I$ 关系,直接把外推的雷达回波强度转换为降水率作为降水的外推预报。

　　(6)2~5 h,$Z-I$ 关系转换得到的降水率被当作"观测资料",而以模式预报的降水作为背景场,采用递归滤波方法对两者进行融合分析。根据外推时次的向后延长,逐时次减少"观测资料"的信度估值,使之在第 5 h 后,降水完全由模式预报给出。

　　(7)预报产品输出。根据该技术方案,可以得到两种预报产品。一是雷达回波强度的临近外推预报产品(0~2 h);另一种就是降水的临近预报产品(0~5 h)。而其后的降水短时预报产品则完全由模式预报提供。

9.4　应用结果举例及评估

9.4.1　2009 年 6 月 3—4 日珠三角暴雨过程概况

　　2009 年 6 月 3—4 日,受高空西风槽、地面弱冷空气和南海季风的共同影响,广东省出现了强降水天气。广州及珠三角地区降水明显,3 日午后增城降暴雨,花都、从化降中雨;4 日雨势加大,花都、广州和增城降暴雨,从化、番禺降中雨。这里主要针对 3 日 21 时—4 日 02 时降水时段,对所发展的定量降水短时临近预报技术的应用情况进行分析。

图 9.1a 是雷达观测网给出的 3 日 21 时位于 4 km 高度上的回波反射率拼图,图中的风向杆是由 GRAPES 暴雨模式(3 km 分辨率)预报的 21 时 700 hPa 上的无辐散风。可以看到,在广州及其西侧有一强回波区呈南北走向分布,在随后的几个时次,受这一回波区东移的影响,广州及珠三角地区出现明显降水,降水中心位于广州市地区,珠三角东部的沿海一带也有明显的降水中心。图 9.1b 给出了 3 日 21 时—4 日 02 时的 6 h 降水量分布,两个雨量中心均超过 80 mm。

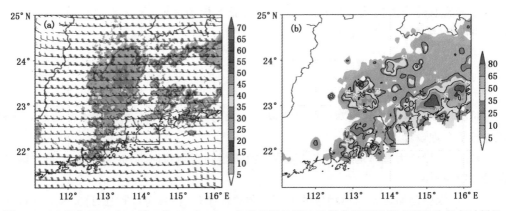

图 9.1　(a)广东 2009 年 6 月 3 日 21 时 4 km 高度观测的雷达反射率拼图及模式预报的相应时刻的
700 hPa 无辐散风场,(b)广东 2009 年 6 月 3 日 21 时—4 日 02 时 6 h 降水量(mm)分布

9.4.2　反射率因子的临近预报

图 9.2、图 9.3 分别给出的是实际观测雷达回波和外推预报的雷达回波,图 9.2 上叠加有相应时刻的无辐散风。从 0~2 h 的外推预报效果来看,由于采用的是具有面积守恒的正定平流方案,外推雷达回波的强度和分布特征在几个时次中的变化比较平稳,基本维持有初始时刻及回波实际演变的特征,即该回波区(带)仍保持有南北走向分布的特征,强的回波位于回波区的后部边沿。不足之处是外推的回波演变没能反映出实际回波强度的变化,这在强度变化比较激烈的回波区中部一带表现得更加明显,这是我们能够预见的,平流外推方法没有考虑强度的变化,因此也无法预报出回波强度的变化。

但从实际效果上看,尤其是回波的移动情况,与实际情况吻合程度比较高。如到了 3 日 23 时,预报的回波与实际回波相似,其南段的回波区移到了珠江口及东岸一带,强度也较为一致。

从预报命中率(POD)来看(图 9.4,图 9.5),前第八个半小时(即 4 h 内的预报)此外推方法对大于 5 dBz 和大于 15 dBz 回波均具有比较高的命中率,达到 0.8 左右,而空报率(FAR)比较小,多数小于 0.2,最大时也仅在 0.3 左右,预报效果比较稳定;对大于 25 dBz 回波范围的外推则要差一些,但在前 2 h,命中率仍在 0.5 以上。其结果是在前 2 h,对于 15 dBz 以下回波强度的外推其预报临界成功指数(CSI)均达在 0.7 以上,其效果是比较理想的。

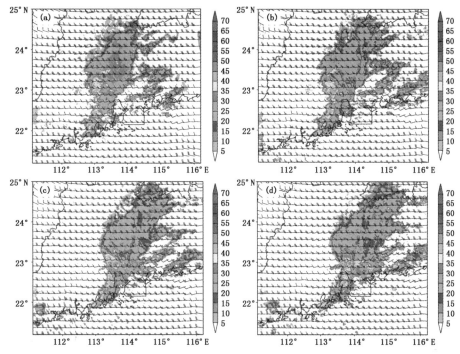

图 9.2　4 km 高度观测的雷达反射率拼图及模式预报的相应时刻的 700 hPa 无辐散风场

（a. 3 日 21:30,b. 3 日 22:00,c. 3 日 22:30,d. 3 日 23:00）

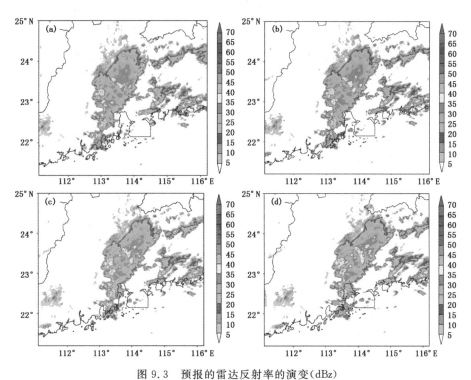

图 9.3　预报的雷达反射率的演变(dBz)

（a. 3 日 21:30,b. 3 日 22:00,c. 3 日 22:30,d. 3 日 23:00）

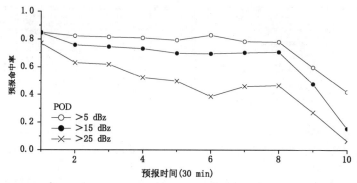

图 9.4 针对大于 5、15 和 25 dBz 三个不同回波强度等级给出了 0~5 h 外推预报的评估结果

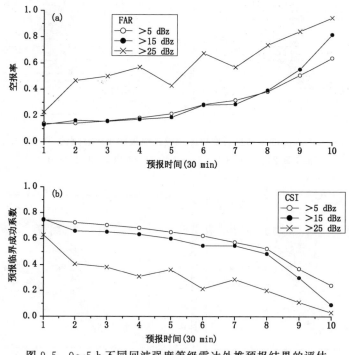

图 9.5 0~5 h 不同回波强度等级雷达外推预报结果的评估
(a.空报率,b.预报临界成功系数)

从这些特点来看,这一外推预报技术对于回波范围及其分布形式的预报是比较好的,可以为降水的临近预报提供较好的基础。至于较强回波区的外推预报,尤其是强回波单体的预报,由于涉及回波生消及强度变化问题,可能仍需要从影响暴雨的强回波的起始发展、增长、消亡等物理因素如边界层辐合、阵风锋等外在因素加以考虑。基于这些物理机制认识发展相应的同化应用技术,建立起具有物理基础的临近预报方法才有可能解决这一问题,这是今后需要努力的方向。

根据以上分析,在降水的临近预报方面,制定了以下的方案:前 2 h,直接利用回波的外推结果,利用 $Z-I$ 关系反算出降水率;2 h 后则通过不同信度取值,把雷达外推和反算得到的降水率作为观测资料,通过递归滤波方法与模式预报降水进行融合分析。

9.4.3　降水的临近预报

（1）回波外推反算预报结果

图 9.6 是前 2 h 由雷达回波外推进反算得到的每 30 min 的降水率。从降水的区域范围看，与实际降水的落区和分布有比较大的相似性。图 9.7a、b 是由自动站降水观测点绘出来的 3 日 22 和 23 时的 1 h 降水分布，时间上与图 9.6b、d 相对应。对比来看，两者在广州地区都有比较大的降水，尽管预报的强度仍较小（与 $Z-I$ 关系的适用性有关），但降水在广州地区的持续性预报得比较好，两个时次均有明显降水中心，与观测结果一致。在雨区移动预报方面结果也比较理想，如预报的主要雨区南侧的强降水区，与观测相应 22—23 时也从西向东移到了珠江口西岸。

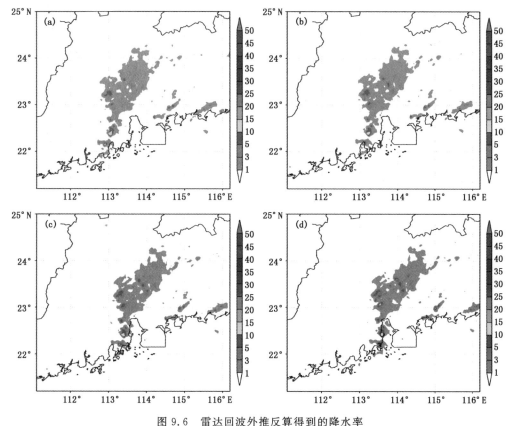

图 9.6　雷达回波外推反算得到的降水率

（a. 3 日 21:30，b. 3 日 22:00，c. 3 日 22:30，d. 3 日 23:00（单位:mm））

图 9.7 还给出了随后 2 h 的降水观测，随着回波进一步向东移动和减弱，降水强度逐渐减小、分散，到了 4 日 01 时以后，主要的雨区分散于广东的东部地区，强度多在 10 mm 左右。从随后 3 h 采用递归滤波方法对两种资料进行融合分析预报结果看，一定程度上能反映出降水变化这一特征。

（2）递归滤波分析的预报结果

图 9.8 是融合分析两种资料后得到的预报结果，3 日 23 时 30 分（图 9.8a）和 4 日 00 时（图 9.8b）两个时次，观测资料信度取为 1，因此降水的分布仍然以雷达回波外推反算得到的降

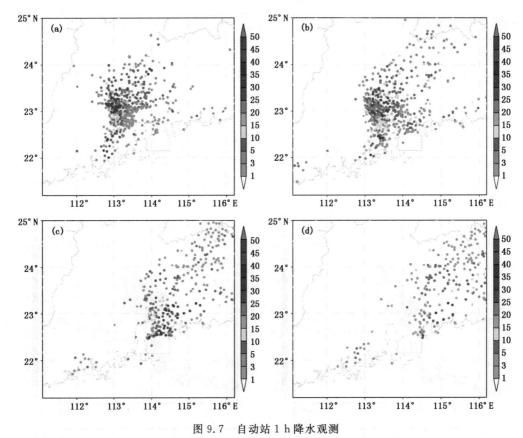

图 9.7　自动站 1 h 降水观测
(a. 3 日 22:00,b. 3 日 23:00,c. 4 日 00:00,d. 4 日 01:00(单位:mm))

水为主要特征,整个回波区表现为向东移动。4 日 00 时以后,观测资料信度逐时分别降为 0.75 和 0.3,此时模式降水的权重逐渐加大。

从图 9.8c,d 可以看到,雷达反算的降水分布特征变得不明显,雨区的分布主要由模式降水决定,降水量也逐渐减小。4 日 01 时以后的结果更是如此(图略)。尽管模式预报的降水在具体位置上与实际降水仍有差别,但模式此时已能预报出降水位于广东东部的基本特征。

图 9.9 是 0～5 h 这一降水短时临近预报技术的评估情况,这里仅给出了大于 0.1 mm 以上降水预报的评估结果。0～5 h 降水的命中率 POD 均在 0.5 以上,前 2 h 空报率(FAR)比较小,因此临界成功指数(CSI)均在 0.5 以上。第 3 小时,尽管空报率有所提高,但由于命中率仍比较高,此时的 CSI 评分仍较高,也在 0.5 左右,这表明所发展的雷达外推预报技术是比较成功的,可能更加适用于与锋面系统活动相关的降水过程,可以有效地延长外推预报的时效。第 3 小时以后,由于空报率提高(与模式降水预报的特点有关),尽管此时的命中率也提高了,但 CSI 指数已迅速降低。

总的来说,尽管这里所发展的降水短时临近预报技术与实际暴雨临近预报的需求仍有较大距离,尤其是降水强度方面,但每小时预报效果有这样好的评分效果仍然是令人鼓舞的。需要进一步完善的是:

(a)是否采用 700 hPa 风场作为回波外推的风场条件是最优的? 进一步通过统计分析,求取最优引导风场值得考虑。

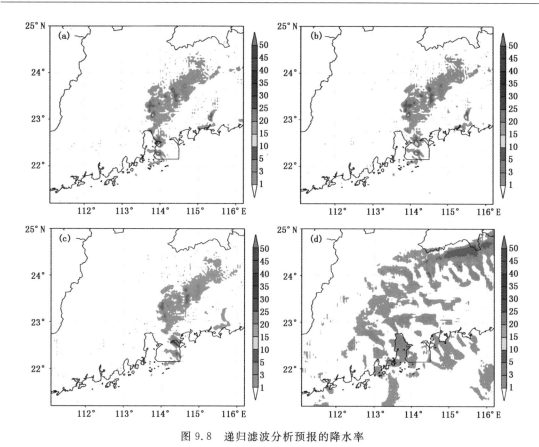

图 9.8　递归滤波分析预报的降水率

(a. 3 日 23:30,b. 4 日 00:00,c. 4 日 00:30,d. 4 日 01:00(单位:mm))

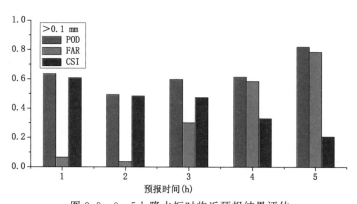

图 9.9　0~5 h 降水短时临近预报结果评估

(b)采用的 $Z-I$ 关系是否完全适用?尤其对于暴雨的预报来说,值得进一步探讨。

(c)外推预报方法永远无法预测出回波短时间内的生消,如何从引起暴雨强回波生消物理过程的分析出发,发展基于对这些物理机制认识的资料同化应用技术,建立起有更坚实物理基础的临近预报方法,这是今后需要努力的方向。

9.5　结论与讨论

强对流天气系统生命期很短,如常见的强降水、雷雨大风等,一般只有几小时的生命期,数值模式要预报好这一类天气,首先必须要能够利用好最新的观测资料,快速更新初值。本文设计的逐时循环同化系统,就是为了能够快速更新初值,及时制作预报,它是基于逐时循环同化分析稳定合理的基础上,加入稠密的中尺度观测信息,如雷达探测等,来获取精细的初值。数值模式初始时刻的非气态水,如云水、雨水等,对临近预报的效果有重要影响。系统有简单的云分析模块,同时利用 LAPS 的云分析产品,通过云、雨水张弛逼近技术,初步实现了模式的热启动,缩短了起转时间。虽然目前方案比较简单,但也表现出一定的预报效果。

系统还需要改进和完善。例如,更好的稠密资料同化技术和更加完善的云分析技术,实现现代探测业务中不断丰富的高时空密度资料(如风廓线仪、GPS 等探测资料)的有效应用;进一步改进模式的物理过程,适应短时临近预报的特点。

参考文献

陈德辉,胡志晋,徐大海等.2004. CAMS 大气数值预报模式系统研究.北京:气象出版社,190.

陈嘉滨,季仲贞.2004.半隐式半拉格朗日平方守恒计算格式的构造.大气科学,28(4):527-535.

陈潜,赵鸣,汤剑平等.2004.陆面过程模式 BATS 中地气通量计算方案的一个改进实验.南京大学学报,40(3):330-340.

陈晓丽,沈学顺,陈活泼.2011.陆面过程对 2007 年淮河流域强降水数值预报的影响分析.热带气象学报,26(6):667-679.

陈子通,黄燕燕,万齐林等.2010.快速更新循环同化预报系统的汛期试验与分析.热带气象学报,26(1):49-54.

程麟生,彭新东.1996.行星边界层物理过程对暴雨及其中尺度系统演变的影响//N85-906-08 课题组.暴雨科学业务试验和天气动力学理论研究.北京:气象出版社,279-285.

邓华,薛纪善,徐海明等.2008. GRAPES 中尺度模式中不同对流参数化方案模拟对流激发的研究.热带气象学报,24(4):327-334.

丁伟钰,万齐林.2004. BDA 方案及其对伊布都(0307)台风预报的影响//推进气象科技创新加快气象事业发展(上册).北京:气象出版社,240-248.

冯文,万齐林,陈子通等.2008.逐时云迹风资料同化对暴雨预报的模拟试验.气象学报,66(4):104-215.

葛孝贞,郑爱军.1997.包含正定水汽输送算法改进的 MM4 中尺度模式与暴雨实例数值试验.气象学报,55(5):573-587.

洪延超,周非非.2005."催化—供给"云降水形成机理的数值模拟研究.大气科学,29(6):885-896.

胡志晋,何观芳.1987.积雨云微物理过程的数值模拟(一):微物理模式.气象学报,45(4):467-484.

胡志晋,史月琴.2006.关于半拉格朗日半隐式大气模式的时步问题.大气科学,33(1):1-10.

胡志晋,严采繁.1986.层状云微物理过程的数值模拟(一):微物理模式.中国气象科学研究院院刊,1(1):37-52.

胡志晋,邹光源.1991.大气非静力平衡和弹性适应.中国科学 B,(5):550-560.

黄卓.2001.气象预报产品质量评分系统技术手册.北京:中国预测减灾司,108pp.

李昀英,宇如聪,傅云飞等.2008.一次热对流降水成因的分析和模拟.气象学报,66(2):190-202

梁科,万齐林,丁伟钰等.2007.飞机报资料在 0506 华南致灾暴雨过程模拟中的应用.热带气象学报,23(4):313-325.

刘红亚,徐海明,胡志晋等.2007a.雷达反射率因子在中尺度云分辨模式初始化中的应用 I:云微物理量和垂直速度的反演.气象学报,65(6):896-905.

刘红亚,徐海明,薛纪善等.2007b.雷达反射率因子在中尺度云分辨模式初始化中的应用 II:数值模拟试验.气象学报,65(6):906-918.

刘红亚,薛纪善,顾建峰等.2010.三维变分同化雷达资料暴雨个例试验.气象学报,68(6):779-789.

刘一,陈德辉,胡江林等.2011. GRAPES 中尺度模式地形有效尺度影响的理想数值试验研究.热带气象学报,27(1):217-228.

刘玉宝,周秀骥,胡志晋.1993.三维弹性套网格中尺度(β-γ)大气模式.气象学报.51(3):369-380.

马明.2004.雷电与气候变化相互关系的一些研究.[博士论文].合肥:中国科学技术大学.159.

马明.2009.雷电起电放电模式和雷电灾害的研究,[博士后出站报告].北京:中国气象科学研究院,102pp.

马旭林,庄照荣,薛纪善等.2009. GRAPES 非静力数值预报模式的三维变分资料同化系统的发展.气象学报,67(1):50-60.

沈学顺,王明欢,肖锋.2011. GRAPES 模式中高精度正定保形物质平流方案的研究(I):理论方案设计与理想试验.气象学报,69(1):1-15.

史荣昌. 1996. 矩阵分析. 北京：北京理工大学出版社. 257pp.

史月琴,楼小凤,邓雪娇等. 2008. 华南冷锋云系的中尺度和微物理特征模拟分析. 大气科学, 32(5)：
　　1019-1036.

孙安平,言穆弘,张义军等. 2002a. 三维强风暴动力－电耦合数值模拟研究 I：模式及其电过程参数化方案.
　　气象学报, 60(6)：722-731.

孙安平,言穆弘,张义军等. 2002b. 三维强风暴动力－电耦合数值模拟研究 II：电结构形成机制. 气象学报,
　　60(6)：732-739.

孙建华,卫捷,赵思雄等. 2006. 2005 年夏季的主要天气及其环流分析. 气候与环境研究. 2：138-154.

孙晶,楼小凤,胡志晋等. 2008. CAMS 复杂云微物理方案与 GRAPES 模式耦合的数值试验. 应用气象学
　　报, 19(3)：315-325.

谭永波. 2006. 闪电放电与雷暴云电荷、电位分布相互关系的数值模拟,[博士论文]. 合肥：中国科学技术大
　　学, 173pp.

陶诗言,张小玲,张顺利. 2004. 长江流域梅雨锋暴雨灾害研究. 北京：气象出版社, 192pp.

万齐林,薛纪善,庄世宇. 2005. 多普勒雷达风场信息变分同化的试验研究. 气象学报, 63(2)：129-145.

王才伟,言穆弘,刘欣生等. 1998. 论闪电先导的双向传输. 科学通报, 43(11)：1198-1202.

王飞,董万胜,张义军等. 2009. 云内大粒子对闪电活动影响的个例模拟. 应用气象学报, 20(5)：564-570.

王飞,张义军,赵均壮等. 2008. 雷达资料在孤立单体雷电预警中的初步应用. 应用气象学报, 19(2)：
　　153-160.

王飞. 2010. GRAPES 中尺度模式对闪电活动的数值模拟研究,[博士论文]. 北京：中国科学院研究生
　　院, 182pp.

王光辉,陈峰峰,沈学顺等. 2008. 数值模式中地形滤波处理及水平扩散对降雨预报的影响. 地球物理学报,
　　51(6)：1642-1650.

王明欢,沈学顺,肖锋. 2011. GRAPES 模式中高精度正定保形物质平流方案的研究(II)：连续实际预报试验.
　　气象学报, 69(1)：16-25.

王鹏云,肖乾广,林永辉. 2001. 卫星遥感地表植被及其在华南暴雨中尺度数值模拟中的应用试验. 应用气象
　　学报. 12(3)：287-296.

王谦,胡志晋. 1990. 三维弹性大气模式和实测强风暴的模拟. 气象学报, 48(1)：91-101.

谢邵成. 1991. 一种新的正定平流方案及其在水汽预报方程中的应用. 气象学报, 49(1)：11-20.

薛纪善,陈德辉等. 2008. 数值预报系统 GRAPES 的科学设计与应用. 北京：科学出版社, 383.

薛纪善,庄世宇,朱国富等. 2001. GRAPES 3D-Var 资料同化系统的科学设计方案. 中国气象科学研究院数
　　值预报研究中心技术报告.

薛毅. 2001. 最优化原理与方法. 北京：北京工业大学出版社. 364pp.

闫敬华,薛纪善. 2002. "5.24"华南中尺度暴雨系统结构的数值模拟分析. 热带气象学报, 18(4)：302-308.

杨毅,邱崇践,龚建东等. 2008. 三维变分和物理初始化方法相结合同化多普勒雷达资料的试验研究. 气象
　　学报, 66(4)：479-488.

叶成志,欧阳里成,李象玉等. 2006. GRAPES 中尺度模式对 2005 年长江流域重大灾害性降水天气过程预报
　　性能检验分析. 热带气象学报, 22(4)：393-399.

张人禾,沈学顺. 2008. 中国国家级新一代业务数值预报系统 GRAPES 的发展. 科学通报, 53(20)：
　　2393-2395.

赵琳娜,杨晓丹等. 2007. 2007 年汛期淮河流域致洪暴雨的雨情和水情特征分析. 气候与环境研究, 12(6)：
　　728-737.

赵思雄,陶祖钰,孙建华等. 2004. 长江流域梅雨锋暴雨机理的分析研究. 北京：气象出版社, 281pp.

赵思雄,张立生,孙建华. 2007. 2007 年淮河流域致洪暴雨及其中尺度系统特征的分析. 气候与环境研究, 12

(6):713-727.

Arakawa A, and Lamb V R 1977. Computational design of the basic dynamical process of the UCLA general circulation model. *Methods Computational Physic*, **17**, Academic Press, 173-265.

Arking A A, and Grossman K. 1972. The influence of line shape and band structure on temperatures in planetary atmospheres. *J. Atmos. Sci.*, **29**: 937-949.

Asselin R. 1972. Frequency filter for time integrations. *Mon. Wea. Rev.*, **100**: 487-490.

Atkins M J 1974. The objective analysis of relative humidity. *Tellus.*, **26**:663-671.

Aufdermaur A N, Johnson D. A. 1972. Charge separation due to riming in an electric field. *Quart. J. Roy. Meteor. Soc.*, **98**(416): 369-382.

Avissar R, Mahrer Y. 1988. Mapping frost-sensitive areas with a three-dimensional local scale model part 1: Physical and numerical aspects. *J. Appl. Meteor.*, **27**: 400-413.

Baker M B, Christian H J, Latham J. 1995. A computational study of the relationships linking lightning frequency and other thundercloud parameters. *Quart. J. Roy. Meteor. Soc.*, **121**: 1525-1548.

Bates J R, Semazzi F H M, Higgins R W, Barros R M, 1990. Integration of the shallow water equations on the sphere using a vector semi-Lagrangian scheme with a multigrid solver. *Mon. Wea. Rev.*, **118**: 615-627.

Bermejo R, Conde J. 2002. A conservative quasi-monotone semi-Lagrangian scheme. *Mon. Wea. Rev.*, **130**: 423-430.

Bermejo R, Staniforth A. 1992. The conversion of semi-Lagrangian advection schemes to quasi-monotone schemes. *Mon. Wea. Rev.*, **120**: 2622-2632.

Berry E X. 1968. Modification of the warm rain process//*Preprints First National Conf. on Weather Modification*. Albany, NY, Amer. Meteor. Soc., 81-88.

Betts A K, Chen F, Mitchell K, Janjic Z. 1997. Assessment of land surface and boundary layer models in two operational versions of the NCEP Eta Model using FIFE data. *Mon. Wea. Rev.*, **125**: 2896-2915.

Betts A K, Miller M J. 1986. A new convective adjustment scheme. Part II: Single column tests using GATE wave, BOMEX, and arctic air-mass data sets. *Quart. J. Roy. Meteor. Soc.*, **112**: 693-709.

Betts A K. 1986. A new convective adjustment scheme. Part I: Observational and theoretical basis. *Quart. J. Roy. Meteor. Soc.*, **112**:677-691.

Biggerstaff M I, Houze R A. 1991. Kinematic and precipitation structure of the 10—11 June 1985 squall line. *Mon. Wea. Rev.*, **119**: 3034-3065.

Bott A. 1993. The monotone area-preserving flux-form advection algorithm: Reducing the time-splitting error in two-dimensional flow fields. *Mon. Wea. Rev.*, **121**: 2637-2641.

Bourke W, McGregor J L. 1983. A nonlinear vertical mode initialization scheme for a limited area prediction model. *Mon. Wea. Rev.*, **111**: 2285-2297.

Brooks I M, Saunders C P R. 1995. Thunderstorm charging: laboratory experiments clarified. *Atmos. Res.*, **39**(4): 263-273.

Byrom M, Roulstone I. 2002. Calculating vertical motion using Richardson's equation//*ECMWF/GEWEX workshop on humidity analysis*, *European Centre for Medium Range Weather Forecasts*. 8—11 July, UK, 49-57.

Carey L D, Rutledge S A. 2000. The relationship between precipitation and lightning in tropical island convection: A C-band polarimetric radar study. *Mon. Wea. Rev*, **128**: 2687-2710.

Cecil D J, Goodman S J, Boccippio D J, et al. 2005. Three years of TRMM precipitation features. Part I: Radar, radiometric, and lightning characteristics. *Mon. Wea. Rev.*, **133**: 543-566.

Charney J G, Philips N A. 1953. Numerical integration of the quasi-geostrophic equations for barotropic and simple baroclinic flows. *J. Meteor.* , **10**: 71-99.

Chen F, Janjic Z, Mitchell K E. 1997. Impact of atmospheric surface-layer parameterizations in the new land-surface scheme of the NCEP mesoscale Eta model. *Bound. -Layer Meteor.* , **85**:391-421.

Chen F, Avissar R. 1994a. Impact of land surface moisture variability on local shallow convective cumulus and precipitation in large-scale models. *J. Appl. Meteor.* , **33**: 1382-1401.

Chen F, Avissar R. 1994b. The impact of land-surface wetness heterogeneity on mesoscale heat fluxes. *J. Appl. Meteor.* , **33**: 1323-1339.

Chen F, Dudhia J. 2001a. Coupling an advanced land-surface/hydrology model with the Penn Sate/NCAR MM5 modeling system. Part I: Model description and implementation. *Mon. Wea. Rev.* , **129**: 569-585.

Chen F, Dudhia J. 2001b. Coupling an advanced land-surface/ hydrology model with the Penn State/ NCAR MM5 modeling system. Part Ⅱ: Preliminary model validation. *Mon. Wea. Rev.* , **129**: 587-604.

Chen F, *et al*. 1996. Modeling of land-surface evaporation by four schemes and comparison with FIFE observations. *J. Geophys. Res.* , **101**: 7251-7268.

Chiu C S, Klett J D. 1976. Convective electrification of clouds. *J. Geophys. Res.* , **81**(6):1111 — 1124, doi: 10. 1029/JC081i006p01111.

Chiu C S. 1978. Numerical study of cloud electrification in an axisymmetric time-dependent cloud model. *J. Geophys. Res.* , **83**: 5025-5049.

Christelle B, Molinie G, Pinty J. 2005. Description and first results of an explicit electrical scheme in a 3D cloud resolving model. *Atmos. Res.* , **76**: 95-113.

Clappier A. 1998. A correction method for use in multidimensional time-splitting advection algorithms: Application to two-and there-dimensional transport. *Mon. Wea. Rev.* , **126**: 232-242.

Clark C A, Arritt R W. 1995. Numerical simulation of the effect of soil moisture and vegetation cover on the development of deep convection. *J. Appl. Meteor.* , **34**: 2029-2045.

Clough B F, Sim R G. 1989. Changes in gas exchange characteristics and water use efficiency of mangroves in response to salinity and vapour pressure deficit. *Oecologia.* , **79**: 38-44.

Clough S A, Iacono M J, Moncet J L. 1992. Line-by-line calculations of atmospheric fluxes and cooling rates: Application to water vapor. *J. Geophys Res.* , **97**(D14): 15761-15785.

Clough S A, Iacono M J. 1995. Line-by-line calculations of atmospheric fluxes and cooling rates: Application to carbon dioxide, ozone, methane, nitrous oxide, and the halocarbons. *J. Geophys. Res.* , **100**: 16519-16535.

Colella P, Woodward P R. 1984. The piecewise parabolic method (PPM) for gas-dynamical simulations. *J. Comput. Phys.* , **54**: 174-201.

Cosby B J, Hornberger G M, Clapp R B, *et al*. 1984. A statistical exploration of the relationships of soil moisture characteristics to the physical properties of soils. *Water Resour. Res.* , **20**: 682-690.

Courtier P, Thépaut J N, Hollingsworth A. 1994. A strategy for operational implementation of 4D-Var, using an incremental approach. *Quart. J. Roy. Meteor. Soc.* , **120**:1367-1388.

Daley R. 1991. *Atmospheric Data Analysis*. New York: Cambridge University Press, 456pp.

Davies H C. 1976. A lateral boundary formulation for multi-level prediction models. *Quart. J. Roy. Meteor. Soc.* , **102**: 405-418.

Davies L A, Brown A R. 2001. Assessment of which scales of orography can be credibly resolved in a numerical model. *Quart. J. Roy. Meteor. Soc.* , **127**: 1225-1237.

Deardorff J W. 1980. Cloud top entrainment instability. *J. Atmos. Sci.* , **37**: 131-147.

Dee D, Da Silva A. 2003. The choice of variable for atmospheric moisture analysis. *Mon. Wea. Rev.* , **131**:

155-171.

Derber J, Bouttier F. 1999. A reformulation of the background error covariance in the ECMWF global data assimilation system. *Tellus*, **51**: 195-221.

Doms G. 2001. A scheme for monotonic numerical diffusion in the LM. COSMO Technical Report. NO. 3: 1-25.

Dudhia J. 1989. Numerical study of convection observed during the winter monsoon experiment using a mesoscale two-dimensional model. *J. Atmos. Sci.*, **46**: 3077-3107.

Durran D R, Klemp J B. 1982. The effects of moisture on trapped mountain lee waves. *J. Atmos. Sci.*, **39**: 2490-2506.

Dye J E, Winn W P, Jones J J. 1989. The electrification of New Mexico thunderstorms 1. Relationship between precipitation development and the onset of electrification. *J. Geophys. Res.*, **94**: 8643-8656.

Dye J E, et al. 1986. Early electrification and precipitation development in a small, isolated Montana cumulonimbus. *J. Geophys. Res.*, **91**(D1): 1231-1247.

Ek M B, Mahrt L. 1991. OSU 1−D PBL Model User's Guide. Version 1.04, 120 pp. [Available from Department of Atmospheric Sciences, Oregon State University, Corvallis, OR 97331-2209].

Ek M B, Mitchell K E, Lin Y, et al. 2003. Implementation of Noah land surface model advances in the National Centers for Environmental Prediction operational mesoscale Eta model. *J. Geophys. Res.*, **108**(D22): 8851-8866, doi:10.1029/2002JD003296.

Eugene W, et al. 2008. Use of vertically integrated ice in WRF-based forecasts of lightning threat//24th Conf. on Severe Local Storms. American Meteorological Society.

Eugene W. et al. 2006. Use of high-resolution WRF simulations to forecast lightning threat//23rd Conf. on Severe Local Storms. American Meteorological Society.

Findell K L, Eltahir E A B. 2003. Atmospheric controls on soil moisture-boundary layer interactions. Part II: Feedbacks within the continental United States. *J. Hydrometeor.*, **4**: 570-583.

Gal-Chen T, Somerville C J. 1975. On the use of a coordinate transformation for the solution of the Navier-Stokes equations. *J. Comput. Phys.*, **17**: 209-228.

Gardiner B, Lamb D, Pitter R L, et al. 1985. Measurements of initial potential gradient and particle charges in a Montana summer thunderstorm. *J. Geophys. Res.*, **90**(D4): 6079-6086.

Gassmann A. 2001. Filtering of LM-orography. COSMO Newsletter. NO. 1: 71-78.

Gauthier M L, Petersen W A, et al. 2006. Relationship between cloud-to-ground lightning and precipitation ice mass: A radar study over Houston. *Geophys. Res. Lett.*, **33**: L20803, doi:10.1029/2006GL027244.

Gremillion M S, Orville R E. 1999. Thunderstorm characteristics of cloud-to-ground lightning at the Kennedy Space Center, Florida: A study of lightning initiation signatures as indicated by the WSR-88D. *Wea. Forecasting*, **14**: 640-649.

Haase G, Crewell S, Simmer C, et al. 2000. Assimilation of radar data in mesoscale models: Physical initialization and latent heat nudging. *Phys. Chem. Earth*(B), **25**: 1237-1242.

Hallett J, Saunders C P R. 1979. Charge separation associated with secondary ice crystal production. *J. Atmos. Sci.*, **36**(11): 2230-2235.

Hayden C M, Purser R J. 1988. Three-dimensional recursive filter objective analysis of meteorological fields// *Preprint of English Con. For Numerical Weather Prediction*. Baltimore, MD. Amer. Meteor. Soc., 185-190.

Helsdon J H Jr, Wu G, Farley R D. 1992. An intracloud lightning parameterization scheme for a storm electrification model. *J. Geophys. Res.*, **97**: 5865-5884.

Helsdon J H Jr,Farley R D. 1987. A numerical modeling study of a Montana thunderstorm: 2. Model results versus observations involving electrical aspects. *J. Geophys. Res.*, **92**(D5): 5661-5675.

Hobbs P V, David A B,Lawrence F. 1985. Particles in the lower troposphere over the high plains of United States. Part II: Cloud condensation nuclei. *J. Clim. Appl. Meteor.*, **24**: 1358-1369.

Holle R L,Maier M W. 1982. Radar echo height related to cloud-ground lightning in South Florida// *Preprints*, 12 *th Conf. on Severe Local Storms*. Amer. Meteor. Soc., 330-333.

Holle, R L,Watson A I. 1996. Lightning during two central U. S. winter precipitation events. *Wea. Forecasting*, **11**: 599-614.

Holt T, Niyogi D, Chen F,*et al*. 2006. Effect of land-atmosphere interactions on the IHOP 24—25 May 2002 convection case. *Mon. Wea. Rev.*, **134**: 113-133.

Holtslag A A M, Bruijin I F,Pan H L. 1990. A high resolution air mass transformation model for short-range weather forecasting. *Mon. Wea. Rev.*, **118**: 1561-1575.

Hondl K D,Eilts M D. 1994. Doppler radar signatures of developing thunderstorms and their potential to indicate the onset of cloud-to-ground lightning. *Mon. Wea. Rev.*, **122**: 1818-1836.

Hong S Y, Noh Y,Dudhia J. 2006. A New vertical diffusion package with an explicit treatment of entrainment processes. *Mon. Wea. Rev.*, **134**: 2318-2341.

Hong S Y,Pan H L. 1996. Nonlocal boundary layer vertical diffusion in a Medium-Range Forecast model. *Mon. Wea. Rev.*, **124**: 2322-2339.

Ide K, Courtier P, Ghi M,*et al*. 1997: Unified notation for data assimilation: Operational, sequential and variational. *J. Meteor. Soc. Japan*, **75**: 181-189.

Illingworth A J,Latham J. 1977. Calculations of electric field growth, field structure, and charge distributions in thunderstorms. *Quart. J. Roy. Meteor. Soc.*, **103**: 277-298.

Ingleby N B. 2001. The statistical structure of forecast errors and its representation in the Met. Office global 3-D variational data assimilation scheme. *Quart. J. Roy. Meteor. Soc.*, 127:209-232.

Ishihara M, Sakakibara H, Yanagisawa Z,*et al*. 1987. Internal structure of thunderstorms in Kanto observed by two Doppler radars. *Tenki*, **34**: 321-332.

Jacquemin B,Noilhan J. 1990. Sensitivity study and validation of a land surface parameterization using the HAPEX-MOBILHY data set. *Bound-Layer Meteor.*, **52**: 93-134.

Janjic Z I. 1994. The step-mountain eta coordinate model: further developments of the convection, viscous sublayer and turbulence closure schemes. *Mon. Wea. Rev.*, **122**: 927-945.

Janjic Z I. 2000. Comments on "Development and Evaluation of a Convection Scheme for Use in Climate Models". *J. Atmos. Sci.*, **57**: 3686-3686.

Jayaratne E R, Saunders C P R, Hallett J. 1983. Laboratory studies of the charging of soft-hail during ice crystal interactions. *Quart. J. Roy. Meteor. Soc.*, **109**(461): 609-630.

Johnson J T, Eilts M D, Ruth D,*et al*. 2000. Warning operations in support of the 1996 Centennial Olympic Games. *Bull. Amer. Meteor. Soc.*, 81: 543-554.

Kain J S, Fritsch J M. 1993. Convective parameterization for mesoscale models: The Kain-Fritcsh scheme. // Emanuel K A,Raymond D J. *The representation of cumulus convection in numerical models*, Amer. Meteor. Soc., 246pp.

Kain J S,Fritsch J M. 1990. A one-dimensional entraining/ detraining plume model and its application in convective parameterization. *J. Atmos. Sci.*, **47**: 2784-2802.

Kain J S. 2004. The Kain-Fritsch convective parameterization: An update. *J. Appl. Meteor.*, **43**: 170-181.

Kasemir H W. 1960. A contribution to the electrostatic theory of a lightning discharge. *J. Geophys. Res.*.

65(2): 1873-1878.

Kasemir H W. 1984. Theoretical and experimental determination of field, charge and current on an aircraft hit by natural and triggered lightning//*Preprints, International Aerospace and Ground Conference on Lightning and Static Electricity*. National Interagency Coordinating Group, Orlando, Fla.

Keuttner J P, Levin Z, Sartor J D. 1981. Thunderstorm electrification-Inductive or non-inductive? *J. Atmos. Sci.*, **38**:2470-2484.

Kim J, Mahrt L. 1992. Simple formulation of turbulent mixing in the stable free atmosphere and nocturnal boundary layer. *Tellus*, **44**A: 381-394.

Klaassen G P, Clark T L. 1985. Dynamics of the cloud environment interface and entrainment in small cumuli: two-dimensional simulations in the absence of ambient shear. *J. Atmos. Sci.*, **42**(23): 2621-2642.

Klemp J B, Wilhelmson R B. 1978. The simulation of three-dimensional convective storm dynamics. *J. Atmos. Sci.*, **35**: 1070-1096.

Kumar K K, Jian A R, Narayana R D. 2005. VHF/UHF radar observations of tropical mesoscale convective systems over southern India. *Ann. Geophys.*, **23**: 1673-1683.

Lacis A A, Hansen J E. 1974. A parameterization for the absorption of solar radiation in the earth's atmosphere. *J. Atmos. Sci.*, **31**: 118-133.

Latham J. 1981. The electrification of thunderstorms. *Quart. J. Roy. Meteor. Soc.*, **107**: 277-298.

Lhermitte R, Krehbiel P R. 1979. Doppler radar and radio observations of thunderstorms. *IEEE Trans. Geoscience Electron.*, ,**17**: 162-171.

Lin S J, Rood R B. 1996. Multidimensional flux-form semi-Lagrangian transport schemes. *Mon. Wea. Rev.*, **124**: 2046-2070.

Lindskog M, Salonen K, Järvinen H, *et al*. 2004. Doppler radar wind data assimilation with HIRLAM 3DVAR. *Mon. Wea. Rev.*, **132**: 1081-1092.

Liu H Y, Xue J S, Gu J F. 2012. Radar data assimilation of GRAPES model and experimental results in a typhoon case. *Adv. Atmos. Sci.*, **29**: 344-358.

Lorenc A C, *et al*. 2000. The Met. Office global three-dimensional variational data assimilation scheme. *Quart. J. Roy. Meteor. Soc.*, **126**: 2991-3012.

Lorenc A C. 1992. Iterative analysis using covariance functions and filters. *Quart. J. Roy. Meteor. Soc.*, **118**: 569-591.

Lorenc A. C. 1986. Analysis methods for numerical weather prediction. *Quart. J. Roy. Meteor. Soc.*, **112**: 1177-1194.

Louis J F. 1979. A parametric model of vertical eddy fluxes in the atmosphere. *Bound. -Layer Meteor.*, **17**: 187-202.

Lucas C, Zipser E J, Ferrier B S. 1995. Warm-pool cumulonimbus and the ice phase//*Preprints, Conf. on Cloud physics*. Amer. Meteor. Soc., 318-320.

Lynch P, Huang X Y. 1992. Initialization of the HIRLAM model using a digital filter. *Mon. Wea. Rev.*, **120**: 1019-1034.

MacGorman D R, Straka J M, Ziegler C L. 2001. A lightning parameterization for numerical cloud models. *J. Appl. Meteor.*, **40**(3): 459-478.

MacGorman D R, Taylor W L, 1989. Positive cloud-to-ground lightning detection by a direction-finder network. *J. Geophys. Res.*, **94**: 13313-13318.

MacGorman D T, Rust W D. 1998. *The Electrical Nature of Storms*, New York: Oxford University Press.

Mach D M, Knupp K R. 1993. Radar reflectivity as a tool to remotely infer the presence of significant fields aloft//*Preprints*, 26th Intl. Conf. on Radar Meteorology. Amer. Meteor. Soc. , 315-317.

Mahfouf J F,Noilhan J. 1991. Comparative study of various formulations of evaporation from bare soil using in situ data. *J. Appl. Meteor.* , **30**: 1354-1365.

Mahrt L,Ek M. 1984. The influence of atmospheric stability on potential evaporation. *J. Appl. Meteor.* , **23**: 222-234.

Mahrt L,Pan H L. 1984. A two-layer model of soil hydrology. , *Bound-Layer Meteorol.* , **29**: 1-20.

Mansell E R, MacGorman D, Ziegler C R,*et al*. 2002. Simulated three dimensional branched lightning in a numerical thunderstorm model. *J. Geophys. Res.* , **107**: 4075-4086.

Mansell E R. 2000. Electrification and lightning in simulated supercell and non-supercell thunderstorms. *Thesis (PhD). The Univ. Oklahoma*,Source DAI-B 61/02, p. 895, 211pp.

Maribel M. 2002. The relationship between radar reflectivity and lightning activity at initial stages of convective storms// *Preprints*, 82nd Annual Meeting, First Annual Student Conference. Ameri. Meteor. Soc. , Orlando, Florida.

Marshall T C, McCarthy M,Rust W D. 1995. Electric field magnitudes and lightning initiation in thunderstorms. *J. Geophys. Res.* , **100**: 7097-7103.

Mazur V. 1989a. Triggered lightning strikes to aircraft and natural intracloud discharges. *J. Geophys. Res.* , **94**(D3): 3311-3325.

Mazur V. 1989b. Physical model of lightning initiation on aircraft in thunderstorms. *J. Geophys. Res.* , **94** (D3): 3326-3340.

McCaul E W, Steven J Goodman, Katherine M LaCasse,*et al.* , 2009. Forecasting lightning threat using cloud-resolving model simulations. *Wea. Forecasting*,**24**: 709-729.

McDonald A,Bates J R,1989. Semi-Lagrangian integration of a gridpoint shallow-water model on the sphere. *Mon. Wea. Rev.* , **117**: 130-137.

McGinley J A,Smart J R. 2001. On providing a cloud-balanced initial condition for diabatic initialization//Preprints, 18th Conf. on Weather Analysis and Forecasting. Amer. Meteor. Soc.

Michael M G, Petersen W A, Carey L D,*et al*. 2006. Relationship between cloud-to-ground lightning and precipitation ice mass: A radar study over Houston. *Geophys. Res. Let.* , **33**:L20803.

Michimoto K. 1991. A study of radar echoes and their relation to lightning discharge of thunderclouds in the Hokuriku District. Part I: Observation and analysis of thunderclouds in summer and winter. *J. Meteor. Soc. Japan*, **69**: 195-204.

Michimoto K. 1993. A study of radar echoes and their relation to lightning discharge of thunderclouds in the Hokuriku District. Part II: Observation and analysis of "single-flash" thunderclouds in midwinter. *J. Meteor. Soc. Japan*, **71**: 195-207.

Milan M, Ament F, Venema V,*et al*. 2005. Physical initialization to incorporate radar precipitation data into a numerical weather prediction model (Lokal Model)//32nd Conference on Radar Meteorology /11th Conference on Mesoscale Processes. 22-29 October, Albuquerque, NM, AMS, JP1 J. 15.

Mlawer E J, Taubman S J, Brown P D,*et al*. 1997. Radiative transfer for inhomogeneous atmosphere: RRTM, a validated correlated-k model for the long-wave. *J. Geophys. Res.* ,**102**(D14): 16663-16682.

Moeng C H,Sullivan P P. 1994. A comparison of shear and buoyancy-driven planetary boundary layer flows. *J. Atmos. Sci.* , **51**: 999-1022.

Molinari J,Dudek M. 1986. Implicit versus explicit convective heating in numerical weather prediction models. *Mon. Wea. Rev.* , **114**:1822-1831.

Niemeyer L, Pietronero L,Wiesmann H J. 1984. Fractal dimension of dielectric breakdown. *Phys. Rev.*

Lett. , **52**: 1033-1036.

Noh Y, Cheon W G, Hong S Y,*et al*. 2003. Improvement of the K-profile model for the planetary boundary layer based on large eddy simulation data. *Bound. -Layer Meteor.* , **107**: 401-427.

Pailleux J. 1990. A global variational assimilation scheme and its application for using TOVS radiances//*Proceedings of WMO International Symposium on Assimilation of Obaervations in Meteorology and Oceanography*. Clermont-Ferrand, France,325-328.

Pan H L,Mahrt L. 1987. Interaction between soil hydrology and boundary layer development. *Bound. -Layer Meteor.* , **38**: 185-202.

Parrish D F,Derber J C. 1992. The National Meteorological Center's spectral statistical interpolation analysis system. *Mon. Wea. Rev.* , **120**:1747-1763.

Pellerin P, Laprise R,Zawadzki I. 1995. The performance of semi-Lagrangian transport scheme for the advection-condensation problem. *Mon. Wea. Rev.* , **123**: 3318-3330.

Peng X,Xiao F,Ohfuchi W,*et al*. 2005. Conservative semi-Lagrangian transport on a sphere and the impact on vapor advection in an atmospheric general circulation model. *Mon. Wea. Rev.* ,**133**: 504-520.

Petersen W A, Rutledge S A,Orville R E. 1996. Cloud-to-ground lightning observation to TOGA COARE: Selected results and lightning location algorithms. *Mon. Wea. Rev.* , **124**: 602-620.

Piekle R A. 2001. Influence of the spatial distribution of vegetation and soils on the prediction of cumulus convective rainfall. *Rev. Geophys.* , **39**: 151-177.

Priestley A. 1993. A quasi-conservative version of the semi-Lagrangian advection scheme. *Mon. Wea. Rev.* , **121**: 621-629.

Pringle J E, Orville H D,Stechmann T D. 1973. Numerical simulation of atmospheric electricity effects in a cloud model. *J. Geophys. Res.* , **78**: 4508-4514.

Rabier F, McNally A, Andersson E,*et al*. 1998. The ECMWF implementation of three-dimensional variational assimilation (3DVar). II: Structure functions. *Quart. J. Roy. Meteor. Soc.* , **124**:1809-1829.

Rabin R M, Stadler S, Wetzel P J,*et al*. 1990. Observed effects of landscape variability on convective clouds. *Bull. Amer. Meteor. Soc.* , **71**:272-280.

Rabin R M,Martin D W. 1996. Satellite observations of shallow cumulus coverage over the central United States: An exploration of land use impact on cloud cover. *J.Geophys.Res.* , **101**: 7149-7155.

Rančić M. 1992. Semi-lagrangian piecewise biparabolic scheme for two-dimensional horizontal advection of a passive scalar. *Mon.Wea. Rev.* ,**120**:1394-1406.

Rawlins F. 1982. A numerical study of thunderstorm electrification using a three dimensional model incorporating the ice phase. *Quart. J. Roy. Meteor. Soc.* , **108**: 779-800.

Raymond W H. 1988. High-order low-pass implicit tangent filters for use in finite area calculations. *Mon. Wea. Rev.* , **116**(11): 2132-2141.

Reap R M,MacGorman D R. 1989. Cloud-to-ground lightning: Climatological characteristics and relationships to model fields, radar observations, and severe local storms. *Mon. Wea. Rev.* , **117**: 518-535.

Reap R M. 1986. Evaluation of cloud-to-ground lightning data from the western United States for the 1983-84 summer seasons. *J. Clim. Appl. Meteor.* , **25**: 785-799.

Richardson L F. 1922. *Weather Prediction by Numerical Process*. Cambridge: Cambridge Univ. Press,236PP.

Ritchie H, Temperton C, Simmons A,*et al*. 1995. Implementation of the semi-Lagrangian method in a high resolution version of the ECMWF forecast model. *Mon. Wea. Rev.* , **123**: 489-514.

Ritchie H,Beaudoin C. 1994. Approximations and sensitivity experiments with a baroclinic semi-Lagrangian spectral model. *Mon. Wea. Rev.* , **122**: 2391-2399.

Ritchie H. 1987. Semi-Lagrangian advection on a Gaussian grid. *Mon. Wea. Rev.*, **115**: 608-619.

Robert A, Yee T, Ritchie H. 1985. A semi-Lagrangian and semi-implicit numerical integration scheme for multi-level atmospheric models. *Mon. Wea. Rev.*, **113**: 388-394.

Sartor J D. 1981. Induction charging of clouds. *J. Atmos. Sci.*, **38**: 218-220.

Saunders C P R, Avila E E, Peck S L, *et al.* 1999. A laboratory study of the effects of rime ice accretion and heating on charge transfer during ice crystal/graupel collisions. *Atmos. Res.*, **51**(2): 99-117.

Saunders C P R, Keith W D, Mitzeva R P. 1991. The effect of liquid water on thunderstorm charging. *J. Geophys. Res.*, **96**(D6): 11007-11017.

Schaake J C, *et al.* 1996. Simple water balance model for estimating runoff at different spatial and temporal scales. *J. Geophys. Res.*, **101**: 7461-7475.

Segal M, Arritt R W, Clark C, *et al.* 1995. Scaling evaluation of the effect of surface characteristics on potential for deep convection over uniform terrain. *Mon. Wea. Rev.*, **123**: 383-400.

Segal M, Arritt R W. 1992. Non-classical mesoscale circulations caused by surface sensible heat-flux gradients. *Bull. Amer. Meteor. Soc.*, **73**: 1593-1604.

Semazzi F H M, Qian J H, Scroggs J S. 1995. A global nonhydrostatic semi-Lagrangian atmospheric model without orography. *Mon. Wea. Rev.*, **123**: 2534-2550.

Shao X M, Krehbiel P R. 1996. The spatial and temporal development of intracloud lightning. *J. Geophys. Res.*, **101**(D21): 26641-26668.

Shapiro R. 1975. Linear filtering. *Math. Comp.*, **29**: 1094-1097.

Skamarock W C, Klemp J B, Dudhia J. 2005. A description of the advanced research WRF version 2 (NCAR Technical Note). Mesoscale and Microscale Meteorology Division, National Center for Atmospheric Research.

Smolarkiewicz P K. 1983. A simple positive definite advection scheme with small implicit diffusion. *Mon. Wea. Rea.*, **111**: 479-486.

Solomon R, Baker M. 1996. A one-dimensional lightning parameterization. *J. Geophys. Res.*, **101**: 14983-14990.

Staniforth A, Cote J. 1991. Semi-Lagrangian integration scheme for atmospheric models—A review. *Mon. Wea. Rev.*, **119**: 2206-2223.

Stephens G L. 1978. Radiative properties of extended water cloud. Part II. *J. Atmos. Sci.*, **35**: 2111-2132.

Sun J, Flicker D, Lilly D. 1991. Recovery of three-dimensional wind and temperature fields from simulated single-Doppler radar data. *J. Atmos. Sci.*, **48**: 876-890.

Sun J, Crook N A. 1997. Dynamical and microphysical retrieval from doppler radar observations using a cloud model and its adjoint. Part I: Model development and simulated data experiments. *J. Atmos. Sci.*, **54**: 1642-1661.

Sun J, Crook N A. 1998. Dynamical and microphysical retrieval from doppler radar observations using a cloud model and its adjoint. Part II: Retrieval experiments of an observed Florida convective storm. *J. Atmos. Sci.*, **55**: 835-852.

Syugo H. 2006. Numerical simulation of electrical space charge density and lightning by using a 3-dimensional cloud-resolving model. *Meteor. Res. Inst. Tsukuba, Japan.*, **2**: 124-127.

Tabata A, Nakazawa S, Yasutomi Y, *et al.* 1989. The structure of a long-lasting single cell convective cloud. *Tenki*(In Japanese), **36**: 499-507.

Takahashi T. 1974. Numerical simulation of warm cloud electricity. *J. Atmos. Sci.*, **31**: 2160-2181.

Takahashi T. 1978. Riming electrification as a charge generation mechanism in thunderstorms. *J. Atmos.*

Sci. , **35**(8): 1536-1548.

Takahashi T. 1979. Warm cloud electricity in a shallow axisymmetric cloud model. *J. Atmos. Sci.* , **36**: 2236-2258.

Takahashi T. 1984. Thunderstorm electrification—A numerical study. *J. Atmos. Sci.* , **41**: 2541-2558.

Takahashi T. 1987. Determination of lightning origins in a thunderstorm model. *J. Meteor. Soc. Jap.* , **65**: 777-794.

Talagrand O. 1997. Assimilation of observations, an introduction. *J. Meteor. Soc. Jap.* , **75**(1B):191-209.

Tanguay M, Simard A,Staniforth A. 1989. A three-dimensional semi-Lagrangian scheme for Canadian regional finite-element forecast model. *Mon. Wea. Rev.* , **117**: 1861-1871.

Tanguay M,Robert A,Laprise R. 1990. A semi-implicit semi-Lagrangian fully compressible regional forecast model. *Mon. Wea. Rev.* ,**118**:1970-1980.

Tohsha M,Ichimura I. 1961. Studies on shower and thunderstorm by radar. *Pap. Meteor. Geophys.* , **12**: 18-29.

Trier S B, Chen F,Manning K W. 2004. A study of convection initiation in a mesoscale model using high-resolution land. *Mon. Wea. Rev.* , **132**: 2954-2979.

Troen I,Mahrt L. 1986. A simple model of the atmospheric boundary layer: Sensitivity to surface evaporation. *Bound. -Layer Meteor.* , **37**: 129-148.

Van Leer B. 1979. Towards the ultimate conservative difference scheme: A second order scheme to Godunov's method. *J. Comput. Phys.* , **32**: 101-136.

Van Maanen J. 1981. Objective analysis of humidity by the optimum interpolation method. *Tellus*, **33**: 113-122.

Vincent B R,et al. 2003. Using WSR—88D reflectivity for the prediction of cloud-to-ground lightning:A central north Carolina study. *National Weather Digest.* **27**: 35-44.

Wang F, Zhang Y J,Dong W S. 2010. A lightning activity forecast scheme developed for summer thunderstorms in South China. *Acta Meteor. Sinica.* , **24**(5): 631-640.

Weber M, Boldi R, Laroche P,et al. 1993. Use of high resolution lightning detection and localization sensors for hazardous aviation weather nowcasting// Preprints, 17th Conf. on Severe Local Storms. Amer. Meteor. Soc. , 739-744.

Wen L, Yu W,et al. 2000. The role of land surface schemes in short-range, high spatial resolution forecasts. *Mon. Wea. Rev.* , **128**: 3605-3617.

Wiesmann H J,Zeller H R. 1986. A fractal model of dielectric breakdown and pre-breakdown in solid dielectrics. *J. Appl. Phys.* , **60**: 1770-1773.

Williams E R, Renno N. 1993. An analysis of the conditional instability of the tropical atmosphere. *Mon. Wea. Rev.* , **121**: 21-36.

Williams E R. 1985. Large-scale charge separation in thunderclouds. *J. Geophys. Res.* , **90**: 6013-6025.

Williams E R. 1995. Comment on "Thunderstorm electrification laboratory experiments and charging mechanisms" by C. P. R. Saunders. *J. Geophys. Res.* , **100**: 1503-1505.

Winfred L, Wheeler M,Roeder W. 2005. Objective lightning forecasting at Kennedy Space Center and Cape Canaveral Air Force Station using cloud-to-ground lightning surveillance system data. Conference on Meteorological Applications of Lightning Data.

Wojcik W A. 1994. An examination of thunderstorm charging mechanisms using the IAS 2d storm electrification model. Master's thesis, So. Dakota Schl. Mines Technol. , Rapid City, 113pp.

Wu W S, Purser R J,Parrish D F. 2002. Three-dimensional variational analysis with spatially inhomogeneous covariances. *Mon. Wea. Rew.*, **130**:2905-2916.

Xiao F,Peng X D. 2004. A convexity preserving scheme for conservative advection transport. *J. Comput. Phys.*, **198**: 389-402.

Xiao Q, Kuo Y H, Sun J,*et al*. 2005. Assimilation of Doppler radar observations with a regional 3DVAR system: Impact of Doppler velocities on forecasts of a heavy rainfall case. *J. Appl. Meteor.*, **44**:768-788.

Xiao Q, Kuo Y H, Sun J,*et al*. 2007. An approach of radar reflectivity data assimilation and its assessment with the inland QPF of typhoon Rusa (2002) at landfall. *J. Appl. Meteor. Clim.*, **46**:14-22.

Xue J S. 2004. Progress of researches on numerical weather prediction in China:1999－2002. *Adv. Atmos. Sci.*, **21**: 467-474.

Yu R C. 1994. A Two-step shape preserving advection scheme. *Adv. Atmos. Sci.*, **11**(4): 479-490.

Yuter S,Robert H. 1995. Three-dimensional kinematic and microphysical evolution of Florida cumulonimbus. Part II: Frequency distributions of vertical velocity, reflectivity, and differential reflectivity. *Mon. Wea. Rev.*, **123**: 1941-1963.

Yuter S,Robert H. 2003. Microphysical modes of precipitation growth determined by S-band vertically pointing radar in orographic precipitation during MAP. *Quart. J. Roy. Meteor. Soc.*, **129**: 455-476.

Ziegler C L, MacGorman D R, Dye J E,*et al*. 1991. A model evaluation of non-inductive graupel-ice charging in the early electrification of a mountain thunderstorm. *J. Geophys. Res.*, **96**(D7): 12833-12855.

Ziegler C L,MacGorman D R. 1994. Observed lightning morphology relative to modeled space charge and electric field distributions in a tornadic storm. *J. Atmos. Sci.*, **51**: 833-851.

Zipser E J,Lutz K R. 1994. The vertical profile of radar reflectivity of convective cells: A strong indicator of storm intensity and lightning probability. *Mon. Wea. Rev.*, **122**: 1751-1759.

Zipser E J. 1994. Deep cumulonimbus cloud systems in the tropics with and without lightning. *Mon. Wea. Rev.*, **122**: 1837-1851.